科技规划评估与结果管理的方法与实践

杨国梁 等 著

科 学 出 版 社

北 京

内 容 简 介

本书围绕科技规划评估与结果管理这一主题，系统梳理了科技规划评估与结果管理的内涵、基本原理和程序，并论述了科技规划评估的一般流程与方法、科技规划评估的机制，以及科技规划评估结果管理的机制。除此之外，本书通过对比中国科技规划评估与结果管理实践和美国、英国、德国、日本、韩国、欧盟等国家与地区的国际经验，针对我国科技规划评估与结果管理的现状，提出问题并进行政策上的思考。

本书可为科技决策者、科技管理者、参与科技规划评估工作的人员，以及学术研究人员提供参考。

图书在版编目（CIP）数据

科技规划评估与结果管理的方法与实践 / 杨国梁等著. -- 北京 : 科学出版社, 2025. 9. -- ISBN 978-7-03-083485-0

I. G322.1

中国国家版本馆 CIP 数据核字第 2025AT7343 号

责任编辑：杨逢渤 / 责任校对：樊雅琼
责任印制：吴兆东 / 封面设计：无极书装

科学出版社 出版
北京东黄城根北街 16 号
邮政编码：100717
http://www.sciencep.com
北京厚诚则铭印刷科技有限公司印刷
科学出版社发行 各地新华书店经销
*
2025 年 9 月第 一 版 开本：787×1092 1/16
2025 年11月第二次印刷 印张：16 插页：2
字数：380 000

定价：188.00 元

（如有印装质量问题，我社负责调换）

个 人 简 介

杨国梁，博士，研究员/教授，博士生导师。中国科学院科技战略咨询研究院科技发展战略研究所党支部书记兼学术所长，中国科学院改革发展重大问题研究支撑中心执行主任，中国科学院大学岗位教授，中国发展战略学研究会常务理事、智库专业委员会秘书长，中国优选法统筹法与经济数学研究会理事、副秘书长、管理决策与信息系统分会副理事长兼秘书长，*Management Revue* 主编，*Socio-Economic Planning Sciences* 副主编，*Journal of Data and Information Science* 编委，*International Journal of Energy Sector Management* 编委，《北京工商大学学报（社会科学版）》常务编委，《世界科技研究与发展》编委，《科技促进发展》编委，《数字化转型》编委。

研究方向为科技规划与管理、智库理论与方法、决策理论与方法。主持过60多项来自英国皇家工程院、德意志学术交流中心、国务院研究室、国家发展和改革委员会、教育部、科技部、工业和信息化部、农业农村部、中国科学院、中国工程院、国家自然科学基金委员会、中国石油天然气集团公司、国家石油天然气管网集团有限公司、国家电网有限公司等机构的委托与竞争性项目课题，取得了一批决策咨询成果和理论方法研究成果，得到宏观决策部门和学术同行的广泛认可。截至目前（2025年8月），参与过上百个各级各类科技（创新）规划的前期战略研究、规划编制、执行和评估的专家研讨与论证工作，在全国开展过科技（创新）规划方法方面的学术讲座数百场；发表学术论文200多篇［其中SCI/SSCI论文100余篇，被引用5000多次（Google Scholar）］，出版学术专著10余部。

《科技规划评估与结果管理的方法与实践》研究组

组　长：杨国梁，中国科学院科技战略咨询研究院

副组长：尚方平，中国科学院科技战略咨询研究院

成　员：

樊　天，中国铁道科学研究院集团有限公司

闫　冬，科学技术部科技评估中心

陈云伟，中国科学院成都文献情报中心

田　园，中国科学院科技战略咨询研究院

胡　瑄，北京信息科学技术研究院

石　峰，科学技术部科技评估中心

李小芬，天津市科学技术发展战略研究院

占　莎，中国农业科学院麻类研究所/中国农业科学院南方经济作物研究中心

顾问专家组（排名不分先后）

综 合 领 域

周　南，国家发展和改革委员会发展战略和规划司原副司长、一级巡视员

胥和平，科学技术部办公厅原副主任、调研室原主任

赵　路，财政部教科文司原司长

龚　旭，国家自然科学基金委员会研究员

方　新，中国科学院原党组副书记

谢鹏云，中国科学院发展规划局原局长

穆荣平，中国科学院科技战略咨询研究院原党委书记

陶　诚，中国科学院武汉文献情报中心主任

农业科技领域

王　韧，中国农业国际合作促进会国际农业智库副主席，中国农业科学院深圳农业基因组所高级顾问，中国农业科学院原副院长，联合国粮食及农业组织原助理总干事，国际农业研究磋商组织原秘书长

钱万强，中国农业科学院重大任务局局长、研究员

王琴芳，中国农业国际合作促进会副秘书长，国际农业智库副主席

胡瑞法，北京大学现代农业研究院研究员，国家杰出青年科学基金获得者

杨永坤，中国农业科学院麻类研究所所长、研究员（中国农业科学院乡村建设与治理专家团团长）

毛世平，中国农业科学院农业经济与发展研究所党委书记兼副所长、研究员

气象科技领域

李丽军，中国气象局气象发展与规划院党委书记兼院长

王邦中，中国气象局预报司原一级巡视员，推进气象高质量发展领导小组办公室原副主任

姜海如，湖北省气象局原副局长

钱传海，中国气象局首席气象专家（台风领域专家）

谭　娟，中国气象局气象发展与规划院项目咨询室副主任，规划院首席专家

申丹娜，中国气象局气象发展与规划院首席专家

航天科技领域

薛长斌，中国科学院国家空间科学中心月球与深空探测总体部副总工程师、研究员

钟红恩，中国科学院空间应用工程与技术中心空间应用系统副总设计师、研究员

张　伟，中国科学院空间应用工程与技术中心研究员

果琳丽，中国空间技术研究院航天东方红卫星有限公司研究员

钱　航，中国航天科技集团航天科普专家

能源科技领域

蒋莉萍，国网能源研究院有限公司原副院长

鲁　刚，国网能源研究院有限公司能源规划研究所所长

郑海峰，国网能源研究院有限公司能源供需研究所所长

杨　艳，中国石油经济技术研究院能源科技研究所所长

张焕芝，中国石油经济技术研究院能源科技研究所副所长

交通科技领域

聂　磊，兰州交通大学党委副书记、常务副校长

高　亮，北京交通大学党委常委、副校长、威海校区管委会主任

周　南，西南交通大学科学技术发展研究院副院长、研究员

史天运，川藏铁路技术创新中心有限公司党委书记、总经理

李　博，中国国家铁路集团科技和信息化部运输技术处处长

丁晓萌，中国国家铁路集团科技和信息化部信息化管理处副主办，12306 科创中心主管工程师

王晓刚，中国铁路科技创新工作部副部长

葛建明，中国铁道科学研究院集团有限公司科学技术信息研究所党委书记兼副所长、高级工程师

贾光智，中国铁道科学研究院集团有限公司科学技术信息研究所副所长、研究员

环境科技领域

陈　胜，中国环境科学研究院副院长、研究员

孙启宏，中国环境科学研究院研究员

杨鹊平，中国环境科学研究院科技处处长、高级工程师

张胜田，生态环境部南京环境科学研究所科技处处长、研究员

张英民，生态环境部华南环境科学研究所（生态环境部生态环境应急研究所）科技处处长、正高级工程师

医学科技领域

钱　庆，中国医学科学院医学信息研究所副所长、研究员

安新颖，中国医学科学院医学信息研究所研究员

韩　钦，中国医学科学院基础医学研究所研究员

侯　丽，中国医学科学院医学信息研究所研究员

序　一

当今世界正经历百年未有之大变局，全球科技创新进入空前密集活跃的时期，新一轮科技革命和产业变革深入发展，科技成为大国博弈的主战场。科技规划作为国家创新体系的顶层设计，对我国实现高质量发展和提升国际竞争力具有系统性支撑作用。科技规划涉及一系列战略性科技攻关部署与制度性变革举措，亟须构建基于科学循证的评估体系。尤其在以科技创新引领新质生产力发展的关键时期，需要通过科技规划评估与结果管理，动态监测资源配置效率、精准识别技术突破路径、系统优化规划实施效果等，为加速实现高水平科技自立自强、打好关键核心技术攻坚战提供有效保障。

《中华人民共和国国民经济和社会发展第十个五年计划纲要》发布后，根据国家发展和改革委员会的工作部署，由科技部牵头对规划的科技创新领域实施情况进行评估。至今，我国已成功组织了若干次中长期科技规划评估工作，如《中华人民共和国国民经济和社会发展第十二个五年规划纲要》科技创新领域中期评估、《"十三五"国家科技创新规划》总结评估等。虽然现已初步建立了政府自评与委托第三方评估、定量评估与定性评估等相互结合的规划评估体系，但就科技规划而言，我国科技规划评估体系仍须不断探索、完善和推进。

杨国梁研究员等聚焦科技规划评估与结果管理，在专著编写过程中围绕科技规划评估工作如何操作、评估结果如何管理等核心问题展开论述，重点论述了科技规划评估在优化科技管理决策、加强科技监督与问责机制、提升财政支出绩效等方面的关键作用，科技规划在事前、事中、事后评估三个不同阶段需要的不同评估方法与实践支撑。科技规划评估结果管理是一种综合管理模式，包括科技规划评估结果的路径应用和与之适配的效果反馈机制。从科技规划评估体系与方法论层面，这部专著构建了科技规划评估的系统化框架，并提供了可操作性的实践工具，兼具重要的理论价值与现实意义。

立足全球，科技规划评估已经成为各国科技管理必不可少的一环。美国、英国、德国、日本、韩国、欧盟等国家和地区无一不重视科技规划评估的战略意义。无论是美国通过先进技术计划推动前沿技术突破，还是欧盟采取“地平线 2020”计划强化区域协同创新，均需要借助评估活动来确保科技规划的成功落实。不同国家和地区的国情与科技发展程度存在差异，使得他们在科技规划评估的组织机构结构、法律制度设置、评估与结果管理协调机制等方面各有千秋。《科技规划评估与结果管理的方法与实践》一书的梓行，除了深入剖析中国科技规划评估与结果管理机制外，还系统梳理了国外科技规划评估与结果管理的主要经验，为我国科技治理体系的优化提供参考。就科技规划评估与结果应用层面研究而言，该专著通过选取国内外典型案例，探讨了我国科技规划评估与结果管理实践方面和其他国家（地区）的差异与不足，兼具重要的指导价值与启发意义。

着眼未来，科技创新为新质生产力发展注入强大动能。能否充分发挥新质生产力的优势，体现其高科技、高效能、高质量特征，重点在于构建科学的评估体系与完善的评估结果管理机制。通过精准的评估管理工作与动态反馈优化，方能确保新质生产力为我国高质量发展提供持续的强劲推动力与支撑力。党的二十届三中全会通过的《中共中央关于进一步全面深化改革 推进中国式现代化的决定》提出，“完善国家战略规划体系和政策统筹协调机制”“发挥国家发展规划战略导向作用”。科技规划评估与结果管理推动战略规划体系从“顶层设计”到“落地实施”的全链条贯通，为实现科技自立自强、构建新发展格局提供坚实支撑。期待该专著能够为政府科技部门、高校、科研院所以及企业的科技决策者和科技评估人员组织科技规划评估工作给予指导，也期望本书能够引发各界人士的思考，携手推动我国科技创新规划评估不断取得新成效。

刘冬梅

中国科学技术发展战略研究院党委书记

2025 年 3 月 13 日

序　二

新一轮科技革命与产业变革的浪潮奔涌而至，人工智能、量子计算、新能源技术与生物技术等领域的颠覆性科技创新正以前所未有的速度重构或将要重构全球生产范式、经济运行逻辑与社会治理体系。科技规划作为国家战略的重要体现与载体，为科技创新提供系统性支撑，构成国家科技战略实施的关键之一。当前全球科技创新技术路径并不十分清晰、创新生态复杂度日益攀升，竞争与合作充满不确定性，迫使各国必须建立更具适应性的决策机制。如何精准识别技术突破方向、动态优化资源配置、科学评估规划实施效果，已成为各国科技治理体系建设的核心议题。中国作为全球科技创新的重要参与者，正以高水平科技自立自强为目标，加快构建现代化科技治理体系。在这一进程中，科技规划评估与结果管理的重要性愈发凸显，亟须理论与实践的深度融合与创新突破。

回顾我国科技规划发展历程，从《1956—1967 年科学技术发展远景规划》到《“十四五”国家科技创新规划》，每一阶段重大成就的取得，都离不开科学规划与高效执行二者相协同。然而，传统科技治理模式往往存在“重编制，缺评估”的结构性矛盾，导致部分规划与实际需求脱节、资源配置效率不够高、成果未臻理想等问题，影响发展速度与质量。自《中华人民共和国国民经济和社会发展第十个五年计划纲要》起，我国逐步建立起规划评估机制，通过增设中期评估、总结评估等环节，推动规划动态调整与优化。近年来，如《“十四五”国家科技创新规划》等科技规划的部署，进一步强化了评估在科技治理中的作用，但不可否认，我国科技规划评估工作仍有较大提升空间。

杨国梁研究员等撰写的《科技规划评估与结果管理的方法与实践》一书，恰逢其时。该专著以系统化思维构建科技规划评估的理论框架，从“何为评估”“如何评估”“评估之后”等核心问题切入，深入剖析科技规划评估与结果管理的要点。书中提出事前预测评估、事中监测评估、事后总结评价，为科技规划的科学决策提供了可操作的工具箱。同时，评估结果管理机制的构建，强调结果反馈与规划迭代的联动，为破解评估与应用“两张皮”的难题提供了新思路。尤为可贵的是，该书通过我国科技规划评估案例，结合国外科技规划评估经验，诠释了科技规划评估在重大工程中的实践价值，兼具学术深度与现实指导意义。

在全球科技竞争日益激烈的背景下，各国纷纷加大科技投入，力求通过科技创新塑造未来发展优势，增强国家综合竞争力。然而，科技资源始终有限，如何确保科研资金和资源的合理配置，如何最大化科技创新的产出效益，以及如何科学制定科技规划，使其既符合国家发展战略，又契合社会实际需求，正是科技规划评估与结果管理需要解决的核心问题。构建完善的科技规划评估与结果管理体系，不仅是提升科技治理能力的必要举措，更是增强国家科技竞争力的重要保障。

展望未来，科技创新的复杂性与不确定性将持续加强。唯有构建兼具韧性、敏捷性和前瞻性的评估体系，才能在新一轮科技革命中抢占先机。该书的出版，不仅为科技决策者、规划制定者提供了方法论指南，也为高校、科研机构的研究者拓展了学术视野。期待该书能激发更多关于科技评估的深度思考，推动评估理论的本土化创新与实践的国际化接轨，助力我国在全球科技发展中从“跟跑者”转变为“领跑者”。相信在各方共同努力下，中国必将走出一条具有自身特色的科技规划评估之路，为高水平科技自立自强注入不竭动力，为人类科技进步贡献更多中国智慧。

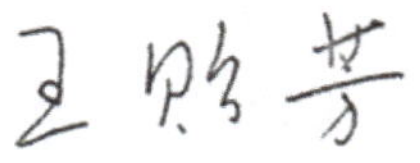

王贻芳

中国科学院院士

美国国家科学院外籍院士

2025 年 3 月 17 日

序　三

纵观人类文明演进历程，科技进步始终是推动社会生产力跃升和文明形态变迁的核心驱动力，其与人类社会发展呈现出显著的协同演进特征。进入 21 世纪以来，科技竞争深度嵌入国家间综合国力的博弈，并以前所未有的力度重塑全球政治经济格局。作为全球科技创新的重要参与者和贡献者，中国正以更加积极的姿态融入全球科技治理体系，致力于为世界科技进步提供中国智慧与中国方案。欲知方圆，则必规矩。科技规划评估和结果管理是中国科技创新体系中的重要环节，其对于提升我国科技资源配置效率、优化科技规划实施效果以及助力科技事业高质量发展具有重要战略作用。杨国梁研究员等的这本专著对科技规划评估与结果管理具有重要指导意义，尤其是为科技规划的一般过程提供了科学的评估方法和工具，在提高科技规划评估的科学性和有效性上具有指导价值和应用价值。

习近平总书记早在 2021 年中国科学院第二十次院士大会、中国工程院第十五次院士大会、中国科学技术协会第十次全国代表大会上就明确提出，要“加快建设科技强国，实现高水平科技自立自强”。实现高水平科技自立自强，不仅是应对全球科技竞争、保障国家安全的必然选择，也是推动经济高质量发展、构建新发展格局的关键支撑。当前，世界百年未有之大变局加速演进，科技创新已成为国际战略博弈的主战场，围绕科技制高点的竞争空前激烈。历史经验表明，科技实力深刻影响着国家综合国力和国际地位，决定着各国各民族的前途命运。我国正处于实现中华民族伟大复兴的关键阶段，只有把关键核心技术掌握在自己手中，才能真正掌握竞争和发展的主动权，才能从根本上保障国家经济安全、国防安全以及其他安全，才能从容应对重大风险挑战和维护国家利益。

加快实现高水平科技自立自强，涉及科技战略的顶层设计、科技资源的优化配置以及科技规划的高效实施等内容。其中，科技规划评估作为科技治理体系的重要组成部分，发挥着不可替代的作用。科技规划评估通过对科技战略、规划及项目的系统性分析与科学评估，能够有效识别科技规划一般过程中的优势与薄弱环节，明确重点突破方向与实施路径，为决策者提供科学依据，从而避免资源错配与发展失衡。同时，科技规划评估通过动态监测科技项目的实施进展与成果产出，能够及时发现问题并优化调整策略，确保科技目标的实现与资源使用效率的最大化，并为下一期科技规划的制定提供有价值的经验借鉴和数据支撑。因此，构建科学化、规范化的科技规划评估体系，不仅是实现高水平科技自立自强的重要保障，也是提升国家创新体系整体效能的关键支撑。

现阶段，尽管我国科技规划评估工作已取得显著进展，但仍存在一些亟待解决的问题，如科技规划评估的流程不完善、评估方法较为单一、评估结果应用不足等。《科技规划评估与结果管理的方法与实践》的梓行，为这些问题的解决提供了方法支撑和实践指导。该专著系统研究了科技规划评估与结果管理的内涵、基本原理、程序等问题，在厘清科技规划的一般流程与方法的基础上，系统分析了科技规划评估与结果管理的机制。此外，这本书在分析中国科技规划评估与结果管理案例的同时，对比研究了美国、英国、德国、日本、韩国、欧盟在科技规划评估与结果管理方面的经验，为我国今后科技规划评估与结果管理提供了改进建议。

近年来，全球科技捷报频传，中国科技创新亦稳步推进，在多个领域取得阶段性成果，这些成就的取得离不开科学合理的科技规划。科技规划评估不仅能够通过开展评估活动，检验并反馈科技规划成效，而且依托评估结果的有效管理，能够推动科技规划目标的顺利实现，提升科技创新的整体质量，促进更高水平的科技成果产出，为实现科技自立自强提供坚实支撑。希望这本书能够成为科技工作者、科技管理者、科技决策者的参考用书，助力我国科技体制机制改革和科技自立自强，为建设世界科技强国贡献力量。

徐祥德

中国工程院院士

2025年3月11日

前　　言

党的二十大报告指出：坚持创新在我国现代化建设全局中的核心地位，加快实现高水平科技自立自强，加快建设科技强国。随着科学技术的快速发展，其在国家发展过程中的作用日益凸显。尤其是冷战结束以后，发展现代科技成为大国之间战略竞争的重要手段。在建设科技强国的进程中，无论是围绕国家目标和战略需求来突破关键核心技术，还是旨在实现高水平科技自立自强而加强基础研究，都离不开科技规划评估所发挥的“指挥棒”作用。科技规划评估有助于指引科技工作者面向国家重大需求和世界科技前沿，从而有针对性地解决科学问题。

改革开放以来，随着我国一系列重大战略规划的制定和实施，规划评估工作逐渐受到重视。近年来，我国出台了一系列关于规划评估的政策文件，如 2005 年 10 月国务院颁布的《国务院关于加强国民经济和社会发展规划编制工作的若干意见》等，明确规划评估的重要性和具体要求，推动规划评估的制度化建设。党的十八大以来，规划评估的范围进一步拓展和丰富。“十二五”时期，正式启动总结评估；“十三五”时期，在延续中期评估和总结评估的基础上进一步建立年度监测评估，更好地推进规划的跨年度滚动实施。同时，围绕卫生、科技、交通、扶贫、旅游等重点领域，相关职能部门积极探索，对专项规划开展评估，如围绕《“十三五”脱贫攻坚规划》《“十三五”现代综合交通运输体系发展规划》《京津冀地区城际铁路网规划》《国家中长期科学和技术发展规划纲要（2006—2020 年）》《“十三五”国家科技创新规划》《“十三五”卫生与健康规划》《三峡后续工作规划》等一系列专项规划，均开展过相关中期评估、总结评估，在评估主体、评估程序、指标监测、评估报告、评估结果应用等方面进行了大量探索，丰富了规划评估的实践。事实上，近年来，国家和地方出台的各项规划及配套政策都不同程度对健全政策规划评估制度进行了部署安排，初步形成了较为完善的制度体系，为相关工作开展提供了一定的政策支撑。

科技规划评估也可以看作是一种公共政策评估。规划评估可以作为规划动态调整的依据，同时作为下一期规划编制的重要参考。首先，科技规划涉及了较多的资源投入、使用和产出的问题，需要对整个流程进行必要的调节和控制，对科技规划进行事前、事中和事后评估不失为一种有效的手段。其次，科学技术快速发展，对科技管理提出了更高的要求，对于科技规划这种复杂重大的科学决策来说，已经不是单凭一些个人的经验和知识就能做好的了。科技评估工作有着规范的流程，结合主客观评估方法，有助于科技管理与决策的规范化和科学化。最后，科技规划的具体活动，如科技资源的优化配置、科技项目的管理、科研人员的管理等，都需要科学的论证与评估。

2020 年 1 月，作者出版了《科技规划的理论方法与实践》，得到了各界好评，给了作者极大的信心，在此诚挚感谢大家的鼎力支持！该书主要围绕科技规划的编制、实施和评估程序进行组织撰写，凝练了科技规划的六个核心问题，包括科技发展战略研究、科技优先发展领域遴选、科技规划的资源配置、科技规划的执行监测、科技规划的动态调整以及科技规划的评估。为了进一步聚焦这些核心问题，展示各核心问题相关的方法与实践，在《科技规划的理论方法与实践》一书的基础上，2021 年以来，作者进一步谋划了科技规划系列丛书，并陆续开始编写，本书是其中之一。本书针对科技规划评估与结果管理的方法与实践问题展开讨论，系统研究和梳理了科技规划评估与结果管理的概论、科技规划评估的一般流程与方法、科技规划评估的机制分析、科技规划评估结果管理的机制分析，基于我国科技规划评估与结果管理实践，结合国际科技规划评估与结果管理经验，为中国科技规划评估与结果管理提供建议，以期为我国科技规划评估以及评估结果的使用提供某种意义上的参考。

本书第 1 章主要界定科技规划评估与结果管理的内涵、基本原理、程序等内容。第 2 章主要总结梳理科技规划评估的一般流程与方法，流程分为科技规划事前评估、科技规划事中评估和科技规划事后评估，并具体就三者的定位、类型、方法展开论述。第 3 章主要进行科技规划评估的机制分析，从组织体系和支撑体系两部分进行论述。第 4 章主要进行科技规划评估结果管理的机制分析，从路径应用和效果反馈两部分进行论述。第 5 章主要描述国内科技发展战略的历史沿革、科技规划评估的发展历程，并选取《“十三五”国家科技创新规划》等我国典型科技规划评估与结果管理案例进行讨论分析。第 6 章主要描述国际科技规划评估与结果管理经验，分别从美国、英国、德国、日本、韩国、欧盟等科技发达国家和地区选择其科技规划评估组织机构，以及科技规划评估与结果管理法律制度、协调机制进行阐述。在对这些部分进行简要介绍的基础上，重点描述其科技规划评估与结果管理的实践案例，并通过国际经验发掘其对我国的启示作用。第 7 章主要总结现阶段我国科技规划评估与结果管理中存在的问题，在此基础上针对我国科技规划评估与结果管理提出相关政策建议。

在本书的写作过程中，作者得到科技规划与科技政策领域多位专家的指导和鼓励，在此对他们致以崇高的敬意和感谢！其间，作者主持或参与了多项相关研究任务，分别是中国科学院发展规划局部署的“科技规划和重大项目的组织实施和管理研究”“面向世界一流科研机构的规划管理研究”“科研机构战略规划管理”“科研机构优先领域遴选与资源配置”等项目，国家发展和改革委员会部署的“关于重大战略规划、政策等评估研究”项目，科学技术部部署的“构建国家科技规划体系重大问题研究”项目，国家自然科学基金委员会政策局（现计划与政策局）部署的“跨学科优先发展领域遴选组织机制研究”“科学资助机构优先领域形成及实施研究”“科学基金‘十四五’暨‘中长期’跨科学部优先领域发展战略”等项目，国家石油天然气管网集团有限公司部署的“企业科技发展战略与规划编制方法研究”等项目。此外，作者还有幸参与了科学技术部“十五五”科技创新规划编制前期研究工作，“十五五”基础研究专项规划工作专班，以及中国科学院“十三五”“十四五”科技规划研究编制工作。这些研究经验对本书的完善也大有裨益，在此表示衷心感谢！

囿于时间与能力，本书难免诸多不足之处，敬请广大读者批评指正。作者亦始终秉持着严谨求实的态度，广泛搜集资料，力争全面述及科技规划评估与结果管理的方法与实践的相关内容，旨在抛砖引玉，愿为中国科技事业发展，推动高水平科技自立自强乃至世界科技强国建设目标的实现尽绵薄之力。

2025 年 3 月 9 日

目　录

第1章　科技规划评估与结果管理的概论

21 世纪以来，全球科学技术发展进入“井喷期”，科技创新正深度赋能各国社会发展，世界经济竞争也逐步向以创新发展优势为主导的新格局深度转变。回顾人类社会发展的历史，科学技术推动着人类社会的每一次重大变革，在国家（地区）的发展中扮演着重要角色（杨国梁，2020a）。就国家层面而言，科学技术能够提升国家创新系统的整体效能，助力本国抢占科技制高点（白光祖和曹晓阳，2021）。随着现代科学技术与社会经济各领域联系日益紧密，科技规划成为政府用以制定科学技术发展战略、涉及领域、具体行动的指导性纲领。从世界范围来看，科技规划已成为助推科技发展最重要的组织管理形式之一，在现代科技发展的过程中也发挥了近乎主导的作用（杨国梁，2020a）。

与当今世界各科技强国相同，我国在早期发展阶段便意识到科技规划的重要性，自中华人民共和国成立至今，我国编制过 9 次中长期科技规划，科技规划的编制历史也有近 70 年之久，各阶段科技规划的设计和执行都有条不紊，在规划成效方面取得显著成果。各阶段科技规划结合了特定时代背景下的科技发展与实际需求，能够反映某一阶段的科技发展轨迹与基调，并综合科技、经济、社会等系统的相互作用关系，勾画科技发展蓝图，为推动我国整体科技进步与社会发展发挥重要作用。

近年来，随着全球主要发达经济体科技规划的快速转型和体系重构，创新环境竞争日趋激烈。我国要以科技规划牵头加快实现高水平科技自立自强，提升创新体系整体效能，实施科技规划不仅是当前发展形势的必然要求，亦是国家长远发展的重要议题。在此背景下，科技规划评估与结果管理问题变得更具挑战且极为迫切。

1.1 科技规划评估与结果管理的内涵

1.1.1 科技规划的定义

20 世纪 20 年代，作为第一个步入社会主义道路的国家，苏联围绕国防力量加大军事科研的规划管理，率先提出“规划科学”思想。1931 年，苏联物理学家黑森（B. M. Hessen）在英国伦敦第二届国际科学技术史大会中将“规划科学”思想进行了报告，自此美苏等军事大国开始对规划科学开展系统性研究。20 世纪 40 年代初，先后共 1500 多名科学家、工程师参与美国“曼哈顿计划”（叶继红，2001），这一计划的实施使得美国科技实力完成巨大飞跃。自此以后，其他国家开始竞相模仿美国科技规划的编制，以科技规划主导国家科技发展的时代序幕也由此拉开。在我国第一个五年计划实施之际，“规划”一词从国外文献中引入并翻译成中文，“规划”这一概念是相对规划对象所属系统而言，通过对某一个系统运动进行认知和调整，使其有秩序、有规律地进入预期目的轨道的过程和手段（张利华和徐晓新，2005）。可以认为，规划是对具体对象的特定领域发展作出指导性安排的动态决策过程。作为规划的一个分支，“科技规划”一词普遍出现在政府文件与学术文献中，但其概念至今并未统一和明确，学术界尝试从不同角度对科技规划进行定义。

从时间维度来说，部分学者认为科技规划是一个中长期的概念：科技规划是关于一个较长时期科技发展的方向、重大目标、重要任务和主要措施的总体设想和蓝图，是科技发展思想和指导方针的战略体现（樊春良，2019）；科技规划是国家为实现科技长远发展目标而制定的政策体系，是指导国家中长期科技发展方向、统筹配置国家科技资源的主要方式（蔺洁和王婷，2022）。

从涉及层面出发，部分学者认为科技规划是一个多领域、多层次的概念。例如，陈正洪（2009）认为科技规划是在具体的政治、经济、军事和国际关系等复杂的背景中综合形成的政府文件，也是各种力量和利益平衡与博弈的合成结果；熊嘉龄（2017）认为科技发展规划是指在一段时期内，国家针对其政治、经济、社会、文化、科技研究等方面的发展，提出的一种具有预见性、综合性的纲领，它囊括了规划目标、主要政策、重要措施、发展方向等方面；王婷等（2021）认为科技规划是政府从国家（地区）层面根据国民经济、社会发展以及国家安全需要制定的对科技发展的指导性纲领，以实现规划目标为目的，在发展领域、发展阶段、资源配置、支持条件上的优势集成和统筹安排。更有学者基于科技规划本身的动态属性，认为规划不仅是决策过程，也不单是实践过程，而是处在决策和实施这两类过程之间的特殊媒介，最终形成一个通过不断反馈和调整的机制来实现动态优化的政策过程（申金升，2001；张利华和徐晓新，2003）。

从理论角度而言，能够解决社会公共难题的政策都可视为公共政策（陈庆云，1999）。科技政策是指导国家科技开发、应用的纲领性文件，科技规划作为广义科技政策的一类，可视为公共政策的分支。公共政策研究包含众多研究理论，这些理论涉及经济学、管理学、社会学、心理学等领域。就科技规划而言，系统论与决策理论作为公共政策的重要理论与科技规划直接相联系（杨国梁，2020a）：①系统论认为多个系统可组合成更为庞大且复杂的系统，它为科技规划提供这样一个理论思路，即国家可以视作一个综合系统，包含社会系统、经济系统、科技系统、政治系统等多方面子系统，科技规划通过明确规划对象为整个国家综合系统或某一子系统，运用规划对策，对系统构成要素加以筛选，在关注系统要素协调配合的同时，规划其组合方向，根据科技规划目的控制系统的内部行为，预测系统的行动轨迹并让其朝预期方向运转，最终使科技规划达到更好的效果。②决策理论应用于科技规划的各决策环节中，各环节之间的衔接以及环境的外部性都会对决策产生重要影响，同时，随着时间的推移以及战略形势的改变，决策行为也会随之调整。决策理论能够为科技规划的决策环节提供理论方法支撑，进而将上述信息进行加工和分析，使得科技规划总体获得满意的规划结果，尤其可为科技规划中的整体布局、优先发展领域遴选等决策提供支持。

总结现有科技规划定义及理论，发现科技规划具备如下特征：第一，科技规划具有全局性，国家具有制定科技规划的最高权威，并由地方政府、相关部门和机构实施规划内容（应立足于国家科技发展的实际情况，制定科技规划并提出科技工作的总体思路）；第二，科技规划具有动态性，科技规划并不仅是一纸最终形成的纲领性文件，还是一个持续进行的动态过程，通常来说，科技规划包括科技规划的编制、实施、评估等一系列连续过程；第三，科技规划具有长期性和稳定性，科技规划项目投资金额巨大，参与过程涉及多方对象且在形成最终规划后规划内容往往难以更改，因此科技规划通常针对较长一段时间内的科技活动作出指示。

综上所述，本书沿用《科技规划的理论方法与实践》一书中对科技规划的定义：一个国家（地区）根据现实情况及预期目标，为本国（本地区）科学技术发展和相关问题制定的指导性纲领，据此实施并进行评估的动态政策过程。由此可见，一个国家（地区）依据科技力量的现状与预期目标，从全局性、动态性、长期性和稳定性出发，进行科技规划编制、实施、评估、评估结果管理等一系列过程。需要说明的是，本书所讲述的科技规划为整个国家层面的科技规划，接下来的章节所提及的科技规划均为国家层面的，书中不再重复说明。

1.1.2 科技规划评估与结果管理的定义

1.1.2.1 科技规划评估的定义

规划评估最初主要应用于城市规划的执行情况分析，随着多学科知识要素融合参与到规划的制定与实施过程中，规划评估也逐步从单一领域规划评估向多领域规划评估转变。大量理论与实践证明，规划与评估存在内在契合，二者能够产生良性互动（Abdul，1998）。在中国规划评估的发展历程中，早期的规划工作能以“重编制、轻实施、缺评估”九字概况，在“十五”计划之前，对五年计划的实施情况普遍缺乏完整与系统性的评估（李善同和龚璞，2019）。然而，经多年发展与探索，我国已逐渐构建出一套包括事前评估、事中评估、事后评估在内的规划评估制度体系。

科技规划评估是整体规划动态实施机制中不可或缺的一环，评估主要从以下三方面发挥作用：①科技规划评估能够优化科技管理决策。通过客观公正的评估，所获评估结果可为政府提供关键咨询服务，帮助各方管理决策者达成统一的目的和共识，从而营造有利于各方协作的环境条件（谈毅和仝允桓，2004）。②科技规划评估能够加强科技监督与问责机制，科技规划评估对规划活动的全过程进行科技监督，对规划各环节的经验教训进行总结，并根据决策的实际效果进行问责。③科技规划评估提升了财政支出的绩效，鉴于科技规划实施主要依托财政资金的支撑，科技规划评估为财政部门提供重要的参考依据，帮助优化资金分配，进而提升财政科技资金的使用效益（胡兴旺，2007）。综上，科技规划评估不仅确保了科技活动的有序进行，而且最终导向了科技活动实施效果的显著提升。

科技规划评估作为科技评估的重要分支，其核心在于对科技战略、纲要、规划等关键科技活动开展评估。尽管在政府文件与学术界文献中，“科技评估”“科学技术评估”等词汇频繁出现，但与“科技规划评估”直接相关的明确定义尚未形成共识。一般而言，科技评估是指由科技评估机构根据委托方的明确目的，遵循一定的原则、程序和标准，运用科学、可行的方法对科技政策、科技计划、科技项目、科技成果、科技发展领域、科技机构、科技人员以及与科技活动有关的行为所进行的专业化咨询和评判活动[①]。具体到政府文件，对“科技评估”一词的定义可见于 2016 年 12 月 11 日科技部、财政部、国家发展和改革委员会印发的《科技评估工作规定（试行）》，该规定指出，科技评估是指政府管理部门及相关方面委托评估机构或组织专家评估组，运用合理、规范的程序和方法，对科技活动及其相关责任主体所进行的专业化评价与咨询活动。当前，科技评估采用面分类法，除了基于评估对象类型（如科技政策评估、科技项目评估、科技奖励评估等）这一基本分类形式外，还根据评估活动的相关属性进行附加分类，涵盖范围、科技活动类型、内容、时间节点、评估者、委托者、目的七个维度[②]。

综上所述，本书沿用《科技规划的理论方法与实践》一书中对科技规划评估定义：科技规划评估主体遵循特定的评估程序，根据评估标准，采用恰当的评估方法，对评估客体做出判断的过程和结果。广义的科技规划评估是包括科技规划事前评估、科技规划事中评估以及科技规划事后评估三个阶段全流程的评估。狭义的科技规划评估专指科技规划事后评估，是科技规划完成一段时期

① 关于印发《科技评估管理暂行办法》的通知[EB/OL]. https://www.gov.cn/gongbao/content/2001/content_61054.htm[2024-07-15].

② 《科技评估分类》(GB/T 42776—2023).

后，依据某一目的进行的后评估活动。

1.1.2.2 科技规划评估结果管理的定义

20 世纪 50 年代，在第二次世界大战的背景之下，美国产业界竞争愈发激烈，企业目标管理由此产生。目标管理（Management by Objectives，MBO）由美国管理学家彼得·德鲁克（Peter F. Drucker）提出，作为一种结果导向的管理模式，目标管理将战略规划所预期达到的结果作为管理首要任务，从而逆向推导出完成这一结果的实践过程（许一，2006）。目标管理主要发挥三点作用：①减少完成战略规划所需资源的浪费。目标管理在资源使用过程中，将资源集中于对完成目标有重大贡献的组织、机构中，从而做到物尽其用、人尽其才（该作用与科技规划编制过程中对优先发展领域的遴选存在内在契合）。②明确各部门的权力责任，降低部门间摩擦。在目标层层分解的前提下，各部门可在总体上视为整体系统，而在每一子系统之下有着各自的责任义务，即各部门相互联系又相对独立。③以评估结果作为标杆，彰显公平。检验战略规划是否完成其目标往往难以脱离评估活动，评估作为一种判断手段，通过客观公正的评估结果对部门员工起到正向激励作用。

目标管理可分为目标设置管理、过程实现管理与评估结果管理。评估结果管理是目标管理的最后阶段，其目的是对整个战略规划实施过程进行总结，分为两个环节：一为评估结果的方向指引，即评估结果的路径应用管理，结合评估结果所提供信息，各部门依据战略规划形势变化与预期效果，可对现行目标进行调整、对下一次战略规划制定起到指引，或为满足外部效应对公众进行适当的评估结果扩散；二为评估结果的实践传递，即评估结果的效果反馈管理，要求基于评估结果的不同应用场景，评估主体或评估机构进一步深入分析和收集相关信息，全面审视评估结果是否真正产生了积极的影响，是否对决策和行动产生了实质性的推动作用。

综合来说，从科技规划角度出发，科技规划评估结果管理是为实现科技规划总目标而对科技规划事前评估结果、科技规划事中评估结果、科技规划事后评估结果进行的路径应用，并为之建立的效果反馈机制，是在科技规划评估活动完成之后，将评估结果落实到具体实践行为的一种综合管理模式。科技规划评估结果管理遵循如下四项原则：①及时性。科技规划评估结果管理的及时性是指在完成科技规划评估后，能够迅速、有效地将评估结果传达给相关决策者、执行者和利益相关者，以便他们根据评估结果及时调整策略、优化资源配置和推进科技创新。②反馈性。反馈性是指科技规划相关决策者、执行者、研究人员以及其他利益相关者在接收到评估结果信息后，需要对该结果进行相应的行为反馈，如决策者根据评估结果调整科技规划各环节的方向和重点、执行者根据评估结果了解自身在实施科技规划中的表现和存在的问题，从而改进工作方法、提高工作效率等。③连续性。正如本书在介绍科技规划中所提及的，科技规划是一个连续过程，包括时间的连续、内容的连续和决策的连续，评估结果管理在对结果进行反馈与应用的同时需要注重科技规划的连续性，使得上一环节的评估结果能够有效作用于下一环节的实施过程中，从而避免科技规划评估结果管理对规划实施产生的割裂。④实用性。科技规划评估结果管理是将评估结果落地的过程，避免“假大空”至关重要，实用性强的评估结果管理应能够转化为实际的社会效益，通过科技规划的有效实施，推动科技进步，提高人民生活质量，实现社会的可持续发展。

1.2　科技规划评估与结果管理的基本原理

1.2.1　科技规划评估的基本原则

评估基本原则为三项：独立性、可信性和有效性。公共政策由于政策体系、政策目标、适用主体等要素不同，各类公共政策的评估原则不尽相同，但公平与效率、事实与价值、超前与适用等维度为公共政策的基本原则（李琪等，2019）。结合科技规划逻辑框架与机制的分析，科技规划评估的原则从以下四个方面展开（杨国梁，2020a）。

第一，科学性（Scientificity）原则。科学性原则是指科技规划评估活动的展开要基于实践数据、评估逻辑和科技规划理论体系，尊重科技规划发展的客观规律，避免主观臆断，这保证了评估结果的公正性。就科技规划评估而言，科学性原则考察的是科技规划文本编制的科学性、监控管制的科学性以及评估结果管理的科学性。

第二，明确性（Clarity）原则。明确性原则重点在于对科技规划内容的明确，该原则旨在精准锁定评估客体，以明晰整体评估活动的具体发力点，进而为选取恰当评估方法和制定评估准则提供有力依据，确保整个评估活动的针对性和有效性。

第三，可行性（Feasibility）原则。可行性原则要关注科技规划评估的可实施程度和可操作程度，如评估科技规划中所涉及技术超前程度，是否具备将该技术转换为事实的条件；评估科技规划中所需各类科技资源，包括科技人才、科技实验室是否充足，以及能否发挥科技资源的有效配置与利用等。

第四，系统性（Systemicity）原则。系统性原则是指科技规划评估过程中，将科技规划本身当作一个完整且独立的系统，其核心在于追求整体系统目标的最优值。同时，这一原则还将科技规划视为一个嵌入式子系统，纳入国家整体社会系统的大框架中进行综合考虑，使得科技规划在国家社会系统中实现最佳状态或达到平衡发展。同时，系统性原则还需要关注科技规划的连续性，即在科技规划的不同阶段，当前阶段的评估结果能够有助于下一阶段或下一时期科技规划的执行，这要求科技规划在评估过程中不断改进并进行反馈，进而持续优化科技规划的实施。

1.2.2 科技规划评估的理论基础

1.2.2.1 第四代评估理论

20 世纪 80 年代，美国学者埃贡·G. 古贝（Egon G. Guba）和伊冯娜·S. 林肯（Yvonna S. Lincoln）提出第四代评估理论，两位学者将评估问题分成三个时代，综合前三代评估来看，存在如下三点缺陷。第一，管理主义倾向。管理者应在评估过程中扮演局外人的角色，不应该对评估的失败负责。但在实践中，管理者与评估者之间的关系存在结构失衡，且管理者和评估者存在利益上的同谋动机。对管理者来说，管理者利用权力保护自身权益不受损害，评估者则使用管理者倾向的评估方法来对接受的委托进行评估，从而得到稳定利益。第二，在采纳价值多元化方面的失败。社会存在多种价值观，虽然评估过程中并不直接表示某一价值，但价值的多元化与判断的必要性并存，因此评估也会受到某一主导价值影响，造成评估结果的不完全客观，甚至将评估转变成一种政治行为。第三，过分强调调查的科学范式。在科学范式的约束下，前三代评估模型多以定量评估工具为主，这使得评估客体的部分信息被忽视，也封闭了其他评估方法被使用的可能性。

基于以上缺陷，第四代评估要求评估过程符合两个条件：第一，评估由利益相关者的主张、担忧和争议构成；第二，评估使用构建主义范式的方法论。在科技领域，部分学者（Pant，2010；Khan et al.，2013；文雯等，2015）已经将第四代评估理论的利益相关者分析方法应用于科技项目和科技计划的评估中。在科技规划评估中应用第四代评估理论时应注意以下几点：①识别科技规划评估的利益相关方。在评估活动开始前，尽可能多地识别本次评估涉及的利益相关方，如科研机构、高校和企业等。②引导利益相关者各自表达出对评估对象的主张、担忧和争议。③提供前后相关联的方法论，构建共识。对科技规划评估的利益相关方使用方法论，从而形成一种或几种群体共识上的构建，通过群体内或群体间的沟通交流，共识构建基于利益相关方的主张、担忧和争议。④协调未达成共识的事项。获取科技规划评估者的共识信息后，需要对未取得共识的观点进行信息分析，通过设计某一协调机制，减少未达成共识事项的数量。⑤对仍未解决的事项及所附带的主张、担忧和争议，重复科技规划评估活动。

需要说明的是，第四代评估理论认为，评估是一个连续的、反复的、难以达成共识的，以及不断有突发情况出现的过程。这个过程通常是难以预料的，不能单凭某一通用方法进行评估，因此评估方法必然是多种多样的。总的来说，该理论认为评估是一个创造现实的过程，且评估结果无法预测。

1.2.2.2　政府绩效评估理论

效率是科技评估始终绕不开的话题，政府绩效评估理论正是围绕“效率”展开的一种评估理论。20 世纪 70 年代以来，西方经济多出现财政赤字上升的难题，西方公民对政府严重的官僚主义和不作为十分不满，公众和政府间的信任感逐渐减弱，由此提高政府绩效成为广大公众的共同要求。政府绩效评估理论在西方发达国家行政体制改革过程中逐渐发展起来。政府绩效评估理论发展历经三个阶段（蓝志勇和胡税根，2008）：①初步探索阶段（1994～1999年）：这一阶段我国学者翻译了大卫·伯宁翰的《英国地方政府中运用绩效评估尺度的观察》，并对英国的组织绩效评估的历史沿革、内容和技术给予系统介绍，该理论开始进入我国研究视野。②研究拓展阶段（2000～2003 年）。这一阶段我国学者对西方国家政府绩效评估理论进行了深入研究，并对其在我国应用的可行性进行讨论，探索将其中国本土化的制度设计。③细化创新阶段（2004 年至今）。这一阶段政府绩效评估问题已成为研究热点，我国学者对政府绩效评估理论从对象选择、基本程序、研究视角等方面进行细分和深挖，并逐渐走向系统化。

当前，政府绩效评估有如下特点：第一，评估主体多元化，评估主体由原先的政府内部绩效评估转变为多元主体共同参与评估；第二，评估主题凸显公民意愿，政府管理的本质是以公民为中心用于服务公民，因此要以公民预期目标为重，提升自身绩效；第三，评估内容规范化，政府绩效评估主要从经济性、效率性和效益性三方面衡量。就科技领域而言，我国科技界在彼得·切克兰德提出的产出（Efficacy）、效率（Efficiency）和效果（Effectiveness）的“3E”理论基础之上，结合“变革理论模型”，认为科技绩效评估应该关注相关性、效率、效果、影响和可持续性五项评估准则（翟亚宁和李昂，2020）。政府绩效评估理论所追求的“效率”观点在科技规划评估实践中对财政科技资金使用、科研机构运转等方面有巨大贡献。但需要注意的是，效率并非科技规划评估最为主要的目标，仅仅只使用该理论容易造成“效率为主”的错误倾向。同时，若科技规划评估中只追求科技成果的数量、科技规划完成时间等指标，而不追求质量，将导致科技规划评估活动浮于表面。

1.2.2.3 “事实-价值”相结合理论

苏格兰不可知论哲学家大卫·休谟在其著作《人性论》中提出疑问——“事实”命题能否推导出“价值”命题？在我国，毛泽东思想从唯物史观角度对该问题进行解答。我国革命早期，以王明为代表的一批人，认为马克思主义价值尺度的纯洁性不容被复杂化和改变，毛泽东对此提出“实事求是”四字，这四个字本质上是事实尺度与价值尺度的统一，既坚持价值尺度的重要性，又主张需要重视事实尺度，这是毛泽东将价值尺度与事实尺度相结合的过程中表现出来的重要特点。在战争年代，毛泽东坚持以价值尺度把握中国革命方向，同时以事实尺度保证中国共产党人的革命实践符合错综复杂的现实情况（欧阳英，2021）。

在科技规划评估中，“事实–价值”相结合的理论从事实和价值两个维度对科技规划所要评估的对象展开研究，事实维度是指科技规划结果的有效性，是从经验中呈现的一种真实性，以及从必然事件推导出的客观事实，该维度能够反映事物发展的历史，现在甚至将来状态的数量、比例等可测量的客观指标，在这个维度下的科技规划评估能够发现科技规划在落地过程中，对领域、部门、社会和个人等产生何种影响，是在明确科技规划目的的前提下，对规划实际结果和预期结果的比较分析、规划投入和规划产出的比值关系、规划影响的评估；价值维度是科技规划价值的合理性，该维度是在评估活动中依据某特殊评估原则和标准，反映评估主体的信念、理想和价值追求，不同人有不同的价值偏好，不同的主体亦有不同的判断标准，即使是同一主体，在时代背景的不断变迁下，价值追求也通常是随时间变动的，由此，该维度下的评估需要在具体现实环境、伦理文化、经济社会等因素下确定多元价值（张润泽，2010），科技规划评估需要在这两个维度下设置相应的指标开展指标体系评估研究。

1.2.3　科技规划评估结果管理的理论基础

1.2.3.1　科学管理理论

20 世纪初，工业革命带来的推动力使得工厂管理实践由浅入深，企业面临更为复杂的管理模式，为响应大工业发展的迫切需要，以及更新当时背景下仅适应于传统手工生产与小规模生产的管理理论，1911 年，美国古典管理学家弗雷德里克·温斯洛·泰勒（Frederick Winslow Taylor）在其著作《科学管理原理》中提出科学管理理论（李新春和胡晓红，2012）。

泰勒的科学管理理论围绕管理如何走向科学、劳资双方如何达成精神共识两大问题展开，主要包括三方面内容。

第一，优化工作流程，以工作需求为核心定向选拔和培养员工。首先，泰勒将整体流程中的每一个行为动作细分为动作要素，并判断每一个动作要素的存在价值与提升空间，摒弃遵循经验主义中的无用行为，从而整合成新的工作流程。其次，泰勒以工作要求导向对员工进行挑选，认为管理人员应熟识所管理的每一位员工，相较以往让员工自主选择岗位的员工分配方式，泰勒依据员工自身能力、才干禀赋选择岗位的分配方式使工作效率达到最大。

第二，实行差别工资制度，激励员工。亚当·斯密在其著作《国民财富的性质和原因的研究》中提出“理性人假设”，在管理过程中，管理者将该假设用于激励制度中，员工以自身收益和成本作为工作活动中追求自身利益最大化的衡量标准，但在具体的实施设计中存在随意性。泰勒认为工资配置的不公和分配制度的不合规变动成为阻碍劳动生产率提高的一大障碍，并设计出差别工作制度，该制度根据员工的个人完成绩效给予每人不同标准的工资。为防止“系统性磨洋工”的出现，泰勒对未完成规定额度工作量的员工给予最低工资的惩罚，而对那些按时甚至超额完成额度工作量的员工，将他们分为不同等级，尤其对“一等工人”给予高工资奖励，总的来说可概括为施行“多劳多得，优绩优酬”的激励制度。

第三，新设组织部门，改进管理形式。泰勒通过系统性的工时动作研究，将计划职能与执行职能分割，重新设计计划部门以专门负责管理员工的工作计划，通过班组长、职能工长等一系列职务的设立，决定员工以及工作机器所应负责的工作指示。同时，依据第一与第二部分对工作流程、激励制度的标准化设定，配套监督措施，将员工的实际执行情况与标准计划相对比，从而达到及时控制的目的。

科学管理理论遵循科学性、协调性、最大产出三项原则。科学性是指在全过程管理中，不能仅凭传统的经验主义去管理决策，要在借助一定主观推断的前提下，对工作的动作要素进行科学分析；协调性是指管理者与员工、计划部门与执行部门相互间为实现企业任务形成整体合力，各部分协调一致避免内耗与浪费；最大产出原则是管理活动必须以提高工作效率和产出为目标，不断优化流程和方法，实现组织效益的最大化。三项原则相互关联、相互支持，科学性是基础和前提，为管理决策提供了客观、准确的依据；协调性是保障和手段，确保管理活动的顺利进行和资源的合理配置；最大产出是目标和结果，是科学管理追求的最终效果。就科技规划评估结果管理而言，要关注的是如何更有效地使用评估结果以提升科技规划的执行效率。科学管理理论将工作流程进行优化重组，以减少整体工作时长，科技规划评估结果管理亦遵循这一思想，对科技规划各个环节进行评估，将科技规划执行情况与计划目标相比较，获取相应的评估结果，利用所获评估结果对原有规划内容、规划执行进行修正和提升，最终将科技规划引导至正确的发展道路之上，从而获得最佳规划效益。

1.2.3.2　精益管理理论

20 世纪 30 年代，日本成立丰田汽车工业株式会社（简称丰田公司），但公司发展很快遭遇瓶颈，直到 20 世纪 50 年代，日本“生产管理的教父”大野耐一担任公司会长，这一颓势才得到挽回。大野耐一在对美国福特汽车公司进行考察学习后，创立丰田生产方式，1990 年麻省理工学院将其定义为精益生产，这是基于无任何资源浪费假设下进行的生产活动，使丰田公司成功赶超福特汽车公司，并让日本成为汽车生产大国（江志斌和周利平，2017）。美国学者詹姆斯 · P. 沃麦克（James P. Womack）、丹尼尔 · T. 鲁斯（Daniel T. Roos）和英国学者丹尼尔 · T. 琼斯（Daniel T. Jones）合著《改变世界的机器》，该书首次介绍了精益生产，后续詹姆斯 · P. 沃麦克和丹尼尔 · T. 琼斯出版的《精益思想》标志着精益生产理论的产生，也为精益管理（Lean Production Management，LPM）理论奠定基础。

精益管理，又称精良管理，英文“Lean”一词有“精肉、瘦肉”的含义，表示剔除臃肿部分后剩余的主要精华部分，从“Lean”的词义层面，精益管理理论可看作以生产过程中产生最小浪费为目标的理论。以下是几类精益管理着重处理的资源浪费行为：①生产错误，生产的最终产品存在缺陷或不能使接收者满意；②产品积压，积压不仅占用生产空间，还迫使在生产过程中需额外分配人员对此部分产品进行储存管理；③产品等候，生产活动上游不能及时供给中间产品，致使下游正常生产活动被迫等待；④无用运动，人员在工作中不必要的动作。

不同学者从不同维度对精益管理的推进阶段进行划分，基于操作维度，精益管理可划分为五阶段，即精益管理目标需求、精益概念设计、精益管理规划、管理方案实施、系统使用与改善（Mathaisel，2005）；同样，基于操作维度，精益管理还可划分为精益思想培育阶段、精益技术与工具实施阶段、实现持续改进阶段（Hodge et al.，2011）；基于人力资源要素维度，存在个人、团队、组织和系统四阶段精益管理推进过程模型（Tortorella et al.，2015）。精益管理要求企业各环节流程都要遵从精益思想，这一思想的核心是以最少的企业资源（包括员工、机器设备、企业资金、项目工时和空间）投入，在确保最终产品质量的同时创造最大产出。

精益管理理论对科技规划评估结果管理存在如下启示：第一，科技规划的落地如企业任务完成一样，同样需要大量的人力、财力、物力、时间及空间，精益管理理论给评估结果的路径应用方法提供指引思路，加强对科技规划的事前评估、科技规划的事中评估以及科技规划的事后评估三阶段进行控制，遵循精益管理思想以确保资源的高效利用；第二，事前评估结果管理阶段、事中评估结果管理阶段、事后评估结果管理阶段三阶段应基于事前规划编制结果应用情况、事中执行监控结果应用情况、事后目标审核结果应用情况及时调整，锁定与督促责任主体，确保科技资源的合理配置并减少不必要浪费。

1.2.3.3 创新问题解决理论

1946年，苏联科学家阿利赫舒列尔（G. S. Altshuller）创立创新问题解决理论（теории решения изобрет-ательских задач，ТРИЗ），英文译为TRIZ，该理论的发展大致可分为四个阶段（丁俊武等，2004）：①理论建立阶段（1946～1980年），在阿利赫舒列尔创建TRIZ理论的初期，TRIZ理论思想并未被政府重视，因此该理论的研究主要集中于学校，与此同时，TRIZ的理论体系与分析工具逐渐丰满；②理论传播阶段（1980～1986年），TRIZ理论的逐渐完善引来大量学者的持续研究，阿利赫舒列尔作为TRIZ理论的创立者，拥有部分追随者，有关TRIZ理论的学术会议数量显著增长；③理论改进阶段（1986～1991年），1988年阿利赫舒列尔去世，其思想被学生们传承，在TRIZ理论被不断用于实践的过程中，其学生们对TRIZ理论暴露的问题进行改进；④1991年至今，TRIZ理论得到政府部门的认可和支持，但因苏联的解体，大量 TRIZ 理论相关专家向西方国家转移，TRIZ 理论得到更为广阔的应用空间，如福特汽车公司、波音公司、克莱斯勒公司、通用电气公司等大型公司利用该理论对产品进行创新性研究，并获取高额收益。TRIZ 理论在西方发展伊始只应用于产品的设计，但很快学者发现 TRIZ 理论在其他非技术领域也存在广阔的应用前景，如在社会政治、教育等领域也有良好的表现。

创新社会建设背景之下，TRIZ 理论在科学研究管理机制中可简述为“创新发明问题的解决理论”（高尚荣，2016），是一种通过集中调研信息、把握总体规律、明确解决方向、积累相关知识，最终促进科学研究从行政化转向应用化的理论。本节引入 TRIZ 理论是为解释科技规划评估结果管理中对评估结果的创新使用问题，如解决借助科技规划评估结果进行的科技成果转化路径应用问题等。在 TRIZ 的基本概念中，资源是理论的一项重要概念，TRIZ 理论认为系统未达到最优的原因在于系统中存在没有得到利用的资源，在科技规划评估结果管理中，科技规划评估结果就是使得科技规划效果达到最佳状态的特殊资源。TRIZ 理论应用的过程一般分为问题分析、原理、预测、效应以及结果评价五个步骤（葛慧莉，2010）。在科技规划评估结果管理的特定语境下，该理论的应用过程可描述为路径应用分析、技术原理选择、技术预测、应用效益以及反馈五个步骤：路径应用分析是指对评估结果的使用方式进行规划，确定其应用的可能路径；技术原理选择是在确定路径应用后就其涉及原理进行挑选；技术预测是在技术原理的基础上，通过具体方法技术实现评估结果的具体路径应用；应用效益是指评估结果路径应用完成后带来的效应；反馈是将总体流程中所遇困难、所得成就进行总结并使得评估结果持续发挥作用的过程。

1.2.3.4　全面质量管理理论

1961 年，美国通用电气公司质量管理部的经理阿曼德 · V. 费根堡姆（Armand V. Feigenbaum）和质量管理专家约瑟夫 · M. 朱兰（Joseph M. Juran）提出全面质量管理（Total Quality Management，TQM），全面质量管理理论在企业生产和营销中取得可观收益的同时，在日本得到快速发展，并于 20 世纪五六十年代形成一套较为完备的管理理论与技术。紧接着，全面质量管理理论在 20 世纪 80 年代开始流行于世界各国，成为各领域的重要管理理论

（刘娜和关玲永，2008）。需要说明的是，全面质量控制（Total Quality Control，TQC）是日本在美国质量管理学家威廉·E. 戴明（William E. Deming）的统计质量管理理论基础上发展起来的，可以视为是全面质量管理理论在日本特殊环境下的特别称谓，为方便理解，本书下文仍使用全面质量管理理论这一名词。全面质量管理理论是一种系统化管理理论，重点在于研制、维持和提高质量，全面质量管理理论中的“质量”一词指的并非追求极致，而是追求最适应于客户要求的产品质量，具体来说，存在制定标准、评估执行情况、反馈执行效力、纠正执行措施、改善制定标准五个环节，是不断循环直到达到质量最优的管理理论。全面质量管理理论的特点可概括成三个全面：管理对象是全面的、管理范围是全面的，以及参与管理人员是全面的。

PDCA 循环方法是全面质量管理理论的具体形式。20 世纪 20 年代，美国统计学家沃特·A. 休哈特（Walter A. Shewhart）提出 PDS 概念，其主要实现方法为计划（Plan）—执行（Do）—检查（See）三环节单线模型，后续美国质量管理学家威廉·A. 戴明在 PDS 模型基础上进行挖掘，拓展出 PDCA 理论，其主要实现方法为计划（Plan）—实施（Do）—检查（Check）—处理（Action）四环节循环模型。计划环节存在四个步骤：①基于历史沿革，从现状中找出问题；②从问题出发，追溯其产生原因；③区分主要问题与次要问题；④为解决问题制定拟执行方案（方案内容包括目标、工时、负责人员等一系列要素）。计划环节也可视为前期准备阶段，在科技规划一般过程中对应科技规划的编制。实施环节是对上一计划环节制定方案的执行，在科技规划一般过程中对应科技规划的实施。检查环节是对计划执行的评估检验，从而总结本次计划的成功经验，并着重找寻失败原因，在科技规划一般过程中对应科技规划的评估。处理环节是对检查环节的综合管理，存在两个步骤。①巩固当前成效，制定标准化措施以形成较为完备的规章制度；②处理本期计划的遗留问题，从而在下一周期计划制定与执行中减少阻碍，形成计划成效的螺旋上升。处理环节是 PDS 概念所欠缺的，也是开展高质量科学活动的重要保障，在科技规划层面，处理环节即为科技规划的评估结果管理阶段。四个环节中，处理环节是最为关键的一环，若不对遗留问题进行处理，则该问题会流入下一周期计划造成恶性循环，质量管理也就会由此中断。

PDCA 循环又称戴明循环，具有三个特点。第一，大环小环互相促进，共同推进总循环。将科技规划一般过程与科技规划评估结果管理视为一个整体的大 PDCA 环，那么其中各规制部门、执行部门、评估部门可视为小 PDCA 环，一级接一级，大环接小环，有序地构成一个系统性的运转总体。第二，阶梯上升循环，正如科技规划一般，每期科技规划往往都是基于上一期科技规划的执行情况进行更进一步的推动，因此 PDCA 循环并非在同一横截面上的循环，各 PDCA 循环是在上一期循环基础上更上一层楼，每循环一次，解决的问题就更多，水平也更高。第三，处理环节是推动 PDCA 循环的发动机，处理环节是本期 PDCA 循环与下一期 PDCA 循环的连接点，科技规划评估结果管理效果也是下一期科技规划制定的重要依据之一，科技规划评估结果通过对本期科技规划的路径应用挖掘与及时回馈分析，在及时调整科技规划各环节的同时，为之后的科技规划指明任务重点，从而形成科技规划的周期循环。

1.3　科技规划评估与结果管理的程序

科技评估流程包括前期准备、设计、实施、报告评估结果、评估结果的使用和扩散五个步骤（国家科技评估中心和中国科技评估与成果管理研究会，2020），科技规划评估作为科技评估的一种，二者存在流程上的共性，基于大量科技规划评估与结果管理实践，本书将科技规划评估与结果管理的程序分为如下五步：明确评估对象、选择评估方法、构建评估指标体系、启动评估和评估结果管理。

1.3.1　明确评估对象

在科技规划评估的筹备阶段，由评估主体明确科技规划评估对象。一般需要明确评估活动处于科技规划的事前、事中还是事后，并判断要对科技规划的编制阶段、实施阶段、评估阶段中涉及的何种问题进行评估。另外，还需要明确是对整个科技规划的综合评估，还是对科技规划中某一具体项目、组织等的单独评估。

针对科技规划整体，评估需要专注于科技规划在国家、产业、企业层面所产生的效益、效率、价值等影响，通过评估判断，将评估结果作为改进科技规划的依据；针对科技规划内的项目，评估需要根据项目的不同属性客观反映项目实际情况，包括项目实施情况、项目难点、推进方向、整体总结等。具体而言，对于基础研究的项目，评估应从研究潜力、研究风险等角度设置评估目标。对于应用类研究的项目，评估应该从社会需求、市场预期等角度设置评估目标。对于科技规划所需人才，评估需要针对绩效，从选拔、培育等方面设置评估目标。

在明确科技规划评估对象阶段，需要注意以下两个方面（陈光，2021）。

第一，确保科技规划评估对象的科学性。通常来说，科技规划评估对象明确需要满足具体、可测量、可实现的原则。具体原则是指科技规划评估对象不能空洞，对象是实际的、精确的，而非口号式表达；可测量原则是指科技规划评估对象最好为量化指标，以便于开展监测与考核；可实现原则是指科技规划评估对象不能脱离评估本身，需要做到实事求是。

第二，注重科技规划评估对象的分解。科技规划评估对象可进行分级分解，以形成树状的目标体系，逐级分解过程中，首先要保证评估对象分解的逻辑性，上级评估对象与下级评估对象必须有充足的关联性，下级评估对象的完成能够为上级评估对象的评估提供支撑，同样，上级评估对象的评估完成是多个下级评估活动完成的结果。其次，要保证评估对象分解的完整性，即不能避重就轻、有针对、有选择地分解，而应该全面地分解。

1.3.2 选择评估方法

在明确评估对象之后，依据评估对象的不同，选择与之相适应的评估方法。科技规划评估通过评估方法能将散乱性的隐性信息转为系统性的显性信息。科学发展具有不确定性，创新活动也并非一蹴而就，评估系统内部评估客体的差异化也使得科技规划评估工作更为复杂，选择正确的科技规划评估方法是开展科技规划评估的重要基础。当前，科技规划评估方法可分为定性评估方法、定量评估方法以及定性定量相结合的评估方法与技术。

科技规划定性评估方法是科技规划评估者、科技活动执行者等专业人士依据过往评估经验，对科技规划进行判断评价，是主观层面的评估方法。典型定性评估方法包括专家调查方法、评估信息收集方法、技术路线图方法等。

科技规划定量评估方法是基于科技规划活动数据，通过把评估指标量化，运用数学、统计学、运筹学等理论，对科技规划进行评估并做出定量价值判断，是客观层面的评估方法。典型定量评估方法包括文献计量方法、技术功效矩阵方法、指标体系构建方法、双重差分法、成本效益分析方法等。需要说明的是，在科技规划定量评估方法下评估指标体系的构建过程中需要遵循科学性、系统性、独立性和可操作性原则（魏海燕，2007）。构建评估指标体系应以科技规划目标为基础，确保各项指标与规划目标紧密相连。若面临目标繁多、层次复杂的情况，则需要对规划目标进行综合性的整合与提炼以提升目标的具体性，确保选择的评估方法能够准确、有效地评估科技规划。

现阶段多数国家科技规划评估活动以定性评估分析为基础，选择定量评估分析作为工具，采用定性定量分析相结合的评估方法与技术。定性定量相结合的评估方法与技术包括层次分析方法、模糊综合评价方法、模糊集定性比较分析方法、情景分析方法等。

起初，科技规划评估活动主要依靠定性评估方法进行，存在较强的主观性，为增强评估的客观性，以数学、统计学、运筹学等学科为背景的定量评估方法逐渐应用于科技规划评估中。定性评估方法与定量评估方法在理论基础、研究形式、最终目的方面有所不同：①在理论基础上，定性评估方法以现象学、解释学等作为理论基础，认为社会现实是人在不同空间、时间背景下赋予的，应更加关注评估对象的意义与价值，其评估结果是参与评估的各方通过互动而达成的一种时限性的共识；定性评估方法以实证主义哲学作为理论基础，实证主义哲学认为现实事物是客观的，不可掺杂主观价值因素，推崇实践的作用，认为可通过科学方法认知评估对象的客观规律，评估结果具有可重复性。②在研究形式上，定性评估方法多通过观察和深度讨论获取评估资料，不对评估对象产生任何影响，此即定性评估方法的非介入性，且评估过程的深入讨论也容易产生思想共振，但主观倾向性是定性评估方法的局限，大量冗杂信息也会干预评估结果的准确性；定量评估方法多以统计、实验、模型的方式对研究对象进行客观评估，以数据来支撑研究结果的公正性，但在实践中存在数据获取困难、规划成果数据统计滞后等问题。③在最终目的上，定性评估方法通过对评估对象的调查，侧重于深入参与评估的各方观点，对科技规划进行解释性理解从而达到把握评估对象本质的目的；定量评估方法通过对事实进行验证，解释科技规划的数量关系、数量特征和数量变化，以“量”的方法获得规律经验从而达到把握评估对象本质的目的。

两类评估方法虽存在差异，但在科技规划评估中并不冲突与排斥。两类评估方法能够相互扶持，定性评估方法可为定量评估结果提供解释思路，起到补充作用，而定量评估方法可为定性评估结果提供客观支撑，起到指导作用。两类评估方法还能够穿插使用，相互结合，在整个科技规划评估的流程中，往往既要运用定性评估方法，又要运用定量评估方法，还涉及部分定性定量相结合的方法。使用定量评估方法前要以适当的定性评估方法开路，而定量评估分析中也会使用到定性评估方法的思维方式。

1.3.3 构建评估指标体系

一般情况下，在科技规划评估启动前，需要先建立评估指标体系，即将多个指标按照评估对象的本质特征，遵循一定的内在逻辑关系构建成一个系统性的整体，评估目的是指标体系构建方法的根本出发点，也是衡量指标体系是否有效的重要标准。科技规划评估过程中需要获取科技规划的特征指标，并以此构建科技规划指标体系。在指标体系的设计中，应遵循科学性、系统性、独立性和可操作性四项原则：①科学性原则是指标体系能否准确反映科技规划评估结果的基础，这要求指标的选择要具有特征性，指标概念要有严格界定，避免违反定量规则，即指标内涵的一致性；②系统性原则要求指标选取要全面，减少指标遗漏造成的评估偏颇，确保指标体系的完备性；③独立性原则要求各指标间不能存在较强的相关性关系，每一层级的指标需要做到层次清晰、避免交叉重叠；④可操作性原则是指在指标体系的设计过程中要考虑实际数据的获取难度，同时也需将评估节点、成本纳入考量，便于评估人员能够在有限时间内有效地控制评估质量。

通常来说，科技规划评估指标体系可按照科技规划的事前评估、事中评估、事后评估三个维度来建立评估指标。以科技规划的事后评估维度为例，这一环节的评估指标设置通常分为三大类：一为科技规划投入性指标，是指科技规划过程中的各种要素投入，包括科技人才投入、科技资金投入、科技基础设施投入等一系列科技规划需要的资源。具体来说，可设置如研究与试验发展（R&D）经费支出、R&D 经费支出占 GDP 比例、R&D 人员投入、科技研发机构数等指标。二为科技规划产出性指标，是指科技规划直接或间接产生的成果，包括新科技专利的产生、新科技体系与理论、行业各方面的变动情况等。具体来说，可设置如专利申请数、专利授权数、技术市场成交额等指标。三为科技规划影响效果性指标，是指科技规划对经济社会、生态环境等的发展的影响，我国科技规划评估多考虑科技规划对经济发展的影响。具体来说，可设置如人均 GDP、工业增加值、高新技术企业上缴税费等指标。需要说明的是，科技规划指标的设置并非固定不变的，此三类指标仅是从总体层面给予指标体系设置建议，并不一定适应全部的科技规划事后评估，如在科技规划基础研究评估中，还要考虑其潜力、风险等多方面指标。

科技规划评估指标通常借助如熵值法、因子分析法来确定各指标的权重。以熵值法为例，熵值法利用科技规划指标体系中各指标熵值所提供的信息量来对指标分配权重，“熵”是对指标不确定性的一种度量，指标无序程度越大，所含信息量越小，其在整个指标体系中的权重也越小。熵值法的一般步骤包括：①数据标准化，对指标体系内的各指标进行标准化处理，需要说明的是事前需区分指标属性，即判断指标是正向指标或是负向指标，并对其进行去量纲化处理；②计算各指标在各方案下的比值，如在同一指标内计算该指标每年的取值占全部年份取值加和的比例；③依据信息论中“熵”的定义，计算每一指标的信息熵值；④通过信息熵计算各个指标的权重；⑤确定各个评估对象的综合评分。

当前我国科技规划评估指标体系建立过程中，需要注意如下两个问题（汪旭和朱艳菊，2021）。第一，结合我国科技规划评估实践，减少对外国评估指标的生搬硬套。我国科技规划的评估指标受到西方相关理论的影响较深，大多评估工作是在国外较为完善的评估体系的基础上开展的，国外先进经验固然十分重要，但考虑到我国国情与西方国家存在根本差异，要从我国社会实践入手，将评估指标体系与我国科技规划深入结合，从而建立能全面符合我国科技规划的评估体系。第二，增加价值性评估指标，同时保留技术性评估指标的优势。我国当前对评估指标的研究十分多面，如部分学者在对地方科技规划评估中从政策适应性、协调性、其他效果等设置一级指标，具体包括研发投入、中央政策执行力度、地方部门政策知晓度等二级指标（肖士恩，2010）；有学者从财税措施、金融措施、行政措施、人事措施等角度对科技规划进行评估，并继续细分为资金支持、金融服务、人才流动等二级指标（仲为国等，2009）。可以发现，我国科技规划评估指标体系构建中，习惯于设计技术性评估指标以便定量对科技规划效果等进行客观精确测量，但缺少价值性评估指标的设计，如缺少规划的民主程度、评估对象对规划回应性等问题的考虑。

1.3.4 启动评估

科技规划主管部门作为科技规划评估的主体具有评估权力，在选择好合适的评估方法，构建全面的评估指标体系之后，其能够通过主体内部力量或支撑体系（如第三方评估机构）启动评估。主管部门也肩负着分配评估任务、汇总评估结果等责任，如提出具体的评估要求、监督评估过程、严格规定评估的时间节点、审核评估结果等。评估活动一旦开启，被评估单位应积极响应，全力配合评估检查工作，确保提供详尽与及时的资料、数据以及其他评估信息，以保障评估工作的顺利进行。

需要说明的是，启动评估过程中要格外注重评估信息的获取。评估信息获取是科技规划评估者通过案例、面访、调研等形式获取评估客体的相关事实并形成评估观点、数据等信息要素。评估信息获取依赖于科技规划评估的前期设计与评估人员的信息收集能力，前期设计不科学、调研部门不全面、结果凝练不精简等都会影响评估信息的准确性，导致后续规划成效与预期偏离。常用的评估信息收集方法包括案例研究方法、焦点小组方法等。

2020 年 3 月《中共中央 国务院关于构建更加完善的要素市场化配置体制机制的意见》将数据要素列为需要重点发展的核心要素之一，作为科技规划评估关键的生产要素，数据是极为重要的评估信息。评估数据的收集需要考虑数据的质量以及数据的科学性，数据的质量是指要关注获取评估数据的质量控制，包括要注重数据收集人员的选择和任用标准，以此有针对性地对相关技术人员进行培训，同时需要不断地对数据获取的关键节点进行审查复核；数据的科学性是指要依据评估对象的不同特征，选择定性类的等级划分的数据收集方法或定量类的客观事实的数据收集方法，如在科技规划的事前评估中，多以定性类的方法获取数据信息，而在科技规划事中评估的绩效类评估中，则需要选择定量类的技术进行数据收集。

依托现代信息技术和信息资源为科技规划评估提供支撑已成为多级科技管理部门和评估机构的共识，我国也大力发展科技评估信息化，通过收集技术数据、分析科技活动信息，为科技规划评估提供更为精准的基础性证据。我国现阶段科技评估信息化的建设步骤如下（科技部科技评估中心和中国科技评估与成果管理研究会，2023）：①推动科技评估体系数字化转型；②实现科技评估信息资源互联互通；③通过信息网络化实现评估协同；④实现基于数字化的评估模式和方法创新。

需要说明的是，科技规划评估信息化建设需要关注以下方面：①提升科技规划信息重要性认识与建设共识。长期的专家依赖模式与人工操作习惯，使得如何在科技规划评估中使用信息化手段成为一个难题。由此，需要对评估信息平台的设计有一个明确性、系统性构思，并在科技规划评估实践中形成共识。在这个过程中可以开展多次如评估信息建设年会、组织培训交流等活动，并对评估信息化建设的内涵、内容、机制等进行大量研究，同时通过经费和人员投入加快评估信息化的建设。②建立科技规划评估信息共享机制和信息管理标准。科技规划评估通常涉及多个领域，因此建立有效的数据信息共享机制对科技规划评估是十分重要的，这需要做好各主体的统筹协调，打破信息屏障，激发评估信息在科技规划评估中的叠加、赋能作用。同时，建立统一信息管理标准，这是确保评估信息质量的重要保障，包括统一数据接口、信息获取标准和统计口径等。③创新基于科技规划评估信息化的方法方式。日益完善的数字化模拟评估逐步实现对未来趋势和风险的精准研判，大数据、区块链、云计算等技术应用也推动着科技规划评估向智能化转变，在结合我国社会现实和基本国情的情况下，重塑科技规划评估理念，以新的评估方法方式取代不再符合现实的评估方法方式，进一步推动我国科技评估事业高质量发展。

1.3.5 评估结果管理

启动评估后，得到最终的评估结果。形成评估结果需要经历如下几项流程：对原始评估信息按照评估方案开展分析、依据初步的分析结论进行针对性或额外的分析、整合评估分析结论形成评估结果。这一步是将评估信息“赋予嘴巴”的过程，即让评估信息为自身解释，为自身讲话。需要注意的是，在形成评估结果的过程中，需要各部门的协调配合，包括监督评估结果的正确合理、设置评估结果形成的时间节点并配套监测措施、从不同领域选择评估人员对评估结果提供专业权威解释等。

1.3.5.1 评估结果的形式

评估报告是我国科技活动评估结果的重要载体。2016 年，科学技术部、财政部、国家发展和改革委员会印发的《科技评估工作规定（试行）》提出，“评估工作一般包括以下基本程序：制定评估工作方案，采集和处理评估信息，综合分析评估，形成评估报告，提交或发布评估报告，评估结果运用和反馈”[①]。评估报告是使评估过程落实到评估结果管理的中转站，可以说，评估报告是科技规划各环节完成效果评估结论形成的总结性成果。科技规划评估报告是评估过程与结果的重要载体，一般情况下评估主体会提前确定好评估报告的形式与格式要求，评估报告内容通常按照撰写的逻辑顺序包括：启动本次评估活动的说明、评估信息的来源、评估方法的选择及依据、评估活动最终所获结果、结果揭示的问题、解决问题的建议等。

评估报告作为一种新兴文体，报告的篇章结构还不存在某种范式，但就科技规划评估报告而言，其由四部分组成：①评估报告的题目。评估报告的题目依据其涵盖的要素数量，可细分为两因素、三因素和四因素标题。两因素标题常用于单一评估内容，如“对某某科技规划项目的评估”；三因素标题则在此基础上加入被评估单位；四因素标题则进一步囊括时间因素，使报告更具时效

① 科技部 财政部 发展改革委关于印发《科技评估工作规定（试行）》的通知[EB/OL]. https://www.most.gov.cn/satp/kjzc/zh/202202/t20220207_179323.html[2024-08-11].

性和针对性。②评估报告的正文。正文是评估报告的主要部分，从撰写角度而言，通常分为四方面内容（汤海孺等，2015）：第一，适应性评估，即科技规划完成后与科技规划实施前两种不同环境的对比；第二，符合性评估，即科技规划执行过程与所设任务目标的对比，评估其完成程度与进展情况；第三，实施管理有效性评估，即对科技规划执行过程中的管理活动进行评估，用以判断是否需要加强管理或完善相关设施安排；第四，监督制衡性评估，即审查科技规划各环节流程是否公平公正，此处的监督制衡主要是对科技规划的合规性进行评估。③评估报告的落款。通常在此部分对科技规划评估人员姓名及其所属组织进行汇总，同时标注评估报告的完成时间。需要注意的是，评估报告撰写者须为评估活动的工作人员，且从始至终跟随评估项目，以便把控好评估报告整体写作基调。④评估报告的附件，如参考文献、评估方法所得数据结果、调研资料等涉及科技规划评估活动的佐证材料。

评估结果的展示形式不仅反映了评估的深度和广度，也影响了评估结果的有效传达和应用。除评估报告这一主要展示形式外，评估结果的展示形式还有口头报告、互动式报告等。口头报告是一种常见的评估结果展示形式，适用于需要即时反馈或面对面交流的场合。通过口头报告，评估者可以向听众详细介绍评估过程、发现和建议，并及时回答听众的问题。口头报告的优点是互动性强、直观易懂，但可能受到时间和听众注意力的限制。互动式报告是一种利用现代信息技术实现的评估结果展示形式。通过在线平台或移动应用程序，用户可以浏览评估报告、查看数据和图表、参与问卷调查和讨论等活动。互动式报告的优点是互动性强、用户体验好，能够激发用户的参与度和兴趣。需要说明的是，口头报告可视为一种最为基础的互动式报告。无论以何种形式对评估结果进行呈现，其最终目的均是应用评估结果，并最终获取评估结果反馈，因此评估结果的呈现是评估结果管理的关键前提。

1.3.5.2　评估结果分类

科技规划评估结果是科技规划评估三流程（科技规划事前评估、科技规划事中评估、科技规划事后评估）的评估活动结束后，对规划的制定质量、执行效果、规划成效得出的一种结论。评估结果往往在评估方案设计之前就具有特定的使用主体与用途，按照其使用的程度和方式不同，可将其分为如下几类（刘振天，2013）。

1）正式使用的评估结果与非正式使用的评估结果

正式使用的评估结果，需要在评估活动开始前明确声明或指明其将被用于何种特定目标。在科技规划评估中，通常由评估主体确定评估结果的使用指向。特别是在第三方科技规划评估机构中，由于需要精确了解评估对象，评估结果的使用方式往往预先确定，其路径应用较为明确。正式使用的评估结果常用于科技规划优先发展领域的具体遴选、科技规划文本编制的某一具体章节的修订、科技规划执行部门资源分配的具体调整方式等方面。

非正式使用的评估结果分为两类。一为评估活动结束后，未能产生有价值的评估结果，即评估结果无法以任何形式进行实际应用。例如，对科技规划新兴领域进行评估，若不能与历史或未来数据进行对比，则评估结果仅能作为数据储存。二为评估结果得到了一定程度的使用，但该评估结果并未被明确规定用于科技规划的特定部分，或评估主体和评估部门不再拥有对评估结果的使用权，则该评估结果也为非正式使用。例如，科技规划执行部门进行内部比较以配套相应的奖惩措施，或科技人才之间的评级等。这些因素通常使得评估结果的非正式使用范围相较于正式使用更为广泛。

2）实质使用的评估结果与形式使用的评估结果

实质使用的评估结果旨在以人力、物力等科技资源为依托，或结合奖赏与惩罚这一客观物质手段来实现资源分配调整。实质使用的评估结果更侧重于评估的应用效果，是将评估结果与组织运营中的实际人力、物力等科技资源相结合，进一步指导资源的合理分配和调整。根据实质使用的评估结果，组织能够更准确地了解各部门、各项目的实际需求，从而优化资源配置，确保关键领域得到足够的支持。此外，实质使用的评估结果往往还与奖惩机制紧密相连。实质使用的评估结果能够客观、公正地反映科技规划相关部门与人员的工作表现和业绩贡献，为奖惩决策提供有力依据。

形式使用的评估结果与实质使用的评估结果存在差别，区别在于其对评估结果影响的层面有所不同。实质使用的评估结果往往聚焦于客观物质层面，而形式使用的评估结果则更侧重于对主观层面的影响，如声望、名誉、自我实现等精神层面的需求。形式使用的评估结果并不直接关联具体的物质资源或奖惩措施，而是通过对评估结果的呈现和传播，来影响相关方的认知、态度和决策。这种影响可能表现为提升组织或个人的社会声誉，增强其在特定领域的影响力，或者为未来的发展和自我实现创造更多机会。

3）平行使用的评估结果与交叉使用的评估结果

平行使用的评估结果在评估过程中各个评估项目或维度是独立进行的，它们之间不存在直接的干预或影响。这种评估方式强调每个评估结果的独立性，每个评估结果仅反映其对应评估对象的实际情况。因此，在平行使用的评估结果中，各个评估结果之间并不相互支撑与利用。

交叉使用的评估结果是指在评估过程中各个评估项目或维度之间存在相互关联和相互作用。在交叉使用的评估中，一个评估结果可能会对另一个或多个评估结果产生影响，从而起到互相印证、互相支持的作用。这种评估方式强调评估结果之间的关联性和互动性，有助于发现潜在的问题或风险，并提供更为全面和准确的评估结果。同时，交叉使用的评估结果有助于验证评估的准确性和可靠性，通过不同评估结果之间的互相印证和支持，降低误判和遗漏的风险。

科技规划评估结果管理涉及评估结果的路径应用和效果反馈两部分：①科技规划评估结果的路径应用，可分为科技规划事前评估结果路径应用、科技规划事中评估结果路径应用，以及科技规划事后评估结果路径应用。其中，科技规划事前评估结果路径应用主要作用于科技规划出台制定和科技规划项目组织与机构设立等；科技规划事中评估结果路径应用主要作用于科技规划的管理优化和科技规划的动态调整；科技规划事后评估结果路径应用主要作用于科技规划的成果转化和科技规划的滚动实施。②科技规划评估结果的效果反馈，由主体沟通机制、协同管束机制和闭环管理机制构成，其中主体沟通机制包括事前评估主体沟通、事中评估主体沟通和事后评估主体沟通；协同管束机制包括评估结果统筹和内外监督检查；闭环管理机制包括规划评估总结和前瞻性分析。需要说明的是，科技规划评估结果路径应用与效果反馈是科技规划评估的结果管理环节，本书第 4 章将进行详细介绍。

1.4 本章小结

本章主要介绍了科技规划评估与结果管理的概论、科技规划评估与结果管理的理论基础，以及科技规划评估与结果管理的程序。

科技规划是一个国家（地区）根据现实情况及预期目标，为本国（本地区）科学技术发展和相关问题制定的指导性纲领，据此实施并进行评估的动态政策过程。科技规划评估是科技规划评估主体遵循特定的评估程序，根据评估标准，采用恰当的评估方法，对评估客体作出判断的过程和结果。科技规划评估结果管理是为实现科技规划总目标而对科技规划事前评估结果、科技规划事中评估结果、科技规划事后评估结果进行的路径应用，并为之建立的效果反馈机制，是在科技规划评估活动完成之后，将评估结果落实到具体实践行为的一种综合管理模式。

科技规划评估与结果管理的基本原理中，首先介绍了科技规划评估的基本原则，然后从科技规划评估和科技规划评估结果管理两方面进行理论分析，通过第四代评估理论、政府绩效评估理论和"事实–价值"相结合理论对科技规划评估进行理论分析；通过科学管理理论、精益管理理论、创新问题解决理论以及全面质量管理理论对科技规划结果管理进行理论分析。

最后，本章介绍了科技规划评估与结果管理的程序，其可分为明确评估对象、选择评估方法、构建评估指标体系、启动评估、评估结果管理五步。

第 2 章　科技规划评估的一般流程与方法

公共政策生命周期包括公共政策制定、公共政策执行、公共政策评估等环节，各个环节有规律地循环往复从而构成公共政策的完整生命周期。其中，政策评估活动不只出现在公共政策评估环节，而是在多个环节均有涉及。在公共政策制定环节，公共政策事前评估活动依据政策目标与问题，对公共政策潜在风险及其可能引发的后果进行评估，通过备选方案保证政策安全性，这是公共政策的预测性评估；在公共政策执行环节，公共政策事中评估确保所投入的人财物资源得到有效利用，以减少公共政策运行过程与既定目标的偏离，这是公共政策的监测性评估；公共政策评估环节是狭义上的公共政策评估，即公共政策的事后评估，其专注于公共政策的结果，通常对政策效力、政策影响等要素进行评估，这是公共政策的总结性评估（尚虎平和刘俊腾，2023）。科技规划评估与公共政策评估在逻辑与框架上存在相似性，科技规划评估也可看作一种公共政策评估。与公共政策相同，规划也具备相应的生命周期，就科技规划而言，其是一个动态的决策过程，本质在于探究科技系统与社会系统中政治、经济等多元要素之间的内在联系与互动机制，科技规划是对科技发展进行战略布局，并推动整个社会系统优化与升级的重要决策。科技规划的一般过程包括科技规划的编制、实施、评估三个阶段（杨国梁，2020a），如图 2-1 所示。

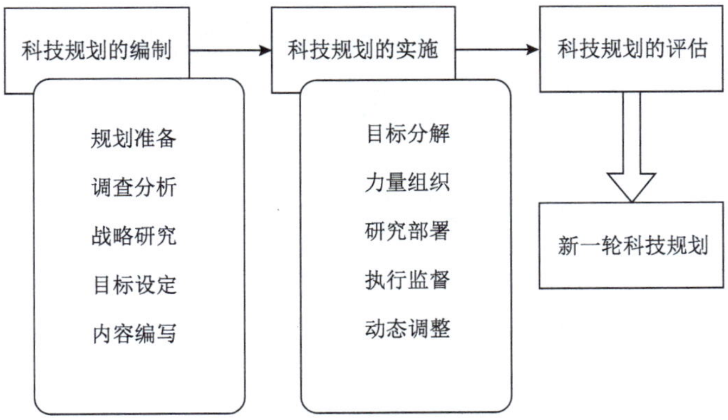

图 2-1　科技规划的一般过程

依据科技规划的编制、实施、评估三个阶段，科技规划评估在科技规划各个环节内存在事前评估、事中评估、事后评估三种评估模式（图 2-2）。需要说明的是，本书所提及的科技规划评估是广义上的概念，而科技规划的评估阶段是科技规划一般过程的重要一环，其作为事后评估模式包含于科技规划评估这一整体活动中。

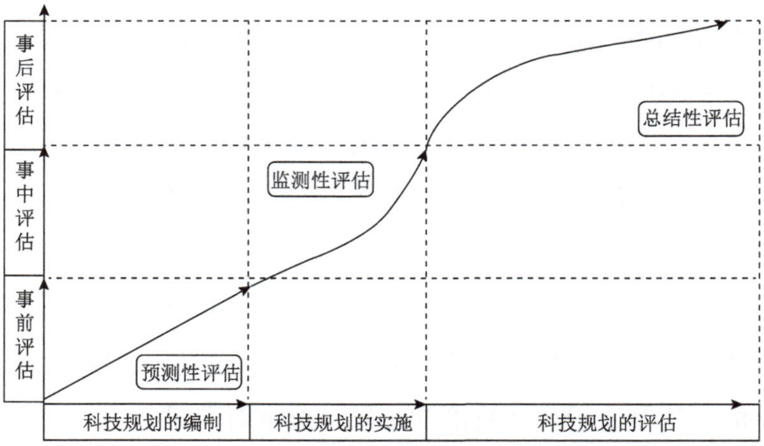

图 2-2 科技规划评估逻辑框架

科技规划的事前评估是指科技规划实施程序启动之前，对科技规划进行成效预测评估和风险预测评估，并聚焦于科技规划文本质量的评估过程，目的是将科技规划的失控因素转化为可控因素；科技规划的事中评估是指在科技规划实施过程中，对科技规划当前完成进度进行监测，是针对科技规划项目实施进展的执行监测评估和问题监测评估，目的是对科技规划项目目标和实施策略进行动态调整；科技规划的事后评估是指获取科技规划成果后，对科技规划进行效果评估、效率评估和效益评估，是对科技规划总结性的评估过程，目的是在有限资源下实现科技规划的收益最大化。

2.1 科技规划事前评估

2.1.1 科技规划事前评估的定位

1945 年 7 月，第二次世界大战结束之际，万尼瓦尔·布什（Wannevar

Bush）向美国总统提交题为《科学：没有止境的前沿》（*Science*：*The Endless Frontier*）的科学政策报告，将科学技术作为一项核心任务提出，在影响时任美国总统杜鲁门的科学发展思想的同时，为美国打下坚实的科技政策基石。多年来，不少人将该报告视为科技政策的"圣经"，其理念和思想影响着美国科学技术的发展，成为美国科学界的精神财富和共同语言（樊春良，2020）。报告提出，美国在第二次世界大战期间积累了大量前沿科技，思考其来源，是得益于大量基础性研究工作。可以说，美国制造的原子弹的核心源自欧洲物理学家多年积累的基础研究，因此，仅以行政指令性计划难以推动美国科技发展，还应通过财政手段鼓励科研机构与大学进行大量基础研究。万尼瓦尔·布什认为前期的基础研究是形成后期有重大应用价值的科技成果的前提，这一阶段科技评估的重点是基础科学研究的事前评估。

2.1.1.1 科技规划的编制阶段

科技规划事前评估位于科技规划一般过程中的科技规划的编制阶段，科技规划的编制是科技规划事前评估的重要作用对象。科技发展战略是科技规划编制的基础，二者存在先后关系，在科技规划的编制过程中，需要将明确科技发展战略作为编制的前提条件。科技发展战略偏向于一种宏观层面的思想指引，科技规划则是将思想指引细则化，从而将科技发展战略落实成可执行的方案。"战略"一词是决策者在具备一定高度的原则思想下指导出的全局性策略谋划，科技发展战略可视为"战略"在科技领域的推广延伸，是国家总体战略的重要部分。科技发展战略规划与实施在"科技发展战略"一词界定之前就已出现在各类科研活动中（高红阳，2006）。国家介入科技领域最早可追溯到法国大革命时期（1789～1794 年），而"科技发展战略"名词的出现一直推迟到了 20 世纪，我国在 20 世纪 70 年代末才初步引入"发展战略"这一概念。本书对科技发展战略的含义沿用《科技规划的理论方法与实践》一书中科技发展战略的定义：科技发展战略是一定时期内，一个国家或地区依据社会发展需求，综合考虑当时的政治、经济、文化等条件，对科技发展进行的重大的、全局性的系统谋划，并据此提出未来科技发展的总体方针和指导思想。

我国科技发展战略可看作一个在经济、社会、自然等多方构建的异质协同框架下隶属于国家总系统的子系统（耿松涛，2012），在时间层面上，我国科技发展战略主要历经了产业引进战略、科教兴国战略、建设创新型国家战略的体系化演进历程。中国特色科技发展战略的核心思想是使得科技与国家经济、政治、文化等因素深度融合，在该思想下，科技发展战略的制定必须紧密围绕国家发展的总体目标，深刻考虑国家的现实环境和约束条件，最终形成引领科技前行的指导思想，为后续的科技规划编制奠定基础（图 2-3）。

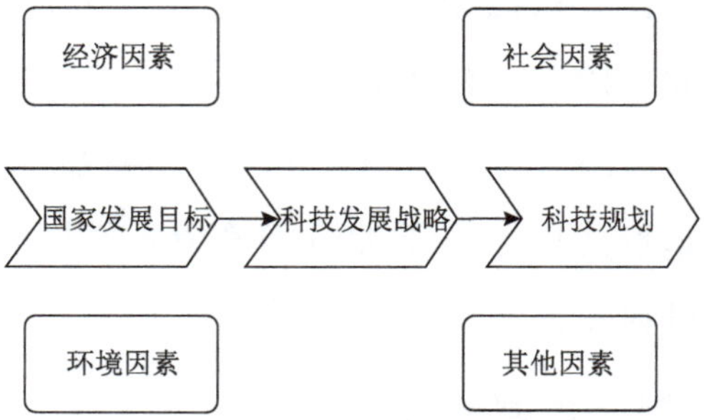

图 2-3　科技发展战略定位

制定科技发展战略的流程可分为四个步骤（杨国梁，2020a）。

第一阶段，前期准备。对国家战略环境与科技需求进行分析，通过调研获取相关领域的数据资料。战略环境分析是对内外部环境局限作用进行的总结，该分析过程可用的方法包括文献调研方法、专家调查方法等。科技需求分析则侧重于科技发展趋势的预测，确保科技发展战略契合国家发展愿景，该分析过程可用的方法包括技术预见方法、技术路线图方法等。

第二阶段，形成方案。基于前期准备阶段所得的调研与分析结论，结合专家的智慧和判断，草拟出初步的科技发展战略方案，同时准备好备选的战略指导思想与核心目标。

第三阶段，决策。在众多的科技发展战略方案中，通过综合评价方法、对比分析方法等手段，选定最终的科技发展战略方案。

第四阶段，实施调整。科技发展战略的制定并非一蹴而就，在实施过程中需对科技发展战略进行持续优化，在保持战略稳定性的同时根据世界情况的变化（如国内外环境产生新的动态、战略实施中遇到的突发问题等）对战略进行必要的调整和优化。

依据我国科技战略的制定流程，可将我国科技规划编制分为准备过程、编写过程和完成过程（杨国梁，2020a）。

（1）准备过程。准备过程的任务是提出规划立项和团队组建，根据上一期科技规划的实施情况，结合临时政策要求或惯例，以国家政策、方针作指引，提出本期科技规划编制的要求。同时，以系统结构方法成立由领导、专家、管理者三方结合的科技规划编制团队及下属部门，依托编制团队制备科技规划的工作计划。

（2）编写过程。编写过程的任务是收集资料数据，组织、整理并整合专家意见以及编写科技规划草本。首先，收集数据资料、分析科技现状和预测科技发展趋势，在科技规划的编制前期，需要调查并收集国内外行业、科技、经济、政治等多方信息，通过数据资料对科技现状进行细致勾画，以此来对未来技术方法等进行合理预测，还要对科技战略的思想、目标、重点、措施以及科技进步指标体系进行明确，使得科技规划编制团队在思想上达成内部统一。其次，对专家的意见进行整合，分组编制科技发展规划纲要与专项科技发展规划，对总体规划、重点行业规划、重点地区规划、新兴领域规划等形成草案和备选方案，组织专家对草案进行评审与遴选，确定多个备选方案。

（3）完成过程。需要说明的是，科技规划是一个动态过程，可能会依据科技规划实施的反馈进行修订，组织专家在编写过程所确定的编制文本仅是初步方案。因此，在完成过程中，需要在多个备选方案中遴选出最佳方案，集中力量对最佳方案进行讨论修改，形成编制阶段的初步最佳方案。

2.1.1.2　科技规划事前评估的重要性

相较国外各科技强国，我国更重视事中评估和事后评估，对事前评估的重视不足，原因有二（唐云锋和李侠，2004）：第一，科技规划制定主体与科技规划评估主体不清晰，可能导致科技规划在发布前存在资源的倾斜与不公，从而影响规划最后产出的效率，长此以往致使科技规划仅存于形式而失去其本质；第二，绝对理性思维的影响，人类的理性存在极限，即在各种决策中应加入对个人或组织行为习惯的分析，这也表明不存在一劳永逸的科技规划编制模板。

对科技规划缺失预测性评估易导致“政策短视”（Policy Myopia）问题（Nair and Howlett，2017），通过事前评估，能够有效识别科技规划是否偏离科技发展目标、是否准确贴合社会发展需要、是否超出研发水平和能力、是否体现科技资源配置水平，以及是否充分考虑规划实施环境五个维度。现阶段，我国科技规划事前评估侧重于科技规划文本质量，对事前量化评分与多方案备选的需求并不十分强烈（陈光，2022）。因此，事前评估主要从规划编制有效性、过程合规性、风险预期性三个评估角度展开。第一，编制有效性要求科技规划的编制要与当前时期和未来时期的重大战略部署保持一致，科技规划内容要与其他同级别规划保持协同，避免出现内容冲突与脱节。在科技规划编制质量上，编制有效性还要求科技规划文本能够对当前科技发展情况有准确的宏观把控，厘清科技规划拟解决的任务目标并配套相应的保障措施。第二，过程合规性不仅要求科技规划文本内容与格式合规，更注重各部门联合参与编制活动的流程合规，在科技规划起草过程中杜绝“一家独大”的局面，同时积极广泛听取社会公众的意见，使得科技规划真正走向群众、贴近实际。第三，风险预期性指对科技规划可能在公共安全、社会稳定等方面产生的部分负面影响（如公共资源配置失衡、生态环境破坏等）进行客观预期，修改科技规划内容以减少科技规划实施后造成的风险损失。

具体而言，我国科技规划事前评估对科技规划的编制主要从三方面发挥作用：一是科技规划出台制定，包括科技规划重点项目、领域、技术的选择；二是科技规划项目组织与机构的设立，如第三方科技评估机构的设立；三是科技资源的配置，如科技规划预算项目的决策等，这也是科技规划事前评估结果的路径应用。

2.1.2 科技规划事前评估的类型

2.1.2.1 科技规划事前成效预测评估

当前我国学界的事前评估相关研究多集中于财政预算部门，在财政学中，其是一种绩效目标管理下的绩效评估，包括五个方面的内容（隋少彦，2021）：一为评估项目的绩效目标，包括项目成效是否能够达成绩效目标、是否有利于中长期发展等；二为评估该项目的实施必要性，包括立项依据是否充分、与其他项目是否有冲突等；三为评估项目的可行性，主要对项目基础设施条件进行评估，包括财力、物力是否充足等；四为评估经费和使用范围，包括项目用途、项目是否属于财政支持范围等；五为评估项目的预算，包括预算编制的合法性、编制方法的合理性等。

科技规划事前成效预测评估与绩效评估存在一定联系，二者都是目标管理框架下的评估。事前成效预测评估与国家科技发展战略目标和科技规划目标相联系，通过多次事前成效预测评估，不断调整科技规划的目标。例如，在《国家中长期科学和技术发展规划纲要（2006—2020 年）》中，通过科技规划事前成效预测评估，设置的总体目标有“到 2020 年，全社会研究开发投入占国内生产总值的比重提高到 2.5%以上，力争科技进步贡献率达到 60%以上，对外技术依存度降低到 30%以下，本国人发明专利年度授权量和国际科学论文被引用数均进入世界前 5 位”等。成效预测评估不仅仅是通过预测规划成效对目标进行调整，其作用更多是对科技规划编制内容涉及的各领域和各行业的技术研发、部门设置等科技要素最终可能达成的成果进行预测，并判断如何配置此类科技要素以满足经济与社会发展的需要。

具体来说，科技规划事前成效预测评估从三方面展开。

（1）是否符合国家科技发展战略目标。在事前成效预测评估的指标体系建设中，可设置一级指标“国家科技发展战略目标符合程度”和二级指标“重点领域遴选缺失度”（科技规划能否涵盖全部的重点领域）、“目标符合度”（该指标有两类含义：一是各技术等要素的成效能否贴合指示文件的精神；二是具体目标设置是否明确）等。

（2）是否合理配置科技资源。资源配置方式、配置强度会影响科技规划的最终效果，不同主体间的信息不对称会造成科技资源配置失效，因此应充分考虑科技规划中资源配置不足导致的规划目标未完成甚至失败。可设置一级指标“科技资源配套偏差程度”和二级指标“资源使用与预期成果的匹配程度”（规划内各部分的成效与其资源投入的适配情况，是否存在资源不足或者资源冗余的情况）、“各项目内的资源分配合理度”（规划内各项目资源配置是否科学，要保证各项目的均衡实施）等。

（3）是否满足经济与社会发展需要。经济和社会发展需要是科技规划的重要动力，因此科技规划的成效应该尽可能地贴合经济与社会发展需要，可设置一级指标“经济与社会发展需要满足程度”和二级指标“科技成果转化预期目标”（充分考虑科技成果转化的程度与应用范围）、“科技规划与经济措施协同力度”（科技规划各科技要素与财政、金融等方面的配合程度）等。

2.1.2.2 科技规划事前风险预测评估

当前我国科技规划的编制环节存在一定风险，科技活动的复杂性与科技规划运行中的各类主客观因素，都有可能影响科技规划的编制，进而对下一步科技规划的实施产生负面效果。

科技规划事前风险预测评估可从以下三方面展开。

（1）是否偏离国内研发水平与能力。科技规划应充分考虑国内现有研发水平，在研发能力允许范围内进行规划设计，减少出台超出研发水平和能力的科技规划。可设置一级指标“国内外研发水平和能力偏离程度”和二级指标“突破瓶颈类技术数量”（突破瓶颈类技术数量过多可能导致科技规划不能按时完成，因此该指标要控制在一个合理区间内）、“技术对标国际发展情况”（技术的发展在国际中处于何种位置，具体来说，追赶类的技术研发风险较小，超越类的技术研发风险较大）、“技术研发配套机构、团队规模”（技术的研发机构和团队的规模越大，其风险越小，反之风险越大）等。

（2）是否缺少保障措施。要避免保障措施不同步，缺乏有效支撑导致的规划落地困难。可设置一级指标“保障措施”和二级指标“规划基础设施保障”（为科技规划实施配备的一系列机构建设、平台建设等）、“规划法规制度保障”（为科技规划实施配备的一系列法律规定、制度体系等）等。

（3）是否营造适宜的科技规划环境。规划应考虑重视程度不够导致的规划实施困难。由于科技规划可能缺乏相关政府部门、企业等的参与，科技规划存在实施困难的可能性，科技规划应当充分考虑科技规划实施的环境。可设置一级指标“规划环境适宜度”和二级指标“规划部门协调度”（包括行政部门间的信息共享与交流情况，信息越对称，规划环境越适宜，反之则会加剧规划的风险）、“社会组织参与程度”（多方主体共同参与科技规划有利于加强对规划的监督，且企业、高校等的合作也是科技规划实施的强力支撑）等。

根据当前国际环境，我国还应对科技规划事前风险预测评估提出如下要求。

第一，鉴于前沿科技产业不断创新的趋势，科技规划的事前风险预测评估需要具备更高的预见能力。前沿科技领域一直以来是世界各国争相研究的，各国在前沿科技领域的治理往往存在滞后性，因此在制定科技规划时，需要精确预测科技发展的动向。这要求我们不仅要紧跟科技前沿，还要能够预见其长远的效应，确保政策既能激发科技创新的潜能，推动技术革新，又能妥善应对可能出现的风险。

第二，考虑到全球科技创新的发展趋势，科技规划的事前风险预测评估需要更具前瞻性。全球科技创新格局不断变化，各国纷纷推出科技创新战略，需要将目光投向长远的科技愿景，致力于加强基础研究的根基，并专注于颠覆性科技创新，以期在未来的科技竞争中占据有利地位。

2.1.3　科技规划事前评估的方法

在科技规划编制阶段，事前评估中的成效预测评估和风险预测评估分别从政策预期成效和预期风险角度出发开展评估活动，科技规划事前成效预测评估侧重于对科技规划编制内容与规范进行评估，包括对科技规划编制过程遵循的流程进行审视评价，考察科技规划编制对规划任务的部署是否科学可行；科技规划事前风险预测评估是在科技规划编制中，对可能出现的风险进行事前识别，确定风险对科技规划目标实现的潜在影响，以便制定相应的管理策略及措施。科技规划编制阶段常用的评估方法有专家调查方法、案例研究方法、访谈调查方法、文献计量方法等。

2.1.3.1　专家调查方法

专家调查方法又称专家评议方法，在科技规划事前评估中依赖于专家的知识储备与职业道德获得评估客体的评估结论或预测性报告，借助来自不同领域、拥有不同学科背景和见解的专家的思维碰撞，为科技规划评估提供主观的规划观点与技术参数（史斗，1991）。该方法最早可追溯到 1416 年威尼斯共和国的专利审查办法，该方法本质上偏向于定性属性，定量部分相对缺失，因此在方法的使用上，人们曾多次对其产生怀疑，如20世纪60年代末期，美国国会与联邦政府希望加强其在科学研究项目中的主导权，但美国国家科学基金会使用的专家调查方法的公正性受到质疑。1975年，美国科学院科学与公共政策委员会组织专家对美国国家科学基金会进行了连续六年的调查，最终认为专家调查方法仍是公正客观的。常用的专家调查方法包括头脑风暴方法、德尔菲方法等（陈光，2022；贺德方和潘云涛，2023）。

1）头脑风暴法

头脑风暴法是一种能够有效集合群体智慧、激发创造性思维的定性评估方法，最早由美国创造学家亚历克斯·奥斯本(Alex Faickney Osborn)于1939年提出，历经多位学者的实践发展，在20世纪50年代正式形成。区别于专家随意交互而容易产生屈从权威或遵从多数观点的弊端，头脑风暴法遵从四项基本原则以保证专家交互的客观公正。这四项原则分别为延迟批判原则、独立思考原则、以量求质原则、结合改善原则（杜元伟等，2015）。其中，延迟批判原则要求专家在评估过程中对每项设想持有保留意见，将指责批评环节置于整个评估过程的最后阶段；独立思考原则激励专家积极表达自身观点，重点在于思考的自由性；以量求质原则要求专家能够直言不讳，通过专家给予的大量观点积累，从中提取好的想法和好的见解；结合改善原则是在自身观点的基础上，吸取其他专家想法的精华进行扩充改进，以达到思想的互相结合、互相启发。

专栏：头脑风暴法的一般流程

头脑风暴法的流程包括提出问题、遴选组织专家、讨论问题、整理讨论结果和会后讨论五个阶段。其中，提出问题阶段，确定本次进行头脑风暴的目的，在陈述目的过程中不应带有偏向某一具体思想和方法的主观引导；遴选组织专家阶段，视评估客体在相关学科领域找寻具有专业知识和实践经验的权威人士，具体而言，方法论学者作为会议的主持人，专业领域的专家作为设想提出者，专业领域的高级专家作为分析者，具有较高逻辑思维能力的专家作为演绎者，一般人数应在5～10人，理想人数是6人或7人；讨论问题阶段，是头脑风暴最为核心的一步，各专家依次提出自身对问题的看法，该过程持续多轮，注意不能强迫专家进行思维创作，为专家创造一个最适宜的环境；整理讨论结果阶段，是将专家观点转为报告的过程，依据头脑风暴的目的，对专家大量观点进行筛选，从而将有价值的设想记录并展开分析；会后讨论阶段，得出最终方案，并借助整理讨论结果阶段的设想记录，设置多个备选方案。需要说明的是，进行头脑风暴需要严格遵守四项原则，同时要注意头脑风暴时间，通常安排在 30～45 分钟为宜。

资料来源：水志国，2003

2）德尔菲方法

德尔菲方法是获取专家观点以对科技规划未来发生事件与发生时机进行预测的一类定性评估方法。德尔菲方法于 1946 年由美国兰德公司与道格拉斯公司合作创立实行，其遵循匿名性、反馈性、统计性三原则。其中，匿名性是德尔菲法最为重要的原则，区别于头脑风暴法，德尔菲方法要求参与评估的各专家保持其独立性，专家无法得知其余参与评估人员的任何信息，即在完全匿名情况下进行思想交流，从而避免专家意见的权威性影响；反馈性是指德尔菲方法在每轮汇总后都能够提供信息的反馈，从而能够及时对评估活动进行动态调整，以获得相对客观的结果；统计性原则是指德尔菲方法的评估结果报告依据四分点和中位数，使得一半结果落在两个四分点之内，一半结果落在两个四分点之外，避免出现仅考虑多数人观点的情况。

专栏：德尔菲方法的一般流程

德尔菲方法的基本流程为：①选择科技规划评估咨询专家，形成专家小组；②设计调查表，将其分别分发给专家小组各成员，咨询专家意见；③回收专家意见进行统计处理，形成综合报告，并据此形成下一轮的调查背景和调查表设计；④将新的调查表再次反馈给各专家小组成员。重复上述过程，直到获得较为统一的决策过程，德尔菲方法通常会持续三轮左右。

资料来源：王英凯，2001；潘月娟和黄晶，2024

德尔菲方法在应用过程中呈现以下四个特点：①德尔菲方法为专家发挥其

主观能动性创造了极为宽松的环境；②德尔菲方法的工作量与头脑风暴法等相比较少，但技术要求则较其他方法更高，主要在于对专家观点的反馈分析需要更高技术水平；③在确定德尔菲方法的基本流程后，其实现途径较为容易；④专家观点仍然是德尔菲方法的核心，而非德尔菲方法的设计环节。需要注意的是，德尔菲方法的难点在于调查轮次的确定，这涉及专家一致性的识别、有效阈值的确定等一系列问题。

尽管专家调查方法的主观性使得其存在一定程度的系统性缺陷，但在科技规划事前评估中，其仍是一种主流且实用的方法。在科技规划评估中使用专家调查方法要注意以下几点（李强等，2017）。

（1）选择适当同行专家。专家调查方法需要对被评估问题涉及领域的专家进行选择，但随着评估问题的深入以及当前规划学科的交叉融合，只邀请同行专家变得越来越不现实，因此专家调查方法在专家的选择上应针对评估问题进行划分，如先将评估问题分为大领域和小领域，根据领域的范围确定专家的数量。当评估问题涉及多个学科前沿时，则应将各个学科的专家尽数邀请到评估工作中来。需要说明的是，为避免评估的偏见并提高评估视角的多样性，选择的专家应尽可能来自不同地区、不同机构、不同流派。

（2）形成规范约束机制。约束机制的建立主要是为保持专家评价方法的客观性，如不得对专家施加倾向性影响，不得歪曲专家的意见，以及不得邀请有问题的专家等。可建立评审意见反馈制度，对专家的评议记录进行全流程跟踪，若存在异常行为或产出异常结果，应动态调整。

（3）明确相应评估标准。在专家进行评议时，需要提前将本次评估标准告知专家。

（4）合理使用评估结果。专家调查方法的结果是全体专家的共同智慧结晶，其结果虽然相对客观公正，但是受到固定研究范式影响，会存在一定局限性，因此应用评估结果时应该谨慎对待，不受权威影响，保有一定的主观判断。

2.1.3.2 案例研究方法

案例研究方法属于社会科学研究方法，又称回溯性案例分析法，最早可追溯到 20 世纪初期人类学和社会学的研究，该方法通过选择一个或几个案例对评估问题进行说明，不干预研究对象的进程变化，也不控制研究对象的特征背景，其结论不依赖抽样原理（孙海法等，2004）。案例研究方法是一种经验性的评估方法，是对先前案例资料的收集，通过描述、解释、探索和评价形成知识库，并借助知识库对所评估问题提出见解和看法的研究手段，通常在知识库中选择典型案例，通过分析案例相关的关键科技事件、科技环境情况与科技管理机制等因素，总结其成功与失败经验，以此预见本次科技规划编制中的重点问题。同其他经验性研究方法一样，案例研究方法的有效性相对较弱，且该方法缺乏研究的规范性，即在实际研究中难以遵循固定的流程和特定的工具完成分析工作，这是案例研究方法的缺点，但也正因该方法的发散性，案例研究的重点在于回答"为什么"和"怎么样"的实际问题，而不是回答如"应该是什么"的预测或既定规律问题。

案例研究方法有不同的分类方式，常见的分类方式如下所示。

（1）根据研究任务性质分类。例如，①探索型案例研究，突破原有社会框架，以新观点、新方法、新假设来解析案例，以期创造新的理论；②描述型案例研究，对案例现状和既定事实的客观描述，并无具体的任务导向；③例证型案例研究，对标志性案例或阶段性案例按一定的发展顺序排列，以此对其未来趋势或历史沿革进行研究分析；④实验型案例研究，多应用于新技术的执行反馈阶段，重点专注于事物的作用效果，区别于探索型案例研究，实验型案例研究的对象是具体的客观事物，可以是一种管理机制或者问题解决方法等；⑤解释型案例研究，利用已有理论、方法、假设等理解具体实践活动，这也是最为常见的案例研究类型。

（2）根据研究对象数量分类。案例研究方法可分为单一案例研究和多案例研究，单一案例研究可以是研究一个问题、一个方向，甚至一个场景；而多案例研究是在确定研究主题后，根据某一主旨对多层次整体进行剖析。

（3）其他案例研究类型，如直接观察和间接观察的案例研究、地方性和国家性的案例研究等。

具体到科技规划评估中，案例研究方法多应用于科技规划的文本内容评估，需要专家小组对前一时期党中央、国务院和相关部门政策方针、相关领域科技规划、国外科技规划有关报告等大量文献资料开展众多案例研究，为编制本次科技规划提供基础依据，并确保规划目标的明确性、关键问题的精准识别，以及保障措施的有效实施。这一过程旨在凸显科技规划的科学性、前瞻性和可行性，使其与科技发展规律相契合。

2.1.3.3 访谈调查方法

访谈调查方法又称焦点小组方法，是将若干评估对象集中一起，以访谈、调研的形式获取科技规划评估所需的资料信息与数据。访谈调查方法能够帮助评估主体解决科技规划关注度高、争议大的问题，使其更深入地了解规划实施情况及规划运行的规律，为科技规划的编制提供丰富的实证材料。访谈调查方法因存在高时效、强可控的特点，而成为我国社会调研和学术界定性研究的重要方法（谢强强和邹晓娟，2017）。

专栏：访谈调查方法的一般流程

访谈调查方法通常包括如下几步。

第一步，明确科技规划评估所需的资料信息与数据，依据科技规划评估中所遇难点及任务目标进行座谈设计，通常列出访谈主题清单，并尽可能多地反映问题，这是实施该方法的首要工作。

第二步，依据座谈设计，精选并联络相关领域的专家或关键人员，组建一个访谈调查小组，该小组通常由12～15名成员构成，需设置访谈调查小组主持人，主持人往往决定着访谈调查方法的最终效果，主持人应有专业的水平与较高的能力，对专家小组成员热情且尊重。

第三步，在座谈结束后，须对座谈内容进行系统整理，提炼出科技规划评估所需的核心结论，并撰写完成最终报告。需要说明的一点是，访谈调查多通过集体访谈的形式进行组织，因此对全部专家的时间协调难度很大，往往需要多单位、部门、组织的同时介入，这时有效的解决方法是选择一位权威性强、地位高的专家，将其设置为访谈调查小组的领导者，以此统筹各专家的时间进程。在座谈过程中不仅需要专业技巧，还需要精准地把控整个流程，这要求访谈发起人能够聚焦关键问题，合理安排时间节点，以确保讨论的高效性。同时，在收集信息数据时，还应保持敏锐的洞察力，捕捉并留意座谈流露的其他重要信息，这些可能也会为科技规划评估提供宝贵的参考和启示。

资料来源：根据公开资料整理

2.1.3.4 文献计量方法

文献计量方法源于 20 世纪中期兴起的文献计量学和科学引文分析，1969 年，英国情报学家阿伦·普理查德（Alan Pritchard）以“Bibliometrics”（文献计量方法）一词替代“Statistical Bibliography”（文献统计法），标志着文献计量方法的正式诞生。文献计量方法是利用数学与统计手段，以科技文献的外部特征作为研究对象，以此评估科学研究活动的发展现状和趋势，其特点是输出结果为定量化信息内容（朱亮和孟宪学，2013）。

文献计量学是以布拉德福定律、齐普夫定律、洛特卡定律三大定律作为理论和应用基础，以文献体系和文献计量特征为研究对象，采用数学、统计学等计量方法，研究文献情报的分布结果、数量关系、变化规律和定量管理，进而探讨某些结构、特征和规律性问题的一门学科（邱均平和文庭孝，2010）。我国文献计量方法的发展历程分为三个阶段：①起步阶段（1979～1982 年），该阶段特征为相关论文数量少、内容分散、缺乏自主性系统研究；②发展阶段（1983～1987 年），文献计量学正式进入大学等研究机构，形成正式系统教育；③全面发展阶段（1988 年至今），这一阶段在注重方法的同时，还关注方法应用的实践层面，尤其是科技评估与科技管理层面的应用（邱均平等，2003）。文献计量方法包括词频分析方法、社会网络分析方法、聚类分析方法等。

1）词频分析方法

词频分析方法利用能够揭示或表达文本资料核心观点的主题词、关键词，统计其在某一项规划文本或相关文献资料中出现的频次，以此来反映该规划或领域的研究重点和发展方向（储节旺和钱倩，2014）。词频分析方法要求统计样本足够庞大，人工难以实现，因此在 20 世纪 60 年代之前其应用十分有限，在计算机问世后，词频分析方法实现突破性发展。

邓珞华（1988）认为，词频具有七点特性：①单词在文献中服从双曲线分布；②标引词在文献库中服从正态分布；③分类号频率在文献库（仅限大型文献库）中服从双曲线分布；④主题词增加速度逐渐减小；⑤著者在文献库中服从洛特卡定律；⑥词长度大致服从泊松分布；⑦字符频率服从直线分布。

词频分析方法有三大作用效果：①预测学科的发展趋向。文献、主题词等的数量与内容能够体现学科的发展，如在学科产生阶段，有关的文献与主题词可能仅存在于几篇文章或书籍之中，随着学科的兴起，其文献与主题词的增加必然经历一个提速阶段，而在学科成熟阶段，文献、主题词数量会稳定在一个区间，甚至略有下降。②判断主体间联系程度。不同主体（主体可以是部分、学科甚至个人）间存在某一共性联系，通过词频分析方法，如利用耦合度等方式探寻主体间的联系强度。③论证科学研究规律。研究人员难以不依托他人的经验学识而独立工作，因此创新成果通常也并非横空出世，其与过往的研究或多或少存在部分联系，通过词频分析方法可以发现这一联系，从而总结出科学研究的某些规律。

在科技规划评估中，词频分析方法主要应用于科技规划发展趋向的预测和科技规划的某些规律研究。规划文本资料内主题词的数量与科技规划发展阶段密切相关，高频的主题词和关键词不仅揭示了科技规划在资源分配上的倾斜重点，还突显了规划的核心内容和优先事项。同时，低频的主题词和关键词也暗示了科技规划在特定领域的关注度不足，以及未来可能的发展潜力。通过词频分析方法，评估人员更能把握好规划重点和发展走向。

2）社会网络分析方法

社会网络分析方法是针对社会关系进行分析的定量方法，通过构建“社会网络”集合反映社会系统各部分特征与互相间多种形式的社会关系，如上下级之间的关系、科研机构之间的关系等。其中，“点”用以表示各个社会行动者，如科技规划评估活动中的评估主体、第三方评估机构、评估客体；“边”用以指代行动者之间的社会关系，这一关系包括且不限于个人之间的评价关系、物质资本的传递关系、非物质资源的转化关系、协会或者隶属关系、行动上的互动关系、空间关系、正式关系、职位的升迁和流动、生物意义上的关系等（汤汇道，2009）。

网络研究通常存在两类研究视角（张存刚等，2004）：①将网络作为厘清个体间关系的分析工具；②将网络关系作为研究对象分析社会结构问题。因此，社会网络分析也可分为两种不同视角的研究：①关系取向研究，研究不同主体间的社会性黏着关系，通过特定的行为活动来分析主体的紧密团体、疏远对象以及相互独立个体。主要研究内容有规模（即主体与其他主体联系的数量，通常情况下，规模越大表示主体在关系网络中越重要）、强度（即主体关系间的持续时间、情感深浅、信任程度等）、密度（即主体现有的关系数量与其理论上最大数量的比率）、内容（即主体关系的特性，如亲属关系、师生关系等）、关系是否对称（分为不对称关系与对称关系，其区分标准是规模、强度、密度、内容是否相同，相同的为对称关系，不相同的为不对称关系）、关系发生方式（分为直接关系和间接关系）等。②位置取向研究，针对研究对象在社会结构中的地位、等级等问题进行的特定行为分析。主要研究内容有结构等效（当两个或两个以上主体与第三方主体具有相同的位置关系）、位置（主体地位的反映，即对研究对象特定身份的结构特征进行分辨）。

社会网络分析的具体方法可分为中心性分析、凝聚子群分析、核心–边缘结构分析等（朱庆华和李亮，2008）。其中，中心性分析侧重于测量“点”处于网络中心的程度，即反映“点”在社会网络中的重要程度，该角度下常用的测度指标为点度中心性、中间中心性、接近中心性等；凝聚子群分析侧重于“点”的团结程度，类似于“小团体抱团”，凝聚子群分析测度每个小团体之间的关系特点，常用凝聚子群密度衡量社会网络中小团体现象的严重程度；核心–边缘结构分析侧重于“点”之间的相对位置，即解决哪些“点”在核心位置、哪些“点”在边缘位置的问题，定类数据下可构建离散的核心–边缘模型，而定比数据下可构建连续的核心–边缘模型。

3）聚类分析方法

聚类分析方法是在事物类别不确定的前提下，通过某种或几类特征对全部分析对象进行聚集分类的统计分析方法，能够客观反映各对象间的亲疏关系。聚类分析是一个严密的数据分析过程。

专栏：聚类分析方法的一般流程

聚类分析方法流程可分为六部分：①获取数据源；②特征选择或变换，对无序的数据源进行特征选择或变换，特征选择是依据科技规划目标的某一属性或规划方向选择几项属性，从而降低数据源的维度，特征变换是在保留其原有属性基础上，提取其中的隐含信息，并去除原特征的物理意义；③聚类算法选择或设计，常用的聚类方法有 K 均值聚类、层次聚类等；④聚类结果评价，设立聚类结果的准则函数以结束评估活动，并获取聚类分析方法所得结果；⑤聚类结果物理解析，即对聚类结果进行分析，总结出不同个体的聚类原因、共性特征等要素；⑥知识存档，将聚类分析方法结果和其物理解析进行存档，方便日后其他相关研究的讨论。

资料来源：章永来和周耀鉴，2019

依据用以表现文献特征的共现矩阵的不同，聚类分析方法可分为共词聚类分析方法、共引聚类分析方法、作者共现聚类分析方法等。其中，共词聚类分析方法是分析文献集合内特定词汇共同出现的情况，利用共词出现的频率作为聚类对象，将复杂的共词网络关系简化为多个类群之间的关系；共引聚类分析方法是分析文献集合内文献主体被其他文献引用的情况，通过将被引次数（也称作共引强度）作为聚类对象，测度文献在内容方面的相关度；作者共现聚类分析方法则是侧重于作者合作、作者共被引和作者文献耦合的聚类，通过构建作者共现网络进行聚类，分析多种作者共现网络的特点。

文献计量方法中使用的科学文献数量和质量是对科学技术水平的一种度量，在科技规划事前评估中，通过文献计量方法能够依据科学文献内容构成与数量变化，分析科技发展的历史现状，从而预测现阶段和未来的发展趋势。通过文献增长速度和减少量，能对科学技术的周期及转折变化作出相对客观的判断。同时，不同国家的科学文献变化也能够反映各国的科学研究重点与技术优势。

2.2 科技规划事中评估

2.2.1 科技规划事中评估的定位

2.2.1.1 科技规划的实施阶段

科技规划事中评估位于科技规划一般过程中的科技规划的实施阶段，科技规划实施与过程管理指将科学编制的指导性纲领进行操作化和实践化转换，对相关人员和资源进行优势集成和统筹协调，在执行规划的过程中持续监管反馈并不断优化实施路径，从而推动科技规划目标的实现（杨国梁等，2024a）。科技规划的实施是科技管理工作的重要内容，也是科技规划整体流程的重要一环，规划的实施不仅是科技管理部门肩负的重大职责，亦是实现科技规划目标的关键所在，直接关系到科技规划的完成与否。科技规划编制完成后，在科技规划实施阶段，依据科技规划编制文本要求，通过科学管理手段对实施过程的各项工作进行任务量、时间节点的分配，引导和调节无秩序的科技规划实施向有计划的实施转换，最终保证科技规划的平稳落地。科技规划的实施与过程管理可以采用分阶段的方式进行，总体来说，科技规划的实施与过程管理包括目标分解、力量组织、研究部署、执行监督和动态调整五个方面，这些方面相互关联、协同作用（杨国梁等，2024a）。

目标分解是在科技规划编制结束后，将科技规划的总体宏观目标拆分为具体的可执行、可操作目标。通过目标层级结构的建立，将整体目标拆分为一个个子目标，进一步再拆分为具体的任务目标等。目标的分解并非盲目拆解，而是依据一定标准，如时间维度进行划分，科技规划需要在均等时间期限内确定每一时期的规划任务与目标，确保进度均衡有序，也可以将目标设定为长期目标、中期目标和短期目标。

力量组织是在目标分解之后，对具体任务进行分配以及调配资源的过程，起到对科技规划实施的支撑作用，包括人力资源、科技物力资源、科技资金等多方面的配置管理问题。

研究部署是对科技规划目标具体落实的构思，通过制定具体的研究计划，组建所需的研究团队，构建明确的技术发展蓝图。蓝图中包括科技规划实施的内容、项目完成节点、项目预算、专家分配等一系列要素。

执行监督和动态调整是科技规划实施与过程管理重要的两环，也是科技规划事中评估的主要发力环节，执行监督是要确保科技规划的落实和项目的有序进展，通过对项目质量、进度、成本等进行监测追踪，保证规划按时保质完成，主管部门组织监测人员依据监测与评价指标识别科技规划实施存在的问题；动态调整是依据执行监督的结果，对科技规划的编制和实施进行调整。对科技规划编制的调整是指根据实践，发现编制内容的不合理之处，从而使得科技规划文本始终紧跟科技发展战略与国家实际需求。对科技规划实施的调整是指对目标分解、力量组织、研究部署的及时改善，该环节的关键在于信息的共享畅通，从而保证科技规划的有效性和持续性。

2.2.1.2 科技规划事中评估的重要性

虽然事前评估已经减少科技规划所遇风险的不确定性，但科技规划涉及的多方管理部门所负责项目不同、所获得收益不同，容易导致部分部门执行力度不够，且未来不可预测的突发事故仍会为科技规划整体实施增加难度。事中评估作为科技规划实施的“监视器”，能在整个科技规划过程中对科技规划的阶段成就和实施阻碍及时进行记录，以确保规划不偏离其运行轨道。事中评估主要对规划执行和规划问题进行评估，对规划执行的评估侧重于科技资源阶段性投入的有效程度评估和管理机构阶段性目标的完成程度评估，评估过程需要分析一定规划时点内科技资源的分配是否科学合理，投入的资金、人力和物资是否得到了充分利用，评估管理机构在执行规划过程中是否按照既定计划有序推进，各阶段性成果是否达到预期目标，以及这些成果对整体规划进展的贡献程度等事项；对规划问题的评估侧重于科技规划所遇阻碍，这一评估旨在识别项目推进中的制约因素，并探讨这些问题的根源和解决办法，为项目的后续调整和优化提供决策依据。事中评估通过其动态调整机制，让科技规划在时间推移与内外部冲击影响下仍能保持有效性，同时也能根据评估结果适当修正科技规划的目标任务以增强科技规划整体的合理性。

在科技规划事中评估中，需要注意维持实施主体与评估主体之间的关系，减少二者之间的关系脱离。具体来说，我国科技规划的评估主体通常是各类监督机构，倘若监督机构并未参与科技规划的实施而进行盲目评估，往往会造成监督机构评估活动的无效。其次，要保证事中评估的信息反馈渠道通顺，要使得该渠道双向通畅，即信息反馈者明白评估结果的反馈去向，且科技规划实施者能及时获得评估回馈。

需要说明的是，科技规划事中评估不仅对科技规划实施起到重要作用，其对科技规划的编制也十分重要。科技规划体系的运转需要目标体系、管理控制体系、监测调控体系三方共同作用。目标体系是对科技规划目标的确定，从而完成科技规划方案的编制；管理控制体系是以目标体系所完成的科技规划方案为基础，对科技规划的实施进行管理，控制科技规划的完成节点；监测调控体系是在监测管理控制体系的运作过程中，对科技规划实施出现的问题进行反馈，将规划目标的调整信息及时传达到目标体系内，从而形成“目标体系—管理控制体系—监测调控体系—目标体系”的动态循环。简而言之，科技规划事中评估对科技规划的编制的作用程序分为以下几步：①明确科技规划目标，编制方案；②实施方案；③对实施过程监测反馈，获取反馈结果；④依据反馈结果进行动态调整，修正规划实施计划和编制方案；⑤再次进入第一步，形成良性循环。

2.2.2 科技规划事中评估的类型

2.2.2.1 科技规划事中执行监测评估

科技规划事中评估的重要任务是对科技规划的执行进行监测评估从而达到对科技规划的管理优化。科技规划执行监测评估通常难以脱离科技规划编制文本，其以编制阶段的文本内容作为基础，从两个维度对执行进行监测评估：规划目标制定阶段的目标依据与成果目标完成的效果反馈；规划实施管理阶段的组织实施和控制协调的实时监测（图 2-4）。

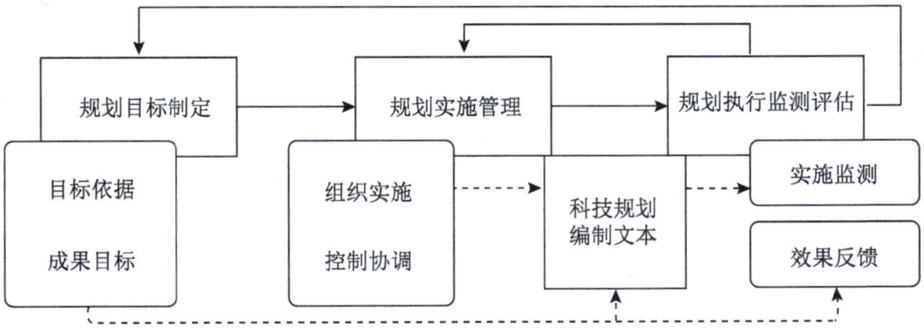

图 2-4 科技规划执行监测评估的运作流程

我国科技规划的执行监测评估采用目标管理与过程管理相结合的方式，对科技规划项目进展、经费使用、项目资助考核、研究开发风险评估等事项进行动态全过程监督，具有以任务为导向、以防范风险为主责、遵循责任倒查机制、受到制度约束等特征（黄锦成等，2005；孙文静，2022）。当前，我国科技规划任务的承担单位主要为科研院所、高校、企业等，而科研经费主要源自财政经费，在此框架下，科技规划的执行监测评估的重点是明确科技规划管理部门、科技项目管理专业机构、承担单位、专家这几类主体的监督职责。

科技指标研究是科技政策研究的核心工作之一，近 20 年来，我国的科技政策研究借鉴经济合作与发展组织（OECD）的经验，在国家科技规划中引入科技指标用以监测科技发展的演变态势（玄兆辉，2017）。在执行监测评估方面，存在多种可供选择的评估指标，需要根据科技规划的不同目标灵活使用，如《"十三五"国家科技创新规划》提出"十三五"科技创新的总体目标："国家科技实力和创新能力大幅跃升，创新驱动发展成效显著，国家综合创新能力世界排名进入前 15 位，迈进创新型国家行列，有力支撑全面建成小康社会目标实现。"这一总体目标提出后，引出十二项科技创新指标，其中包括国家综合创新能力世界排名、科技进步贡献率、研究与试验发展经费投入强度、每万名就业人员中研发人员等[①]。在实际科技指标的研究中，评估监测方面常从科技经费、科技人员、科技产出等角度对指标进行设定，科技经费角度相关指标包括科研经费增长率、非政府投入比例、科研经费占国民收入比例等；科技人员角度相关指标包括科研人员总量、科研人员年增长率等；科技产出角度相关指标包括科研论文数量、技术专利数量、科技奖项数量等。

科技规划的执行监测评估涉及相关性、质量、绩效等标准。其中，相关性标准是指科技规划执行监测不能背离科技规划总目标；质量标准是就科技资源配置而言，保证执行监测过程中资源配置的合理性；绩效标准关注科技规划完成情况以及实施过程中的投入产出效率比。评估标准参考瑞士评估共同体，从实用性、可行性、正确性、精确性几方面考虑。实用性，要明确监测评估结果的使用者，监测评估活动服务于使用者；可行性，要确保监测评估活动在当前经济成本、环境下可以实施；正确性，要保证监测评估活动的合法性、公正性；精确性，就评估结果而言，评估结果能够提供有用且来源可靠的信息。

---

① 国务院关于印发"十三五"国家科技创新规划的通知[EB/OL]. https://www.gov.cn/zhengce/zhengceku/2016-08/08/content_5098072.htm[2024-08-25].

2.2.2.2　科技规划事中问题监测评估

科技规划事中问题监测评估是科技规划事中评估的另一种类型，是在科技规划实施过程中，对可能或已出现的各种问题进行的针对性评估。与侧重于执行效率与执行质量的执行监测评估有所不同，问题监测评估更像是扮演着“诊断师”的角色，其深入科技规划内容本身，寻找那些阻碍规划顺利实施的症结所在。这些问题可能源自规划本身的缺陷，如目标设定不切实际、资源配置不合理、管理体系僵化等；也可能源于外部环境的变化，如技术革新的速度超预期、市场需求突变等。通过问题监测评估，可以清晰地识别出这些问题的本质与影响范围，为后续的决策调整提供坚实的支持与依据。

科技规划事中问题监测评估存在两方面的内容。

（1）就科技规划实施本身而言的问题监测评估。科技发展的不确定性和复杂性决定了规划实施过程中难免会遇到各种预料之外的情况和挑战。问题监测评估能够精准地解决那些阻碍规划实施的难题。具体而言，问题监测评估通过定期或不定期的评估活动，对科技规划的实施流程、方法、效果等进行全面审视与深入分析，及时发现并纠正实施过程中出现的偏差与误差。这种及时纠偏的能力不仅有助于确保科技规划按照既定的目标和方向稳步推进，更能够在关键时刻为规划注入新的活力与动力，使其更加适应外部环境的变化与需求。

（2）就科技规划编制而言的问题监测评估。问题监测评估的作用不仅限于实施层面，它还贯穿科技规划的整个生命周期，特别是在编制环节发挥着不可忽视的作用。科技规划的编制是一个复杂而系统的工程，需要充分考虑国家战略目标、科技发展趋势、社会需求等多方面因素。然而，由于科技发展的快速性与不确定性，原先制定的规划内容很可能在实施过程中逐渐偏离当前的科技形势与需求。此时，问题监测评估便成了一座桥梁连接着规划编制与实施两个环节。通过及时对实施过程中暴露出来的问题进行评估与反馈，评估主体能够准确把握科技规划发展的最新动态与趋势，从而对规划文本内容进行必要的修改与完善。这种跨环节的评估与调整机制不仅确保了科技规划的时效性与有效性，更促进了科技发展的持续性与稳定性。为了更好地理解问题监测评估在科技规划编制与实施过程中的作用与价值，通过一个具体问题进行剖析：在科技规划的编制过程中，科技规划文本内容涉及科技资源配置的相关方案，为科技规划实施提供有力支撑，可以将其看作科技规划实施的表层保障。然而，面对科技规划实施过程中可能涌现的难以预测的风险与阻碍，问题监测评估在此刻显得尤为关键，其能够帮助实施主体及时对科技规划的资源配置进行二次调整，确保规划的顺利进行，因此可以将问题监测评估视为科技规划实施的里层保障。通过表层保障和里层保障的有机结合，能够更加全面、有效地应对科技规划实施过程中的各种挑战。

2.2.3 科技规划事中评估的方法

在科技规划实施阶段，事中评估中的执行监测评估和问题监测评估分别从科技规划的实施情况和科技规划的动态调整角度出发开展评估活动，科技规划执行监测评估是对科技规划实施中规划进展情况的评估过程，包括对规划目标的完成情况、规划子项目进度、执行阻碍困难等方面的评估；科技规划问题监测评估侧重于对科技规划进行动态调整评估，多围绕资源配置的调节程度和资源配置的使用比例两方面展开评估。在科技规划实施阶段，常用的评估方法有技术路线图方法、技术功效矩阵方法、数据包络分析方法、情景分析方法等。

2.2.3.1 技术路线图方法

与地图描述一个地点到另一地点的路径功能相似，技术路线图方法也是描述一项目标到达另一项目标的路径，通过数据图表、文字报告等方法厘清科技规划发展的脉络以及各项规划技术间的逻辑关系。20 世纪 70 年代，美国摩托罗拉公司和康宁公司开发技术路线图这一企业管理方法，1987 年 Willyard McClees 在 *Research Management* 期刊上发布有关技术路线图方法的第一篇期刊后，技术路线图方法的知名度与应用程度得到极大提高。技术路线图方法的概念界定具有前瞻性、集成性、动态性、形象性四个特点（张振刚等，2013）。其中，前瞻性是指技术路线图方法是为反映科技规划发展趋势而使用的，其并非局限于描述当下；集成性是指技术路线图集合了全部参与专家的知识和智慧；动态性反映了科技规划多种要素及其内在联系在特定时期内的动态演化过程；形象性侧重评估结果的呈现形式，以使得技术路线图得到更为清晰的展现。

从驱动力差异角度，技术路线图方法可分为市场驱动技术路线图和技术驱动技术路线图（Kostoff and Schaller，2001）；从目的角度，技术路线图方法可分为产品规划、服务（能力）规划、战略规划、长期规划、知识资产规划、项目规划、流程规划和整合规划（Phaal et al.，2004）；从应用层面，技术路线图方法分为宏观、中观、微观三类（李雪凤等，2004），即国家技术路线图、行业技术路线图、企业技术路线图。

专栏：技术路线图方法的一般流程

技术路线图方法的实施包括启动、开发和集成三个阶段。

启动阶段，做好准备工作，这依赖于专门的专家小组，每位专家都需要参与到本次技术路线图的工作中，并在过程中学习与加深理解。

开发阶段，主要是对技术路线图进行绘制，就科技规划评估角度而言，技术路线图的绘制步骤如下：①准备阶段，确定绘制技术路线图的方法，收集科技规划相关资料，形成对当前和未来科技规划发展的初步分析；②确认未来愿景，分析当前规划所需的技术现状、科技资源配置条件及面临的障碍，确定未来发展的大致目标和时间框架；③确认技术发展路线，确定未来愿景之后，需要再确定科技规划涉及领域的优先发展方向，并对研究项目加以描述；④形成技术路线图报告，结束技术路线图绘制。

集成阶段，是将技术路线图进行具体应用的过程，为实现技术路线图的平稳落地，应设置一组负责定期维护与更新技术路线图的组织机构或人员，技术路线图方法的成功与否需要通过技术路线图与科技规划目的之间的一致性与技术路线图实施的连续性进行考量。

资料来源：隗玲，2020；陈家昌，2007

2.2.3.2　技术功效矩阵方法

专利是科技发展成果的载体，通过对专利文本的分析，能够了解该专利领域内的技术发展趋势、经济法律现状，以启迪创新思路。技术功效矩阵方法属于专利分析的定性评估方法，把专利文本作为分析依据，对主题技术内容和技术方案主要技术功能间的特征进行研究，以矩阵形式揭示技术和功效的关系。

技术功效矩阵方法在科技规划的应用中可分为三类：①对科技规划整体专利进行分析，对全部专利所涉及的技术点和功效点进行矩阵构建和填充；②对科技规划的某一具体专利进行分析，或从某一具体专利的构成角度进行分析；③对科技规划的某一技术主题或某一技术领域进行特定的专题分析（陈颖和张晓林，2012）。

技术功效矩阵方法的前提是技术功效矩阵的构建，包括两个方面。

（1）矩阵结构构建，技术专家探寻各类专利文本中技术内容与技术方案的对应关系，即以何种技术手段解决何种技术问题的情况，并将全部对应关系汇总，构建总体矩阵的技术分类和功效分类的定义。矩阵结构构建一般来说分为以下步骤（陈颖和张晓林，2011）：①拟定技术及功效分类架构；②解读分析专利文本；③制作专利文本摘要分析表；④归纳整理数据；⑤制作技术功效矩阵图。

（2）矩阵单元项的填充，通过对专利文本内容的梳理，将专利数量（或专利编号、公司名称等）填入技术功效矩阵。技术功效矩阵方法往往以二维图的形式表现，将实现的技术功效作为横轴（或纵轴），技术手段作为纵轴（或横轴），图中的点表示专利数量。

2.2.3.3 数据包络分析方法

数据包络分析（DEA）方法作为一种融合经济学、运筹学、统计学的非参数绩效评估方法，将每一个被评估对象作为一个决策单元，评估多个投入与多个输出的决策单元间的相对有效性。近年来 DEA 相关研究成果数量呈指数增长（Emrouznejad and Yang，2018；杨国梁，2020b；杨国梁和刘文斌，2021；宋瑶瑶和杨国梁，2021；杨国梁和任宪同，2023）。DEA 最早由 Charnes 等于 1978 年提出，经过 40 多年的发展，DEA 从最早的相对效率评估逐渐拓展到全要素生产率评估、产能利用率评估、资源配置效率评估等绩效评估的方方面面，并从基础 DEA 模型逐渐衍生出网络 DEA（Network DEA）、随机 DEA（Stochastic DEA）、模糊 DEA（Fuzzy DEA）、Bootstrap DEA 等应对不同应用场景的模型方法。该方法基本思想起源于 Farrell（1957）对生产率的研究，他将生产率概念拓展至生产效率，在进行数据包络分析过程中，要求决策单元具有同质性，即具有相同的评估目标与任务、相同的评估外部环境，以及相同的指标体系（通常需要区分投入指标和产出指标）（杨国梁等，2013）。数据包络分析方法适用于具有多种输入指标和多种输出指标的复杂指标体系，对科技规划实施部门的执行监测评估问题具有评估优势。

DEA 包含若干要素，这些要素决定分析模型的形式和用途，包括：①生产可能性集，存在规模收益不变、规模收益可变等；②偏好，经常出现的偏好有帕累托偏好、平均偏好、矩阵偏好等；③测度，存在径向（Radial）测度、罗素（Russell）测度等；④变量类型，如有界变量、非期望变量、不可管控变量等；⑤问题的层次；⑥数据是否是确定的。以上这些要素的组合，可以形成不同的 DEA 模型，用于解决不同的问题（杨国梁等，2013）。需要说明的是，DEA 不仅在科技规划评估的事中评估出现（主要存在于执行监测评估中），其在科技规划评估的事后评估中也有十分广泛的应用，多出现在事后评估的效率评估中，本章将其作为科技规划事中评估的方法，是考虑到 DEA 可以用于在科技规划执行过程中定期收集输入输出数据，进行执行监测评估。通过这种方式，管理者可以实时监测各决策单元的得分变化，及时发现问题并采取相应措施。

2.2.3.4　情景分析方法

“情景”这一概念最早始于赫尔曼·卡恩（Herman Kahn）和安东尼·维纳（Anthony J. Wiener）所著的 *The Year 2000* 一书中，书中认为未来存在多种可能，每种可能的实现路径也并不唯一，情景则是对未来可能的情形以及这些情形从初始状态到未来状态的发展过程进行的事实描述。情景分析方法是基于“情景”这一概念的分析方法，在科技规划工作的经济、技术基础上，通过严密推理与描述，构想未来科技规划完成的各种可能结果。情景分析方法在科技规划活动中起到关键的预测作用，能够合理分配科技规划进度节点，减少规划实施风险，以提高科技规划评估的整体优度。

情景分析方法最为基本的观点是：未来虽然是不确定的，但未来的部分内容是可以被预测的。基于预测形式，情景分析方法又可分为定性型情景分析方法和定量型情景分析方法。定性型情景分析方法偏向于用语言文字、可视化图表去描述未来科技规划实施完成的可能情况；定量型情景分析方法侧重于使用概率方法、计量模型，以数字结果展现规划完成的可能情况。

专栏：情景分析方法的一般流程

情景分析方法一般流程如下：①明确规划需要解决的问题，通过决策焦点的分析，将焦点的重要性和不确定性作为情景分析方法研究的出发点，以此对决策焦点进行分析；②调研与专家讨论，通过实践调研获取科技规划现阶段信息与数据，在专家团队主持下对规划未来情况的各类因素进行明确；③分析驱动力量，尽可能多地识别规划可能受到的冲击，将其按影响程度和不确定程度通过定性或定量的方法进行排序或分类；④发展情景逻辑，对规划未来可能面临的多种结果进行场景内容描述和展现；⑤完善情景内容，模拟情景并请专家对不同情况进行评估；⑥分析结果，依据情景分析方法的结果，确定下一阶段的实施策略，以此提供决策依据。

资料来源：根据公开资料整理

2.3 科技规划事后评估

2.3.1 科技规划事后评估的定位

2.3.1.1 科技规划的评估阶段

科技规划事后评估位于科技规划一般过程中的科技规划的评估阶段，科技规划的评估阶段要重点关注科技规划实施后的规划成效及其量化过程。科技规划带来的新技术的普及、新产业的兴起和公共服务的提升能够在广泛的社会范围内产生积极作用，影响着国家竞争力、社会福祉与人民生活水平。其中，科技规划的产出（包括技术创新、市场应用等多种形式）为科技规划的评估阶段提供了可量化的基础数据信息，而科技规划事后评估则通过对这些数据信息的分析，反哺于下一期的科技规划，并帮助优化下一期科技规划的编制、实施和评估阶段。

需要说明的是，政策存在终结时刻，科技规划亦是如此。以布鲁尔（G. D. Brewer）的观点解释政策终结这一行为：公共政策终结是政策与计划的调试，一旦政策与计划无法发挥作用，以及政策变得多余或不再适应当前环节，甚至不必要，政策将终结。政策终结可以分为三类情况（娄冠华，2007）。第一，政策使命达成，政策目标的完成标志着政策内容涉及的问题已经得到解决，政策达到终结条件；第二，政策因失误废止，一项政策若无法解决当前困境，或对当前问题认知错误，则这项政策是有重大缺陷的，是存在失误的，应该及时废止并制定和颁布新政策；第三，政策法律化，当一项政策需要长时间维护，且实施效果突出，会存在将该政策转化为法律的情形，此时政策终结但以法律形式继续存在。

对于科技规划而言，科技规划的评估阶段结束意味着科技规划的终结，这是决策者主动进行的。科技规划的终结是有利的，原因如下：第一，科技规划终结有利于节省科技资源，对旧的科技规划减少投入或不再投入，从而减弱老旧规划积存带来的负面效果，从经济学角度审视，实际上是减少了政府的机会成本；第二，避免科技规划僵化，促进规划体系的优化，为科技规划各环节工作改善提供启示。科技规划依据规划目的所创造的一系列科技专利、科技人才、科技基础设施等为科技规划的评估阶段提供评估客体。科技规划的评估阶段是下一期规划与本期规划的关键节点，其意味着新的周期开始、旧的周期结束，从而实现新老规划的交替循环。

2.3.1.2 科技规划事后评估的重要性

科技规划事后评估是科技规划评估的狭义概念，评估活动在科技规划实施完全结束后开始，评估内容包括整体科技规划的完成情况、资源投入产出的匹配合理性、科技规划的后续影响效果。其中，整体科技规划的完成情况评估，是指对规划设定的各项目标、任务和指标进行全面检查，评估其是否达到预期效果，并分析整体科技规划存在的差距和不足；资源投入产出的匹配合理性评估，关注规划实施过程中科技资源和资金的使用效率，通过人力、财力、物力的投入和取得的成果，判断是否存在科技资源和资金的浪费或不足；科技规划的后续影响效果评估，是事后评估的又一重要内容，主要关注科技规划实施后对相关领域、行业或社会产生的长期影响，其评估的时间范围为科技规划实施完成后所持续的一段时间，又被称作跟踪评估。

相较事前评估与事中评估，事后评估所获信息量更为广泛，通过收集和分析相关数据和资料，判断科技规划是否带来了预期的经济、社会和环境效益，事后评估有助于全面地了解科技规划的实际效力，为未来的规划制定提供参考和借鉴，进而顺利开启下一轮科技规划。

2.3.2 科技规划事后评估的类型

2.3.2.1 科技规划事后效果评估

科技规划事后效果评估是对科技规划开始之初所确定目标的完成情况的评估。科技规划事后效果受到内外两方面因素的影响，内在因素是科技规划自身条文的科学性与可操作性，这一影响因素在科技规划实施阶段通过事中评估得到动态调整和完善，成为科技规划目标按时完成与取得质量保障的基础；外在因素主要指科技规划对外部环境的适应性，并在调整科技规划所涉及社会关系的过程中发挥作用（杨阳等，2018）。

在科技规划事后效果评估的指标设置中，主要围绕科技规划目标完成程度、科技规划目标完成质量两方面内容设置指标。

（1）科技规划目标完成程度指标，是衡量科技规划各项具体目标达成情况的量化标准，涵盖了科学技术研发、科技人才培养、科技创新环境建设等多个方面完成情况与规划目标的对比。可设置“科技成果转化率与预期之比”（通过跟踪科技成果的应用情况，将科技规划所得科研成果转化为实际生产力的比例，再将实际转化率与预期转化率进行对比）、“科技人才引进数量与目标之比”（目前科技人才配置与科技规划所预期达到的“世界科技强国”这一目标下的人才需求仍有差距，尤其在国有企业科技人才方面存在短缺，科技人才引进能一定程度缓和人才需求与供给之间的失衡）、“科技创新平台建设数量与目标之比”（统计平台建设实际数量，并与科技规划预期目标进行对比）等指标，需要说明的是，在衡量科技规划目标完成程度方面，指标多以比值的形式出现。

（2）科技规划目标完成质量指标，是在科技规划目标完成一定程度的前提下，用以衡量科技规划各项任务是否达到规划预期的质量标准及其达成的具体程度，因各行业各领域的质量标准要求并不完全相同，因此这一维度的指标设置共性较少，需要根据具体情况具体分析，多以国家或行业标准作为指标设置的基础。可设置“高质量论文比例”（在科技规划期间，各机构或相关高校发表的有关科技规划各项任务的论文，其中被 SCI、EI 等收录的论文数量与总论文数量的比值，一定程度上反映科研成果的学术水平和国际影响力）、“核心技术突破数量”（在科技规划总体实施过程中，实现的核心技术突破，该指标数量的提高对于提升科技规划重点行业的技术水平和解决科技规划重大问题具有重要意义）、“科研团队建设情况”（通过综合打分方法，对科技规划涉及的科研团队从结构合理度、研发能力、管理制度等方面进行建设质量评估）等指标。

我国科技规划事后评估逐渐向常态化发展，如 2020 年，在《“十三五”国家科技创新规划》与《“十四五”国家科技创新规划》交接之际，科技部战略规划司对《“十三五”国家科技创新规划》围绕规划总体目标实现情况、标志性成果、组织实施机制等多方面进行了科技规划事后效果评估，在历经方案设计、资料收集、组织实施、专家咨询、综合分析多个评估流程后，形成了《“十三五”国家科技创新规划》总体评估报告，并将其报送至国家发展和改革委员会，为相关评估工作的开展提供了重要参考依据。

2.3.2.2　科技规划事后效率评估

科技规划事后效率评估主要是在科技规划实施阶段结束后，对总体投入与产出进行对比分析与评价。随着我国经济实力的不断增长，科技活动的投入规模增长迅速，据《2022 年全国科技经费投入统计公报》所示，2022 年全国共投入 R&D 经费高达 30 782.9 亿元，较 2021 年增长了 2826.6 亿元，同样，国家财政科学技术支出 11 128.4 亿元，较 2021 年增长了 361.7 亿元。虽然我国对科技活动的投入不断扩张，但在之前的一段时间里，学术界学者普遍认为高技术产业等规模效率逐年减弱，多数无效高技术产业在新产品和专利方面的产出不足（官建成和陈凯华，2009），甚至有学者研究发现政府投入与创新活动的规模效率呈现显著的负相关关系（冯宗宪等，2011），因此事后效率评估是解决此类科技规划活动效率低下问题的评估。

在科技规划事后效率评估的指标设置中，主要围绕科技规划投入、科技规划产出两方面内容设置指标。

（1）科技规划投入性指标，是指科技规划过程中各种要素的投入情况，包括科技人才投入、科技资金投入、科技基础设施投入等一系列科技规划需要的资源投入，其作为科技规划活动的基石，目的在于全面反映国家或地区在推动科技进步过程中所倾注的各类资源。可设置“R&D 经费支出”（作为衡量科研活动资金支持力度的直接指标，R&D 经费支出直接反映了社会对科技创新的重视程度和投入规模）、“R&D 经费支出占 GDP 比例”（衡量一个国家或地区科技创新能力与经济发展融合度的重要指标，揭示了科技创新在经济发展中的战略地位，并预示着未来经济增长的潜力和可持续性）、“R&D 人员投入”（人才是科技创新的第一资源，R&D 人员数量及其结构分布，直接决定了科研团队的实力与创新能力）、“科技基础设施投入”（包括实验室、科研平台、仪器设备等硬件设施的建设与升级，是支撑高水平科研活动不可或缺的物质基础）等指标。

（2）科技规划产出性指标，是指科技规划直接或间接产生的成果情况，包括新的科技专利、新的科技体系与理论、行业各方面的变动情况等。可设置“专利申请数”、“专利授权数”（作为衡量科技创新产出数量的直观指标，专利申请数与专利授权数反映了创新活动的活跃程度，体现了创新成果的法律保护力度与商业化潜力）、“技术市场成交额”（这一指标直接关联到科技成果的转化与应用，能够一定程度衡量科技创新成果经济价值实现程度）等指标。

我国在科技活动实践中也多次使用事后效率评估，如科技部科技评估中心曾持续多年开展国家自然科学基金的年度绩效评估，在 2021 年 4 月至 2022 年 4 月开展了 2021 年度绩效评估，评估对象包括 2021 年度面上项目、青年科学基金项目、地区科学基金项目、国家杰出青年科学基金项目、重点项目和基础科学中心项目 6 个项目类型，从决策、过程、产出、效益四个方面对国家自然科学基金进行评估。其中，共性指标包括“资金投入”“产出时效”“产出成本”等二级指标，这相当于事后效率评估的部分投入指标与产出指标，通过这一绩效评估研究发现，国家自然科学基金对青年人员资助力度不足且对重大科学问题的凝练不够完善，通过加大资助力度、提升科学问题凝练水平和完善评审机制等措施来解决有关问题。

2.3.2.3　科技规划事后效益评估

科技规划事后效益评估与科技规划事后效率评估有所区别，后者是对科技规划本身的评估，而科技规划事后效益评估是对除科技规划外的影响进行评估，主要从经济效益、社会效益、环境效益三个方面进行评估。

具体来说，经济效益、社会效益、环境效益可作为一级指标。其中，科技规划的经济效益是指科技规划为经济发展带来的影响，主要从以下三个方面产生效益：①降低成本提高效率，通过科技规划所创造的一系列技术提升，企业等生产部门采用更高效的生产方式和技术，通过优化生产流程，降低原材料和能源的消耗，进而降低生产成本，并大幅提高生产效率；②创造新兴产业与经济增长点，科技规划伴随新兴技术的研发与应用，进一步催生新的产业，同时，新的产业也能够带动相关产业链的扩展，产生新的经济增长点；③扩大市场规模并提升竞争力，科技规划新兴技术的应用能够拓展市场规模，也使得企业提高品牌影响力与市场份额。可设置“单位产品成本降低率”“科技规划创造岗位数”“市场份额增长率”“品牌影响力提升程度”等二级指标。

科技规划的社会效益主要是对人民公众和国际层面的影响，主要从以下两个方面产生效益：①提高人民生活质量，科技规划中的许多内容都直接关系到人民的生活质量和健康水平，如医疗、教育、环保等领域的科技创新，能够为人民提供更加便捷、高效、安全的服务，通过科技创新，人们可以享受到更加智能化、个性化的产品和服务，提升生活品质和幸福感；②科技规划有助于提升国家的科技实力和创新能力，使国家在国际竞争中处于有利地位，还注重人才培养引进与基础设施建设，为国家的长远发展提供有力的支撑。可设置“公众对科技规划满意度”“科技人才培养数”等二级指标。

科技规划的环境效益主要是对生态环境带来的影响，主要从以下三个方面产生效益：①环境质量改善，环境质量改善是科技规划环境效益的直接体现，通过先进的环保技术和创新解决方案，科技规划有效减少了工业排放、交通污染等对环境造成的负面影响；②生态系统修复，科技规划的部分内容致力于通过生态修复技术、物种保护策略等手段，促进生态系统的自我恢复和平衡；③风险灾害监控，运用现代科技手段，如遥感监测、大数据分析等，科技规划能够实现对自然灾害、环境污染等风险的实时监控和预警。可设置“能耗降低率”“资源利用率”“灾害预警能力”等二级指标。

2.3.3 科技规划事后评估的方法

科技规划事后评估涉及方面较多，侧重于对科技规划的目标完成、科技规划投入和产出、科技规划的经济效益、科技规划的社会效益、科技规划的环境效益等进行评估。科技规划效果评估主要是对科技规划目标完成情况的评估，包括对科技规划专利、技术、产品、论文等的考察，评估其数量或质量是否达到规划任务目标；科技规划效率评估是对科技规划投入和产出，包括科技规划在实际运作中投入的资源与所获收益进行的对比评估；科技规划效益评估的本质是一种公众满意度评估，是在科技规划完成后的一段时间内对公众情绪的考察，通过对比公众对规划的实际感知与内心期望、观察规划执行前后事物的变化差异，来评估科技规划对经济、社会、环境等方面的影响效益。科技规划评估阶段常用的评估方法有双重差分法、成本效益分析方法、层次分析方法、模糊综合评价方法、模糊集定性比较分析方法等。

2.3.3.1 双重差分法

双重差分法属于计量经济学方法中因果效应分析的一种，最早由 Heckman 和 Robb（1985）用于公共政策的干预评估，用于评估随机试验或自然实验的效果。相较于其他评估规划效果的模型，双重差分法的识别更为直观，通过分析受规划影响个体与未受规划影响个体在规划时点前后的变化，以二者差异作为判断规划影响效果的依据（黄炜等，2022）。在我国，最早在 2005 年由周黎安和陈烨将双重差分法引入研究，他们探索了农村税费改革从试点城市推广至全国范围的政策效果（周黎安和陈烨，2005）。在经济问题研究中，双重差分法因其计量模型构建简单，回归方法成熟，相较静态比较有独特的动态分析效应而被大量使用。但双重差分法缺点也十分明显，最为重要的就是其使用前提格外严格，需要研究对象为一次严谨的自然实验，然而在我国改革历程中自然实验的次数较少，因此其应用具有一定难度。

双重差分法的理论是建立在“自然实验”基础上的，所谓自然实验，就是存在随机扰动和无关因素的影响，不需要控制一切无关环境，方法的核心是引入个体虚拟变量和时间虚拟变量，通过两项虚拟变量乘积的交互项来识别规划冲击对研究个体产生的效应，该方法包括冲击事件、处理组（受到影响的个体）、控制组（未受影响的个体）和时期四个要素。与其他计量经济学方法类似，双重差分法也需要多步稳健性检验保证其结果的准确性，其中较为重要的是平行趋势检验与安慰剂检验；与其他计量经济学方法不同的是，双重差分法能够避免规划作为解释变量所产生的内生性问题，即控制解释变量与被解释变量互为因果关系的可能。随着双重差分法的广泛应用，其拓展形式也越来越多，如解决规划时点发生在不同时期的交错双重差分法、解决无控制组问题的广义双重差分法、解决处理组与控制组界限不明确的模糊双重差分法、处理不同组别间处理组与控制组规划效应的三重差分法等。

2.3.3.2　成本效益分析方法

成本效益分析方法是用以比较某项政策、规划或项目执行后，所使用的全部资源成本和带来的全部收益的方法。该方法最早在 19 世纪由法国经济学家朱乐斯·帕帕特提出，1940 年美国经济学家尼古拉斯·卡尔多和约翰·希克斯在总结前人理论的基础上提出卡尔多–希克斯准则，成本效益分析方法因此得到快速发展，多用于政府与企业决策。成本效益分析方法在 20 世纪 80 年代在公共支出领域得到广泛应用，一方面成本效益分析方法能够减少公共部门决策的随意性；另一方面能够减少特殊利益集团对公共部门决策的影响。因此，在公共政策执行力视角下，成本效益分析方法通过执行成本高低和执行收益好坏的比较来表征公共政策执行力（宁国良和刘辉，2010）。

我国在 20 世纪 70 年代引入了成本效益分析方法，其应用存在三方面的问题（高喜珍和陈通，2010）。

第一，效益的范围界定模糊。公共项目本身具有经济效益不显著的特点，我国社会项目在注重社会收益的同时，还需要考虑生态收益、经济收益等其他项目外收益，而公共项目持续有效时间、获得收益领域等难以确定，这导致一项公共项目的实际收益往往难以衡量。

第二，建设的合理性缺乏标准。部分公共工程的估价在项目时期内存在估值相差较大的情形，尤其在大型公共建筑的建设过程中这一问题尤为明显，同时部分工程因需要紧急完成，存在质量不过关、技术不达标的情况，这造成资金的巨大浪费。

第三，忽视公众需求。公共项目的最重要任务是满足公众需求，但在部分公共项目中，公众表达利益诉求的途径较少，导致公众需求难以被加入公共项目建设的考虑中，从而导致公共项目不切实际，脱离群众。

专栏：成本效益分析方法的一般流程

就科技规划评估而言，成本效益分析方法所得评估结果能够起到提高规划收益、减少执行的灰色成本等正向作用。成本效益分析方法从成本与效益两方面展开分析，而科技规划效益的获取相较规划成本的获取更为容易，因此该方法在科技规划评估的应用中多偏重成本层面的分析，一般流程为：①确定规划决策成本和组织成本，对规划信息搜集、方案比较和相关执行机构成立所消耗的资源进行明确；②确定灰色成本和阻塞成本，对执行主体可能发生的自利行为和公共资源消耗发生的成本费用进行明确；③确定监督成本，对规划执行全过程监督控制发生的成本费用进行明确；④确定规划效益和额外效益；⑤比较成本与效益。

资料来源：根据公开资料整理

2.3.3.3 层次分析方法

美国运筹学家托马斯·L. 萨蒂（Thomas L. Saaty）于 20 世纪 70 年代提出层次分析方法，该方法把决策相关的元素分解为目标、准则、方案等层次，在此基础上将定性方法与定量方法相结合进行分析，使复杂问题转化为层次简单的分析系统。层次分析方法具有系统性、灵活性的优点，在科技评估中适用于规划评估、政策评估等大型评估活动，结合专家主观判断等方法，对各评估指标间的关系进行量化分析。在社会学、经济学、管理学等领域中，多指标评估是经常性难题，层次分析方法为解决这一难题提出了其独特的降维思路，其通过递阶层次结构对定性问题进行定量分析，且自身使用条件相对简便，因此层次分析方法广泛应用于资源分配、城市规划、冲突分析等适用场景。

专栏：层次分析方法的一般流程

层次分析方法一般流程为如下五步：①建立递阶层次结构模型，结构层次通常分为三层，最高层至最低层分别为目的层、准则层、方案层；②根据各层次构造相应的判断矩阵，准则层在目标层下的比例各不相同，可选择 1～9 或 0.1～0.9 作为标度去定义互反判断矩阵或互补判断矩阵；③计算权重向量；④进行一致性检验，计算一致性指标和一致性比例，判断矩阵一致性是否通过；⑤获得评估结果，若检验通过，以层次分析方法所得权重计算评估对象的最后得分，若检验不通过，应对判断矩阵重新进行修正。

资料来源：根据公开资料整理

2.3.3.4　模糊综合评价方法

模糊综合评价方法，又称模糊多目标决策，是依据模糊数学的隶属度理论将定性评估转化为定量评估的一种评价方法，该过程需要对具体对象建立评估因素集、因素权重集以及评估结果组成的评估集，通过合成算子进行综合评估（李玉琳等，2006）。该方法源自美国自动控制专家扎德（L. A. Zadeh）于 1965 年提出的模糊综合集合理论，在 20 世纪 80 年代后期，模糊综合评价方法从日本开始逐渐兴起并得到广泛应用，应用涉及科技评估、业绩评估、经济管理问题评估、环境评估、人力资源评价、专家评分系统、教育评估、地质评估、采矿评估等众多领域。该方法最为显著的特点是各评价因素能够相互比较，并能够按照各评价因素特征确定评估价值和评价因素间的隶属度函数。

专栏：模糊综合评价方法的一般流程

在模糊综合评价方法的使用过程中，要明确模糊综合评价方法的基本原理、模糊数学在综合评价中的应用类型、模糊评价方法对比其他综合评价方法的优势等问题。

模糊综合评价方法的一般过程如下：①构建模糊综合评估指标体系，评估体系评估指标依据评估对象进行多层级、多指标设计；②确定评语等级论域，评语等级论域由一系列具有模糊性的评价等级组成，等级间存在一定的模糊性和过渡性，确定评语等级论域的目的是将定性的评价转化为定量的数值表示；③分配指标权重，此步权重的获取可选择定性评估方法与定量评估方法，如专家打分方法、熵值法等；④进行单因素的模糊合成评估；⑤构建模糊评价矩阵，合成评价矩阵和权重。

资料来源：苏为华，2002

2.3.3.5 模糊集定性比较分析方法

模糊集定性比较分析方法结合了信息的定性逻辑和案例数据的量化方法，在定性方法和定量方法间搭建桥梁，用以探索事物间的联合效应与互动关系，被广泛应用于管理学科的各个领域（张明等，2019）。作为一种案例导向的研究方法，模糊集定性比较分析方法从集合角度探究因果关系，与传统的案例分析方法相比，其能搭建多案例研究框架并灵活应用于不同样本量。在科技规划评估活动中，模糊集定性比较分析方法能将评估所需指标数据的区间转化为在自然科学中较为少见的[0,1]区间（Pappas and Woodside，2021）。

📖 专栏：模糊集定性比较分析方法的一般流程

模糊集定性比较分析方法的一般流程通常分为如下几步：①筛选案例样本，根据评估活动目的确定结果变量，进行案例筛选；②构建真值表，确定条件变量后，将所筛选的案例以个体为单位进行数据信息收集和校准；③获取模型一致性和覆盖度，对单个因素进行必要性检验，在条件组合分析后获取一致性和覆盖度；④分析结果，根据所获一致性结果，判断逻辑条件组合能否构成结果变量的充分或必要条件，并基于覆盖度分析总结逻辑因素组合对结果变量的解释程度；⑤稳健性检验，可通过调整一致性水平或改变变量测量方法对结果进行稳健性分析。

资料来源：根据公开资料整理

2.4 本 章 小 结

本章着重介绍了科技规划评估的一般流程与方法。根据规划的生命周期，将科技规划评估分为科技规划的事前评估、科技规划的事中评估、科技规划的事后评估，三类评估类型分别对应科技规划的编制、科技规划的实施、科技规划的评估三个阶段。科技规划本质上是一种公共政策，科技规划评估流程与公共政策的评估流程存在很大程度的重叠，公共政策评估在研究重点上，逐渐由只注重事后评估拓展为对事前、事中、事后三阶段评估的全面考虑，在研究内容上拓宽至对政策本身和政策实施效果的综合评估，并注重政策产生的外部影响（王光辉等，2023）。

在科技规划事前评估中，介绍了科技规划事前评估的定位、科技规划事前评估的类型（包括成效预测评估和风险预测评估）；在科技规划事中评估中，介绍了科技规划事中评估的定位、科技规划事中评估的类型（包括执行监测评估和问题监测评估）；在科技规划事后评估中，介绍了科技规划事后评估的定位、科技规划事后评估的类型（包括效果评估、效率评估和效益评估）。

在科技规划评估方法的阐述中，对于科技规划事前评估方法，介绍了专家调查方法、案例研究方法、访谈调查方法和文献计量方法；对于科技规划事中评估方法，介绍了技术路线图方法、技术功效矩阵方法、数据包络分析方法和情景分析方法；对于科技规划事后评估方法，介绍了双重差分法、成本效益分析方法、层次分析方法、模糊综合评价方法和模糊集定性比较分析方法。

第 3 章　科技规划评估的机制分析

对于科技评估存在何种机制，各位学者给出不同的观点与见解。有学者将我国科技评估体系划分为评估体系与支撑体系两个层面，其中评估体系层面包括国家各类评估中心与机构，支撑体系层面包括数据库、人才等科技要素（贺建军和陈雅兰，2005）。有学者认为科技评估体系分为评估主体、评估对象、评估方法、评估结果四个方面（杨洪涛和左舒文，2014）。还有学者将科技评估体系按照要素分类分为主题要素和支撑要素，两类要素涉及评估体系的基本路径节点，主题要素包括评价主体、评价对象、评价方法、评价标准和评价目的五个层面；支撑要素包括宏观、微观以及中观三个层面（章熙春，2020）。科技规划评估作为科技评估的一类，具备与科技评估相似的完整系统，包括评估主体、评估客体、评估标准与评估方法（杨国梁，2020a），是科技规划评估的组织体系，其可借助支撑体系更好地完成科技规划评估，支撑体系包括第三方评估机构、科技咨询机构、科技评估管理平台等（图 3-1）。

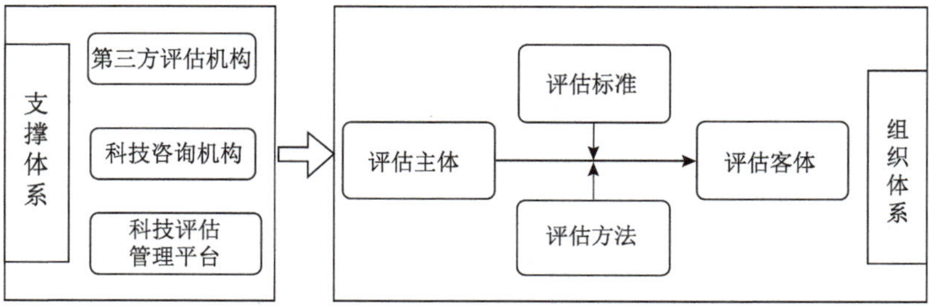

图 3-1　科技规划评估机制

3.1　科技规划评估的组织体系

3.1.1　科技规划评估的评估主体

评估主体是主导科技规划评估的组织或个人，评估主体借由自身力量或第三方评估机构等，负责组织对评估客体的科技规划评估活动。区别于第三方评估机构或其他接受委托进行评估的机构，评估主体拥有自身评估的权力，即评估主体可以自己组织评估，也可以将这一权力暂时授予别人，而其他机构则在收到委托后方可进行评估活动。

1994 年开始，国家科学技术委员会（简称国家科委）提出，发挥“第三只眼睛”的作用对科技规划进行评估，从而服务于政府内部管理决策的需要。国家层面的科技规划评估，是通过政府直接干预来实现国家目标，使科技发展成为支撑经济增长、创造就业机会等方面的强力手段，这一时期我国科技规划评估主体为国家或地方科技评估中心。2001 年，国家科技评估中心制定和出版了《科技评估规范》，自此我国科技评估活动进入专业化。2008 年，我国开始实施 2007 年修订的《中华人民共和国科学技术进步法》，这也是我国第一次以法律的形式明确我国要建立并完善科技评估制度。在这一时期，国务院有关科技管理的部门大多都在内部设立了科技评估机构，而地方层面多数省份也设立了内部科技评估机构，因此我国评估主体扩展至各级科学技术行政管理部门或其他负有管理科学技术活动职责的机构。2016 年 12 月，科技部、财政部与国家发展和改革委员会印发《科技评估工作规定（试行）》，对评估委托者的范围作出如下说明：评估委托者一般为科技活动的管理、监督部门或机构，包括政府部门、项目管理专业机构等。在《科技评估基本准则》这一国家标准中，评估主体是提出科技评估需求、委托评估任务、提供条件保障的组织机构或个人，这包含两方面内容：一方面是委托评估活动中，委托者涉及政府部门、公共管理组织机构、科技创新投资和服务组织机构、创新基地与联盟、科研院所、高校、企业、研究人员等；另一方面是在无委托评估活动中，可将评估者自身视作委托者进行内部评估。

对于国外科技规划评估而言，其对科技规划评估主体也十分重视，一般设置专门科技部门负责，如美国“国家纳米计划”评估主体为美国国家科学技术委员会、美国国家纳米技术咨询委员会、美国国家研究理事会等。欧盟“地平线 2020”计划的评估主体主要为欧盟委员会科研与创新总司。相对于我国科技规划评估主体，国外评估主体呈现出更为多元化的趋势，各主体的层次也较为分明，我国科技规划评估由政府主导，设有专门科技部门进行管理，但需要说明的是，现阶段我国科技规划评估工作依赖于政府系统内部的监督体系，作为系统外部的制衡机制的监督明显滞后于需要，没有发挥其应有的作用（刘志强等，2020），今后仍要继续扩大社会组织作为评估主体，增加公众的参与程度。

3.1.2 科技规划评估的评估客体

评估客体是科技规划评估活动中的被评估对象。从科技评估角度出发，评估客体为科学研究活动本身，这是狭义上的评估对象。科技活动本身其实是一个知识、智力加工的过程，难以将其中无形的过程转变成可见的、直接的评估对象，因此对科技评估客体来说，需要使用某一载体使科技活动的全部得以展现。通常来说，科技规划的评估可分为两类：第一类为评估科技活动的有形产出，包括学术文献、专利等成果类科技产出；第二类是科技规划、科研机构等组织的科研活动。无论是哪一类，对评估客体的分析都是比较繁杂的。

就科技规划的评估客体而言，科技规划的评估对象往往是多类型的，具有多层次、综合性强的特点。根据科技规划规模的不同，评估客体可分为国家层面的科技规划、地区层面的科技规划、企业研发计划等。从时间流程来讲，科技规划的评估客体可按照科技规划的编制、科技规划的实施和科技规划的评估三个不同阶段进行划分，本书也遵循这一分类标准对科技规划评估相关内容进行阐述，其中编制阶段是科技规划事前评估的重要作用对象，是以我国科研发展战略作为科技规划编制的前提条件，可分为规划准备阶段、调查分析阶段、战略研究阶段、目标设立阶段和内容编写阶段；科技规划的实施阶段是科技规划事中评估的重要作用对象，是一个持续性的动态监测过程，由目标分解、力量组织、研究部署、执行监督和动态调整五个环节紧密衔接；科技规划的评估阶段是科技规划的总结性评估，这一阶段的评估客体包括科技规划依据规划目标所创造的一系列科技专利、科技人才、科技基础设施等，需要说明的是，科技规划的评估阶段是本期科技规划与未来下一期科技规划的关键交替节点。

国外科技规划的评估客体较为明确，且侧重效果与影响方面的评估，如美国多对科技规划的当前技术水平与未来国际影响进行评估，包括预测比较不同规划方案、影响因素因果分析、重点问题管理等一系列围绕评估客体的活动。日本在科技规划的评估阶段多从实现情况和实施成效角度对科技规划进行评估分析。我国科技规划多围绕“目标–管理–效果与影响”三点选择评估客体，以《“十四五”全国农业农村科技发展规划》为例，评估客体可包括农业农村关键领域重大科技问题解决情况、今后五年主要目标完成情况、配套措施等若干问题。

3.1.3　科技规划评估的评估标准

评估标准是指科技规划评估中根据评估客体不同，以特定准则进行评判。在科技规划实际评估过程中，评估客体复杂多样且涉及机构众多，评估主体应该就评估目的、评估活动的性质等设立特定准则对科技规划进行评估。国际开展公共研究与开发评估的标准包括相关性、效率、影响、可持续等方面。我国现行《科技评估通则》（GB/T 40147—2021）中，科技评估活动全过程的基本准则分为独立、客观、公正、科学、专业、可信、务实、尽责、规范、尊重。就狭义科技规划评估（科技规划执行结果和实施效果评估）而言，科技规划评估标准分为事实标准和价值标准两大类，事实标准关注科技规划产生的效果是否达到预期目标，价值标准考察科技规划的影响与效果（杨国梁，2020a），如表 3-1 所示。

表 3-1　科技规划评估标准

基本标准	具体标准	考察关键点
事实标准	效果标准	目标实现情况
	效率标准	投入产出比
	经济效应标准	额外经济效应
	过程标准	执行力情况
价值标准	公众满意度标准	满意程度
	适应性标准	适当和必要
	公正性标准	资源配置情况
	其他效应标准	额外社会效应

资料来源：杨国梁，2020a

从广义科技规划评估角度来看，科技规划编制阶段的评估活动重点关注其编制的合理程度、可能存在的风险等因素；科技规划实施阶段的评估活动关注项目的投入和产出、项目进程等；科技规划的评估阶段主要关注科技规划实施后的效果、总体效率以及规划产生的影响等。具体而言，科技规划评估标准可依据科技规划评估所处科技规划的不同阶段划分为科技规划事前评估标准、科技规划事中评估标准、科技规划事后评估标准。

3.1.3.1 科技规划事前评估标准

科技规划事前评估标准可分为编制标准和风险标准，编制标准专注于科技规划文本内容的编制是否合理；风险标准是从预期性出发，判断在该规划编制下科技规划会对经济社会产生何种潜在风险。

编制标准具体分为合规性标准和精确性标准。合规性标准不仅是对科技规划编制规则制度的简单遵循，更是对机构运营和质量把控的全面审视，要求内容格式必须符合规定要求，这包括编制排版、字体、字号等外在形式，也包括内容的完整性和逻辑性；精确性标准关注科技规划的编制是否能够清晰、明确地阐述规划目标，以及为实现这些目标所制定的具体任务，强调信息传达的效率和效果。

风险标准具体分为偏离标准和缺失标准。偏离标准在考察时，首先需要关注科技规划是否与国际科技发展和科技战略目标相契合，随着全球科技竞争的日益激烈，任何一项编制都应当具备前瞻性，确保其内容能够反映科技进步的最新趋势，为组织的创新和发展提供有力支持。同时，也需要关注编制是否偏离了经济社会发展的实际需要，好的编制应当能够紧密结合经济社会发展的实际需求，为解决现实问题提供切实可行的方案。缺失标准审视编制是否包含了全面且充足的保障措施，这些保障措施是确保规划顺利推进的基石，包括但不限于法律法规设立、优惠政策扶持等。其次，缺失标准还关注编制是否具备相应的科技要素，包括前沿技术研发、技术人才引进、科技机构建立等。

3.1.3.2 科技规划事中评估标准

科技规划事中评估标准可分为监督标准和奖惩标准，监督标准专注于对科技规划所涉及部门的执行力度的衡量；奖惩标准是依据科技规划进展是否达到预期要求而进行的激励与追责准则。

监督标准具体分为过程标准和公正性标准。过程标准关注各部门对科技规划的执行情况。这包括是否严格按照科技规划要求开展工作，是否在规定的时间内完成既定的任务，以及任务完成的质量是否达到预期标准等，需要了解各部门在执行科技规划过程中的实际表现，从而判断其是否真正履行了科技规划所赋予的职责。过程标准还关注各部门的执行力，执行力是衡量一个部门能否将规划编制内容转化为实际行动的关键因素，执行力强大的部门能够迅速有效地将规划落到实处，推动整个项目的进展，而执行力不足的部门则可能导致规划执行缓慢、效果不佳。公正性标准意味着科技规划实施主体在获取科技资源时，应基于其实际需求、能力贡献，而非基于特权或偏见。同时，强调参与部门在执行科技资源配置方案时的责任感，部门应严格按照规划要求，有效地利用所分配的资源，确保科技项目的顺利推进。

奖惩标准具体分为激励标准和追责标准。激励标准通过明确的奖励措施，激发参与部门和个人在科技规划实施中的积极性和创造力，这些奖励措施不仅是对超额或及时完成任务的肯定，更是对卓越表现和高效执行的一种激励。奖励措施应当与任务的难度、重要性以及完成质量相匹配，确保不同部门和个人之间的奖励公平合理。追责标准要求在科技规划实施的每一个阶段、每一个环节都应有明确的责任主体和职责划分，当项目出现偏差、停滞或失败时，相关追责人员能够迅速定位问题所在，并追溯到具体的责任主体。

3.1.3.3　科技规划事后评估标准

科技规划事后评估标准可分为客观标准和影响标准，客观标准专注于科技规划是否达到预期目标；影响标准则从更为长远的角度专注于科技规划的持久性效力。

客观标准具体分为效果标准和效率标准。按照效果标准考察时，先明确科技规划的具体目标（通常包括技术创新、产品性能提升、市场占有率增长等量化指标）并定期收集、整理与这些目标相关的实际数据（可能来源于科研记录、调研报告、科技规划内部机构反馈等多渠道），将目标数据与成效实际数据进行对比，分析两者之间的差异，如果实际数据达到或超过目标数据，说明项目进展顺利，实现了预期效果。效率标准确保科技资源得到最合理的配置和使用。衡量项目执行所消耗的成本，包括人力、物力、时间等各方面的投入，再将这些成本与项目带来的实际收益进行对比获得投资回报率。效率标准反映出一种管理思维，其提醒科技规划人员在获取科技规划成效时，要始终保持对成本和收益的敏感性，追求投入与产出的最优化。

影响标准具体分为公众满意度标准、适应性标准和外部效应标准。公众满意度标准反映了科技规划的实际效果，也是对科技规划制定者和执行者工作质量的直接反馈。公众满意度标准的引入，不仅能够提升科技规划的透明度和参与度，还能够促进科技规划与社会需求的紧密结合，通过不断优化科技规划的实施策略，提高公众满意度，能够更好地推动科技进步，服务社会发展，造福人民群众。适应性标准将综合考虑规划的实施效果、目标完成情况以及内外环境的变化。通过对比分析，判断规划的价值和目标是否与当前环境相匹配，是否仍然具有现实意义和必要性。外部效应标准在考察经济效应方面侧重于分析科技规划对经济增长、产业结构优化等方面的推动作用，同时也关注科技规划对社会发展、环境保护、公众福祉等多方面的影响。在评估过程中，外部效应标准将区分正外部效应和负外部效应。正外部效应指的是科技规划所带来的积极影响，如经济增长、就业机会增加等；而负外部效应则是指可能产生的消极影响，如环境污染等。

科技规划事前、事中和事后评估标准的考查关键点如表 3-2 所示。

表 3-2　科技规划事前、事中和事后评估标准

阶段标准	基本标准	具体标准	考察关键点
科技规划事前评估标准	编制标准	合规性标准	编制的流程、内容格式的合规性
		精确性标准	编制能否精确地传达规划目标、任务
	风险标准	偏离标准	编制是否偏离国家科技发展目标和科技战略目标、是否偏离经济社会发展需要等
		缺失标准	编制是否缺失相应的保障措施、是否缺失配套的科技要素
科技规划事中评估标准	监督标准	过程标准	参与部门在规划执行过程中的履行情况、执行力大小
		公正性标准	科技资源配置方案的合理程度以及参与部门的执行责任感
	奖惩标准	激励标准	超额或及时完成阶段性任务所配置的奖励措施
		追责标准	未达到预期目标或造成项目停滞、项目失败所进行的责任主体溯源和惩罚
科技规划事后评估标准	客观标准	效果标准	目标的实现情况，通常通过将目标数据与实际数据进行对比来实现
		效率标准	衡量执行科技规划所付出的成本与得到的收益之间的关系
	影响标准	公众满意度标准	科技规划的目标群体对科技规划成效的满意程度
		适应性标准	根据规划效果，判断科技规划的规划价值、目标是否具有适当性和必要性
		外部效应标准	科技规划所产生的经济效应和社会效应等，存在正外部效应和负外部效应两方面效应

3.1.4 科技规划评估的评估方法

评估方法是为实现科技规划评估活动而在该过程中使用的技术或方式。科技规划的评估方法大致可以分为定性评估方法、定量评估方法以及定性定量相结合的评估方法。评估方法的选择受到评估对象与评估标准的双重制约，要考虑方法的可实现性与可操作性，在定量方法下还需切实关注数据的可获取性。

国际上较为通用的科技规划评估方法有数学经济分析、专家调查方法、文献计量方法、技术路线图方法、层次分析方法、数据包络分析方法、计量经济学方法等，中国目前正在向参与式评估改进，使得科技规划评估的各利益方都尽可能地参与到评估工作中，在评估实践中，我国也多喜欢通过实地调研、座谈会等定性方法与评估指标分析等定量方法相结合的方式对科技规划进行评估。对比国内外科技评估，我国科技规划评估起步相对较晚，而国外科技规划评估体系较为完备，因此目前我国科技规划的评估方法受国际科技发展强国的影响较大，如何探索出最适合我国国情的科技规划评估方法体系仍有一段路要走。本书第 2 章已对科技规划事前评估、事中评估和事后评估的评估方法作出进一步阐述。

3.2 科技规划评估的支撑体系

在科技规划组织体系中，评估主体除了使用自身力量进行评估外，还可以委托第三方评估机构对科技规划进行评估，第三方评估机构是科技规划评估重要的支撑体系。科技规划评估的支撑体系通常是独立于评估主体，为确保科技规划评估工作能够科学、客观、公正地进行而构建的一系列组织、机构、方法等的总和，为评估工作提供了必要的条件、保障和支持，确保了评估结果的准确性和有效性。

3.2.1 第三方评估机构

在法律中，“第三方”指合同双方主体外具有相对独立性和一定公正性的第三方主体，引入第三方的目的是保证交易的公平公正。就科技规划评估角度而言，第三方评估机构具有评估资质和能力，是独立于评估主体与评估客体之外的机关、团体或其他工作单位。第三方评估机构具有如下特点。

（1）独立性。独立性是第三方评估机构最为重要的特点（郑祥慈等，2015），有两方面的含义，一为第三方评估机构参与科技规划评估活动的身份是独立的，即第三方评估机构并非政府的附属或派出机构，拥有科技规划评估的独立决策权；二为第三方评估机构接受的资金是独立的，即第三方评估机构运转源于成员收费以及经营运作，这可避免外部力量对科技规划评估活动自主性和倾向性的影响。

（2）专业性。第三方评估机构的评估人员必须具备评估科技规划所需的政治学、管理学、经济学、统计学等专业知识，在科技规划中能够做到科学设计评估指标体系、使用合理科技规划评估方法、提高评估结果精确度和有效性等。

（3）客观性。第三方评估机构能够正确看待科技规划评估价值，在评估过程中作出公正的判断，即不能掺杂个人冲动，而是保持政治理性与成熟。需要说明的是，独立于政府等科技部门的第三方评估机构应更为公正地对科技规划进行评估，其在一定程度上代表公众愿望与诉求，发挥外部监督作用。

第三方评估机构进行科技规划评估的流程一般分为如下几个环节。

第一，前期准备阶段。在前期准备阶段，第三方评估机构根据委托方的要求，结合自身业务能力，选择接受委托或不接受委托，若不接受委托，则评估终止；若接受委托，则要明确科技规划评估的基本事项，包括评估对象、评估目的、评估标准等基本情况。

第二，制定初步科技规划评估方案。根据评估的基本事项，有针对性地收集评估信息，对所需要领域部门的专家进行选择与邀请，确定合理的评估流程与方法，形成初步方案。

第三，评估信息分析。将收集到的评估信息进行初步分析，结合专家意见与初步拟定的评估流程与方法，对评估信息进行二次、多次处理。

第四，编制评估报告初稿。评估信息分析结束后，评估报告由专家统筹编制，并由第三方评估机构与委托方进行沟通。如果出现争议，应在保证评估结果客观公正的前提下进行协调，内部人员也应对评估活动进行复核。若第三方评估机构评估过程中存在难题与阻碍，则可能会涉及对初步评估方案的调整，此时需要重复第二步和第三步，直至获取较为理想的评估结果。

第五，提交评估报告。在报告编制结束后，将报告提交给委托方，剩余管理程序由委托方跟进。第三方评估机构需要将评估全过程透明化，为此，需要对第三方评估机构的结果进行公示，在公示期内，如有任何疑问，均可向委托方或第三方评估机构进行申诉，管理部门需要及时对申诉进行处理和反馈。

在国外第三方评估机构的实践方面，美国联邦政府通常不参与科技规划的评估，而是将科技规划评估委托给包括企业、高校和非营利机构的第三方评估机构，做到了评估主体与评估对象的完全分离，即政府出资，第三方评估机构出力，政府与第三方评估机构互相监督，形成客观公正的评估结果。德国科技规划评估的主要单位为德国科学顾问委员会，虽然德国科学顾问委员会由联邦和州政府共同支持，但却与联邦和州政府间保持一定距离，做到相对独立。我国近年来也愈发重视第三方评估机构的发展，2018 年，中共中央办公厅、国务院办公厅印发《关于深化项目评审、人才评价、机构评估改革的意见》，提出“加强对第三方评估机构的规范和监督，逐步建立第三方评估机构评估结果负责制和信用评价机制”，从而推动第三方评估机构的标准化建设。2016～2020 年，我国评估机构迅速增长，新增机构达到 96 537 家（科技部科技评估中心和中国科技评估与成果管理研究会，2023），评估机构队伍逐渐壮大。

3.2.2　科技咨询机构

我国先后发布《国务院关于加快科技服务业发展的若干意见》《国家创新驱动发展战略纲要》等文件，着重构建科技服务业的技术体系、明确科技服务业的发展目标和任务等。科技咨询机构是科技服务业的重要组成部分，能够为政府部门、企事业单位的决策和运作助力，进而推动决策的科学化和民主化，促进科技与经济结合，优化资源配置，推进高端服务业发展（蒋智慧等，2023）。

科技咨询机构作为科技规划评估的支撑体系，如第三方评估机构一样，需要依托科技规划评估的评估主体的委托才能组织开展评估，这是正式参与科技规划评估决策的渠道之一，通过贡献自身的智慧和方案，从而影响政策的评估决策。其中，科技咨询机构的评估网络是对科技规划评估极为重要的系统，评估网络由科技规划涉及领域的专家学者构成，旨在为科技规划评估提供专业意见。专家评估网络由各个领域的权威专家学者组成，专家能够针对科技规划的目标、内容、实施过程等提供精准、全面的评估。网络内的专家具有不同的学科背景，能从多角度对科技规划进行分析，在科技规划评估中为科技规划的制定和实施提供咨询和指导，帮助制定者更好地把握科技发展趋势和社会需求。

我国当前科技咨询机构可分为官方科技咨询机构、半官方科技咨询机构和民间科技咨询机构三类（翟雨林和张玉强，2021）。①官方科技咨询机构。我国在顶层设计上有以国务院发展研究中心、国家信息中心等为代表的官方科技咨询机构，同时我国各级党委、政府等内部也有咨询机构提供咨询服务。②半官方科技咨询机构。中国科学院、中国工程院、中国科学技术协会等是我国半官方的科技咨询机构，隶属官方行政组织的同时又存在一定的自主权。例如，中国科学院科技战略咨询研究院聚焦科技创新政策等领域，为政府决策提供科学依据。③民间科技咨询机构。相较于官方科技咨询机构与半官方科技咨询机构，民间科技咨询机构数量较多但并未形成一定规模，且研究水平参差不齐。比较典型的例子如阿里巴巴达摩院，其对科技研究的方向、发展领域等提供咨询建议。

在外国经验方面，德国科技咨询制度的发展与中国高度相似，可分为政府、学会、高校三类形式，德国政府的科技咨询机构的主要任务是为德国联邦和州政府提供科技咨询服务和改革建议，并在一定程度上影响科技政策的制定。日本的科技咨询体系较为成熟，可分为中央、省厅和地方、财团和高校三个层级，中央层面是日本最高级别的科技咨询机构，受日本政府内阁的领导，咨询质量较高，省厅和地方层级的科技咨询机构肩负着为本部门及部门长官谏言的双重责任，财团和高校则是具有日本特色并能够反映日本社会文化的一类咨询机构，偏重成果的宣传等活动。我国目前也建立了多层面、多渠道、不同运行模式的科技咨询机制，要在组建好发挥统筹全局作用的国家科技咨询委员会的同时，推进并实现重大科技决策咨询制度化。

3.2.3 科技评估管理平台

科技评估管理平台是运用互联网、大数据等一系列新一代信息技术，围绕科技评估的现实需求而建立的信息平台，对评估对象实现事前、事中和事后评估。主要利用科技评估数据库支撑平台的运作，评估数据库是一个集中存储、管理和检索科技规划评估数据和信息的系统，为科技规划评估提供数据支持和信息来源。通过评估数据库，评估主体可以获取评估所需的科技规划进度信息、反馈情况。评估数据库具有实时更新和动态维护的特点，随着科技规划实施和外部环境的变化，评估数据库可以不断更新和完善，确保评估主体始终能够获取最新的评估数据和信息。

在科技评估管理平台的建设上，我国形成中央集中统领、地方各具特色的科技评估管理体系。在中央层面，科技部科技评估中心围绕评估需求，构建了面向多维应用的科技评估信息化体系，如科技评估知识服务平台和科技评估综合应用平台等。科技评估知识服务平台为科技规划评估提供数据方面的支撑服务，其运转包括评估基础数据的采集、查询、分析等功能，并具有模型方法库、重大专项库、评估案例库、科技报告库等多个库种；科技评估综合应用平台整合了评估资源管理系统、评估业务支持系统、评估支撑工具等多个信息系统，实现包括数据采集、数据分析、评估报告生成等功能在内的科技规划评估辅助工作。

地方层面上各省积极建立符合自身实践特点的科技评估管理平台，浙江省建立“浙江科技大脑”，这一工程综合集成了管理科学、管理体系与信息技术等，是浙江省科技厅核心业务与数字技术的深度融合。广州市建立“阳光政务”平台，以此统筹全市科技业务管理，支撑科研单位开展“科学发现、技术发明、产业发展、人才支撑、生态优化”全链条科技创新。成都市构建科技项目申报系统，提供“一站式”精细化科技业务综合管理服务，支持全过程科研项目管理和专项资金管理。沈阳市构建科技创新管理平台，其是用以开展科技规划、政策管理等的“综合性、网络化、交互式”业务工作平台。

综上所述，科技规划评估过程中，评估主体通过科技规划的支撑体系，选取一定的评估标准，并结合恰当的评估方法对评估客体进行科技规划评估。需要说明的是，在科技规划评估的实践过程中，还应该注意合理选择评估指标、及时监测评估指标体系、明确追踪责任主体等方面的问题。

3.3 本 章 小 结

本章从科技规划评估的组织体系和科技规划评估的支撑体系对科技规划评估的机制进行分析。科技规划评估要遵循科学性原则、明确性原则、可行性原则和系统性原则四项原则。科技规划评估的组织体系包括评估主体、评估客体、评估标准和评估方法。科技规划评估的支撑体系是为确保科技规划评估工作能够科学、客观、公正地进行而构建的一系列组织、机构、方法等的总和，具体包括第三方评估机构、科技咨询机构、科技评估管理平台等。

第 4 章 科技规划评估结果管理的机制分析

4.1 科技规划评估结果的路径应用

科技规划评估结果的路径应用是科技规划评估结果管理的首要环节，也是科技规划评估的目的所在。过度聚焦科技规划评估本身，而忽视对评估结果实际路径应用的深入探究，不仅会让评估流程丧失其核心价值，更可能导致整个科技规划评估活动徒劳无功，使之前所有的努力付诸东流。从决策视角看科技规划评估结果的路径应用，评估结果存在三种应用方式：工具性应用方式、概念性应用方式及象征性应用方式（Beyer，1997）。工具性应用方式是科技规划评估结果最为常见的应用方式，将评估结果用于具体问题的决策与解决中，是实现评估目的最为直接有效的手段；概念性应用方式是对公众的思考和认知产生影响的应用方式，其将评估结果看作一种媒介，用以传递科技规划相关观念，评估结果管理中通常用概念性应用方式加强我国人民科技素质，激发人民对科技创新的热情与理解；象征性应用方式是一种具有深远意义的应用策略，其旨在凸显国家对某一特定技术或领域的重视立场。通过这种策略，国家不仅能够向世界传递其对该技术或领域的重视信号，还能够在一定程度上反映出其在国际科技舞台上的地位与影响力，在体现了国家战略眼光的同时，也彰显了国家对科技发展和国际竞争的深刻理解和应对态度。

评估结果的路径应用根据科技规划评估结果在科技规划生命周期的不同位置，可分为科技规划事前评估结果的路径应用、科技规划事中评估结果的路径应用和科技规划事后评估结果的路径应用，本节也依据这一路径应用逻辑展开论述（图 4-1）。

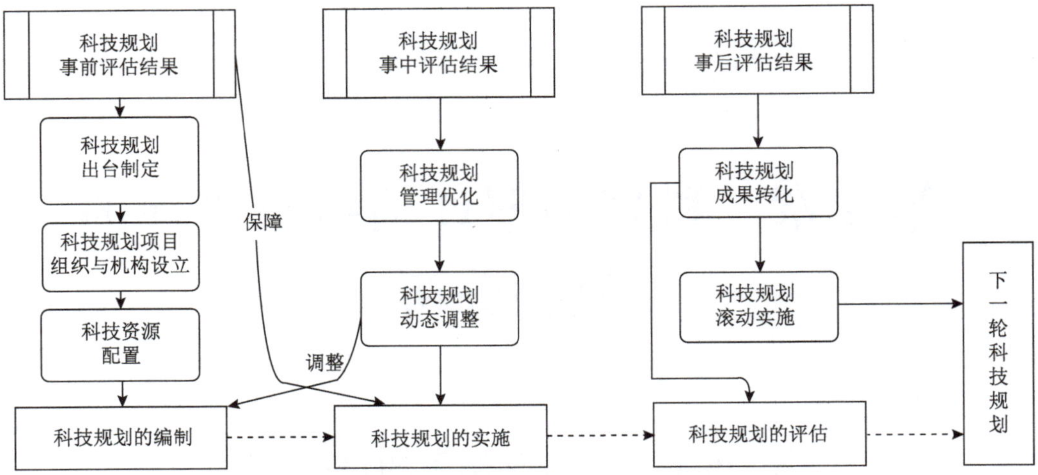

图 4-1 科技规划评估结果的路径应用

4.1.1 科技规划事前评估结果的路径应用

科技规划事前评估结果主要应用于科技规划出台制定、科技规划项目组织与机构设立，以及科技规划的资源配置三方面。

4.1.1.1 科技规划出台制定

事前评估对科技规划进行规划成效预测评估和规划风险预测评估，历经资料收集、专家评定等多环节，虽然拉长了科技规划编制的行政程序，但所得到的事前评估结果对科技规划编制质量有重要提升作用。通过制度化、标准化的事前评估结果，科技规划编制质量底线将稳步上升。我国长年存在科技规划目标制定模糊的问题，多用如“基本”“较为”等宽泛性修辞来描述具体的科技规划目标（李倩，2016），事前评估结果为减少此类词语的使用、准确描述科技规划目标提供了前提保障。

科技规划编制过程中，编制内容会受到资源稀缺性的限制，规划编制需要结合当前的科学技术，集中力量放在科技发展战略最亟待解决的方向上。国家难以从物质层面对科技发展战略涉及的全部领域的科技问题进行资助，且对于已经进行资源支持的领域，各领域的资助水平和力度也不尽相同，因此在科技规划编制前，需要就科技规划重点项目、领域、技术进行选择。

科技规划重点项目、领域、技术的优先权问题属于科学选择的范畴，国家层面的科学选择问题是以国家总体资源水平作为约束条件，以经济社会发展水平作为选择基础，对当下科研活动进行评价并预测科技发展趋势，据此确定重点问题，最终对有利于解决重点问题的科技发展战略、科技体制等做出选择。科学选择与科技规划重点项目、领域、技术的选择二者密不可分，科学选择理论为科技规划重点项目、领域、技术的选择构建理论基础，科技规划重点项目、领域、技术的选择可以视为一种微观层面的科学选择，本部分以科技优先发展领域遴选为例展开叙述。

1）科技优先发展领域遴选的内涵

在学术界中，有学者认为优先发展领域遴选是围绕特定的科技战略目标，按照一定准则遴选的，在未来一段时期战略布局中给予优先支持的领域方向、重大任务或相关行动（蒋芳等，2020）。还有学者认为优先发展领域遴选是在政府资助科技资源有限的前提下，优先发展领域遴选主体围绕特定的科技目标，按照一定准则，通过一套科学系统的遴选方法，甄别出优先支持的科技领域方向、重大任务或相关行动（王雪和刘慧晖，2021）。优先发展领域遴选范围主要是利用政府资源组织科技研发攻关的重大战略选题，其内涵可从行政决策、学术选择和市场机制三个层面展开（杨国梁等，2024b）。①行政决策层面。从宏观调控方面来看，行政决策能够从长远视角作用于科技规划，且在引导促进方面，政府从全局利益出发，全盘考虑实际现实，以此推动国家战略目标实现。②学术选择层面。从学科优化方面来看，优先发展保证了学科发展形成合理的布局，并在战略部署方面，从实际出发避开研究力量分散的专业学科，促进学科领域的发展。③市场机制层面。从信息共享方面来看，优先发展领域遴选为市场提供了公平竞争环境，同时在合理规划方面，避免了恶性竞争和产业经济风险，凝聚了核心竞争力。综上所述，优先发展领域遴选是在行政决策、学术选择、市场机制三种力量的有机结合下为宏观决策部门提供科学依据。其中，行政决策具有调配资源的功能，学术选择符合学术发展自身的需求，市场机制将科技资源转化为丰厚的利益（杨国梁等，2024b）。

2）科技优先发展领域遴选的理论基础

第一，公共物品理论。公共物品的核心在于“公共”二字中，在现代经济学中，较为被广泛接受的为萨缪尔森（P. A. Samuelson）对公共物品的定义：所有成员集体享用的集体消费品，社会全体成员可以同时享用该产品，而每个人对该产品的消费都不会减少其他社会成员对该产品的消费（Samuelson，1954）。萨缪尔森从非排他性和非竞争性两大消费特征界定公共物品这一概念：公共物品的非竞争性意味着一个人对某一公共物品的消费不会排斥、妨碍或影响其他个体对该公共物品的同时消费，并不会减少其他个体对该物品消费的数量和质量；公共物品的非排他性意味着公共物品无法将拒绝为消费行为付费的人排除在公共物品的受益范围之外，或者虽然在技术上可行但是由于排除成本过高而不值得进行排他行为。同时，任何人都不得不消费该物品，即使与自己的消费偏好不一致，也无法对其加以拒绝。科技优先发展领域遴选基于科技资源这一公共物品属性，使得政府要从全局出发，选择优先发展领域，以期实现科技资源价值最大化。

第二，科学的社会契约理论。科学的社会契约理论是描述科学与社会之间的关系的理论，政策通常作为社会的代表，该理论可简化为关注科学与政府之间的关系。需要说明的是，科学的社会契约是不断发展的，除了科学与社会本身的关系，二者以外的如经济、文化等因素都会影响科学与社会的关系。科技优先发展领域的遴选往往受到社会需求的影响，此与社会契约理论中的互利关系契合，科学需要回应社会期待，在权衡长期与短期利益的同时，为社会带来最大公共利益。

第三，政策周期理论。政策周期理论由美国公共政策学家琼斯（C. O. Jones）提出，该理论历经学者的不断演化、扩充，逐渐形成完整框架。政策周期理论有助于理解与研究政策的基础架构，就科技优先发展领域遴选而言，在政策评估执行效果阶段，若在遴选初步结束后，某些领域未能取得预期成果，评估可能促使政策进行调整，重新选择资助重点，从而进入政策周期理论中的政策调整与改变阶段。

第四，技术预见理论。学界对“技术预见”在概念上并无统一定论，但对其内涵存在共识，认为技术预见是对未来科学、技术、经济、社会发展状况及其相互关系的整体预测，目的是识别具有战略意义的研究领域和具有发展前景的通用技术，最终目标是服务宏观战略决策，最大限度实现经济和社会效益

（杨国梁等，2024b）。技术预见通过分析、预测、多方参与等，帮助决策者识别具有未来潜力和社会价值的技术领域，确保了科技优先发展领域的选择具备战略性和可持续性，为科技优先发展领域的选择提供了强有力的支持。

3）科技优先发展领域遴选的一般流程与方法

一般而言，科技优先发展领域的遴选过程分为：准备阶段、选题阶段、决策阶段和反馈阶段（杨国梁等，2024b）。①准备阶段。准备阶段完成遴选的基础性工作，首先，对科技规划指导方针和目标进行深入理解，明确遴选原则。其次，开展前期研究，收集世界主要国家相关科技优先发展领域布局、发展趋势，以及我国科技优先发展领域布局、需求分析、面临的挑战和机遇等相关文献资料，同时对上一时期科技优先发展领域遴选效果进行评估，以此识别可能的机会领域或提升领域。②选题阶段。通过定性、定量综合方法并结合专家意见得到初步选题，包括提出科技优先发展领域、形成备选的科技优先发展领域、凝练备选的科技优先发展领域三步，这一阶段需反复迭代和不断调整。③决策阶段。这一阶段的核心任务是确定科技优先发展领域，决策阶段分为专家决策和政府决策。专家决策，通过重选专家评审委员会，对备选的领域方案进行调研与分析，并结合科技规划目标对备选领域进行投票选取优先发展领域。政府决策，由政府部门的相关决策者依据专家决策结果与其他考虑因素，遴选出最后的科技优先发展领域，最终要形成科技优先发展领域报告。④反馈阶段。决策阶段后，遴选活动并未结束，通常会将遴选的原则与结果进行公示，征集人民群众与其余专家、决策者的意见，将反馈结果汇总并整理，根据意见的多少及程度大小对遴选结果进行返修，一直到获取最优的优先发展领域。

科技规划中科技优先发展领域的遴选方法包括定性方法和定量方法，在准备阶段和选题阶段，主要运用技术预见方法、专利分析方法、文献计量方法、焦点小组方法等获取遴选意见；在决策阶段，结合直接打分方法、层次分析方法、灰色系统方法等对专家意见进行解读，并对领域进行综合赋分以选出备选方案。优先发展领域遴选的一般流程与方法见图 4-2。

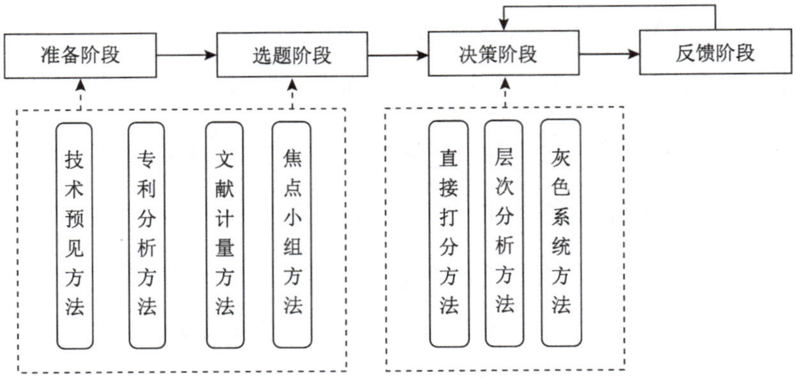

图 4-2　优先发展领域遴选的一般流程与方法

4.1.1.2　科技规划项目组织与机构设立

当前，我国科技规划所覆盖的重大科技项目在组织层面尚存改进空间，主要表现为项目目标分散、难以凸显核心目标的重要性等方面（邵婧婷和江鸿，2023）。科技规划事前评估结果为解决此问题提出这样的思路：基于各项目自身特点，通过强化过程管理、明确标准、完善机制等方式，提升科技项目的组织效能，并清晰界定项目各部分之间的依赖关系，实现总体框架下的统筹与效果最优。事前评估结果在对科技项目组织活动起到优化作用的同时，还能为科技机构的设立提供参考与依据。科技规划的顺利实施往往无法脱离科研机构的研发支撑，科研机构在我国科技战略部署下有明确的研究方向和任务（丁帆等，2018），而对科研机构设立及其目标下达，则需要借助科技规划事前评估所得结果，在科研机构设立后有针对性地招募相关领域科研人员，建立相应的机构管理措施，减少机构组建的无序性。

区别于科技发展战略，科技规划在编制中要尽可能详尽，对科技规划项目的组织需要在大框架下逐渐细分。科技规划项目涉及跨学科、多环节，仅依靠高校、企业的力量难以突破学科、部门等的界限，政府部门的组织协调尤为重要，特别是外部效应较为显著的项目，仅依靠市场机制难以实现资源的有效配置，因此科技主管部门组织管理的作用更为突出（吕晓琳，2014）。政府对项目成果拥有一定所有权，但项目的具体关键技术、生产方案可操作性、未来经济效益预期等存在政府–项目间的信息不对称，致使政府权益的虚位。科技规划事前评估从减弱这一信息不对称入手，通过前期调研工作，对科技规划项目进行合理组织。

科技规划项目在组织过程中应遵循以下三原则。第一，秉持价值理念。要从问题根源出发，在科技规划项目组织过程中尤其要注重人才的作用，将参与项目的科研人员的收入与其创造的科研价值、经济价值、社会价值等在合理范围内紧密联系。第二，激励与约束并行不悖。在科技规划项目组织过程中要将人才作为激励的出发点，将项目成果作为激励的落脚点，严格项目考评、验收机制。第三，物质与精神相互融合。在组织过程中，在合理范围内加大物质收入的激励，同时考虑对创新业绩高的人员建立精神层面的表彰体系。通过事前评估，要发挥项目组织的强化联动和风险控制作用，强化联动是指科技规划项目组织过程涉及审计、纪检、财政等多部门参与，只有多个部门协调配合才能形成项目的联动机制，规划才可得到真正落实，因此需要制定实施细则和配套政策，确保项目措施能够落到实处；风险控制则是根据事前评估的风险预测性，对可预测风险进行识别，制定以增加知识价值为导向的激励、考核管理办法，降低科技规划项目风险。

在科技规划项目组织过程中，往往会考虑设立新的机构以保障科技规划项目组织的有序进行。科技规划所设立的机构通常是有计划、有目标、有组织地开展活动的行为主体，且多为科研机构。科研机构的目标是发现和创造新知识，是国家创新体系的重要构成主体，能够规模化开展跨学科、跨领域的基础研究和交叉融合性科研活动，在各国科技规划布局中发挥重要作用。政府是国家科研机构的主办者，但因科研活动的不确定性，政府一般无法对其进行组织管理，因此在科技规划编制中所需要的科研机构，多以管办分离与契约管理的形式设立。管办分离是指政府和科研机构有着不同的权责边界，以期望在给予科研机构自主权的同时政府仍有部分监督作用，即政府并非科研机构的直接管理者，而是其监督者；契约管理是一种协调机制，规范政府对科研机构的监督范围以及资助内容，以此明确科研机构的任务目标，实现在契约框架内的自治。

科技规划规定的机构设立案例很多，如英国国家科研与创新署（UK Research and Innovation，UKRI），其为英国科技规划的执行管理、政策评估机构，2013～2014 年商业、能源和产业战略部对英国研究理事会进行的机构式评估，以及 2014 年和 2015 年由时任皇家学会会长保罗·纳斯爵士牵头对其开展的第三方评估，均表明英国需进一步加强和统筹科研机构管理，因此2018年，在英国研究理事会基础上成立英国国家科研与创新署。我国科技规划文本内容也多次提及相关机构的设立问题，如《国家中长期科学和技术发展规划纲要（2006—2020年）》中，科技规划发展目标第八项为“建成若干世界一流的科研院所和大学以及具有国际竞争力的企业研究开发机构，形成比较完善的中国特色国家创新体系”，以及第八章“若干重要政策和措施”提出的“鼓励跨国公司在华设立研究开发机构。提供优惠条件，在我国设立重要的国际学术组织或办事机构”等。

现有研究将科研机构的组织活动分为两类（温珂和霍竹，2023）。第一类为促进知识生产的研发活动。科技机构的核心行为就是研发，科研机构进行的战略性活动与基础性活动能够引领科学技术前沿，因此在科技规划的编制过程中，具体机构需要按需求设立，为相应的科学研究和高技术发展提供支撑。第二类为推动知识应用与扩散的中介活动。科研机构在推动技术应用过程中，促进了技术知识的扩散，如加强了企业集聚活动，增强了企业知识吸收能力。同时，科研机构也在应用中创新技术本身，与一般的服务中介组织不同，科研机构有解决创新系统失效的中介功能，能够在长期、复杂的经济系统转型中发挥中介作用。

4.1.1.3 科技资源配置

科技规划研发创新的高投资、高风险、长周期性特点决定了科技规划的完成对资源极度渴求（卢正文和张宇杰，2023），尤其面对复杂多变的国际形势，科技资源配置成为事前评估结果着重应用的对象。在科技规划编制的文本内容中，需要规范和引导规划措施，科技资源具有特殊性，科技资源配置过程也是规划的编制目的之一，结合我国历次科技规划文本内容，事前评估结果主要就如下几方面对科技资源配置进行优化（杨国梁，2020a）。

（1）财政资金投入优化。财政资金是科技规划财力资源的主要来源，政府财政科技基金具有重要地位，政府结合科技规划评估中对以往领域、部门和组织的财政资金使用绩效与科技规划战略重点，不断优化财政资金对科技规划的投入结构，做到突出重点、选择最佳支持、持续向前推进三要点。

（2）科学技术投入优化。科学技术投入是科技规划的先决条件，通过对我国科技现状的事前评估，对不同行业和领域进行全面梳理，识别出科技规划的关键环节和薄弱环节。在此基础上，制定出科学的、合理的科技投入策略，确保科学技术的投入能够精准地流向最需要的地方。

（3）科技人才体制优化。科技人力资源区别于其他人力资源，具有稀缺性、专业性、增值性的特点，是科技规划的核心资源。我国虽然人口数量众多，但科技人才数量相较其他科技强国并不占优势，通过事前结构评估，不仅能对有限的科技人力资源进行合理配置，还能对科技规划所需科技人才进行针对性培养，从而构建多元化的科技人才培养模式与管理机制。

（4）科技资源配套政策优化。在科技资源配套政策方面，路径应用在吸取事前评估结果的意见后，更重要的是配合政府措施跟进，多应用于税收优惠、金融支持、知识产权保护等政策措施。税收作为宏观经济调控的手段，能够有效减轻科技项目与科技企业的经济负担，甚至对重点科技领域相关企业进行补贴资助以激发其科技研究动力；金融支持更倾向于选择经过事前评估结果筛选的科技项目，这些项目基于评估报告所展现出的高绩效潜力，赢得了投资机构的青睐。通过为这些科技项目提供资金支持，投资机构不仅助力了科技任务的圆满完成，同时也为自己带来了可观的利润回报，从而实现了投资机构与科技规划的双赢；知识产权保护是一种法律制度，对于事前评估结果中涉及的突破瓶颈技术、国际领先技术、高潜力基础研究技术等关键保护对象，知识产权保护显得尤为重要，其是推动科技进步和经济发展的核心驱动力。通过完善的知识产权保护体系，可以有效保障创新者的合法权益，激发社会的创新热情，推动科技创新成果不断涌现。

科技规划编制过程中，重点解决如何在既定外部环境与科技体制下，合理地将科技人力、财力、物力等资源在不同的科技活动主体、科研环境、领域、区域间分配与组合。合理的科技资源配置能够避免科技资源的重复投入与浪费，减少科技生产的成本，进而优化科研活动生产流程和提高生产效率，而不妥当的科技资源配置往往导致资源的无效投入，降低科技研究的效率，同时科技资源分配的失衡可能进一步拉大地区行业间的发展差距，影响社会系统的稳定性。因此，科技资源配置对科技规划的编制至关重要。

1）科技资源配置相关理论

第一，资源基础理论（Resource-Based View，RBV）。资源配置是国家社会发展的重要机制与动力，亚当·斯密最早于 1776 年出版的《国民财富的性质和原因的研究》中提出资源配置相关概念，认为资源通过市场这一“看不见的手”进行配置。资源基础理论源自伊迪丝·彭罗斯（Edith Penrose）于 1959 年所著的《企业成长理论》，该书认为企业内部资源是企业成长的巨大动力。1984 年，伯格·沃纳菲尔特（Birger Wernerfelt）在其提出的企业的资源基础理论中将外部产业结构的分析转移到内部资源与能力的分析中，即以资源代替产品的角度去审视企业决策，该观点的发表标志着资源基础理论的诞生。资源基础理论认为当企业资源满足价值性、稀缺性、难以替代性、能被企业利用四种特性，则该种资源会变成一种竞争优势，使得企业能够通过此类资源形成的创新路径制定企业战略决策，最终以此提高经营业绩（宋洋，2018），即资源基础理论范式构造的“资源–战略–绩效”基本框架。从科技资源配置角度而言，科技资源同样具备高价值、相对稀缺、难以替代以及被科技规划使用的特性，因此在资源基础理论下，科技资源可视为一种国家的竞争优势，国家通过科技资源提高自身科技实力与国际影响力。

第二，帕累托最优（Pareto Optimality）理论。意大利经济学家维尔弗雷多·帕累托(Vilfredo Pareto)在研究经济效率与收入分配时提出帕累托最优概念。帕累托最优从社会福利最大化角度出发，是资源配置的一种理想化状态：表现在埃奇沃思箱型图的交换契约曲线上所有点的状态，即建立在边际替代率基础上，不存在帕累托改进（帕累托改进是指在没有使任何人境况变坏的前提下，使得至少一个人的境况变得更好的改进）的情况（吴永臻，2002）。市场机制的各类买卖关系中，市场被认为是实现帕累托最优的最佳途径，而现实世界市场机制本身并不完备，信息不对称、逆向选择的案例比比皆是，致使资源造成浪费。以科技规划举例，科技资源配置不仅受到国内资源供给的限制，还遭受国外政治、社会环境的影响，难以达到帕累托最优状态。但帕累托最优理论对科技资源配置提出了帕累托改进这一思想，决策者应找到适合的提升路径，尽可能地贴近帕累托最优目标。

第三，科技资源配置理论。资源配置是各类有限的资源在不同科技活动主体、领域、过程、空间、时间上的分配与使用，并受配置规模、强度、结构、方式以及模式的影响（徐建国，2002）。科技资源配置与调度的范围存在差别，以此可将科技资源配置分为微观层面、中观层面和宏观层面。微观层面科技资源配置是在单个科技主体内部进行的科技资源分配使用；中观层面科技资源配置是在地区层面或若干部门进行的科技资源分配使用；宏观层面科技资源配置则是本书所指的概念，即在不同科技主体间通过科技规划、政策实现科技资源的分配使用。科技规划编制所追求的科技资源配置是为达成获取最大科技成果产出的目的，而对科技活动主体进行的各类资源要素投入过程，依据投入要素的不同种类，可将科技资源划分为科技财力资源、科技人力资源、科技物力资源、科技信息资源、制度资源、文化资源、市场资源等（范斐等，2016），本书按此分类方式，沿用《科技规划的理论方法与实践》一书对科技资源的划分，在下文选择科技财力资源、科技人力资源、科技物力资源、科技信息资源四类对科技发展起到直接作用的科技资源，围绕科技资源配置模式展开论述。

2）科技资源配置模式

政府与市场是科技资源配置的两种主要方式，依据政府与市场两大主体参与科技资源配置程度的不同，科技资源配置模式可分为政府主导配置模式、市场主导配置模式、复合配置模式。①政府主导配置模式是以政府为宏观主体指导国家科技资源配置行为，通过科技规划体现国家意志并实现科技资源社会共享；②市场主导配置模式则脱离政府主体，发挥技术市场对研发机构运转、科技经费来源、科研过程组织等方面的市场化转变作用实现科技资源最优配置；③复合配置模式是政府与技术市场共同参与科技资源配置的方式，通常由政府和技术市场博弈胜出的一方控制科技资源的配置权。我国目前以政府主导配置模式管理科技资源配置，虽然市场主导配置模式在理论上是实现科技资源最优配置的最佳选择，但信息不对称的存在使得现有技术市场机制存在缺陷，政府的强制性与公正性成为弥补该缺陷的绝佳选择，我国政府主导配置模式能从宏观上强化科技资源管理，通过高站位所得的视野引导科技资源的流动。

对我国科技资源配置模式进行分析，整体来看，党中央、国务院和全国人民代表大会是全国科技管理和资源配置体系的最高决策层。科技部是负责牵头拟定具体国家科技规划和方针、政策的机构。

（1）科技财力资源配置方面，国家通过科技规划的编制与实施完成财力资源的配置。从地区差异性分析，我国东部地区的科技财力资源显著高于中西部。政府承担重大科研计划的财力支出重任，支出对象主要为研究机构、高等院校以及大中型企业，而产业经济发展类项目计划则多通过相关税收优惠及补助措施吸引社会财力的投入。具体到科技规划常见的科技规划预算项目决策中来说，预算项目事前绩效评估可分为三类①：第一类，由预算部门或单位实施的评估可称为自评估，由财政部门和第三方评估机构实施的评估则可称为外部评估；第二类，从评估所处的环节来看，由预算部门或单位实施的事前评估可称为初次评估，财政部门会抽取部分重点项目再次实施评估，因此将此类评估称为再评估；第三类，从评估主体来看，由符合资质的第三方评估机构独立承担的事前评估可称为独立评估，对于技术上较为复杂或金额较大的重点项目，往往由预算部门或财政部门联合第三方评估机构共同实施评估，此类评估可称为联合评估。

（2）科技人力资源配置方面，自党的十八大以来，中国高度重视创新驱动下对科技人力资源的培养管理，当前以市场机制配置科技人力资源的机制初步建立，科技人力资源自由流动力度相较以往得到很大程度的改善。需要说明的是，我国科技人力资源多集中于高校与科研院所，而企业中的科技人力资源基础薄弱。自 20 世纪末开始的研究生扩招计划也为科研后备军注入了新鲜血液，中国科技人力资源呈上升趋势。

（3）科技物力资源配置方面，我国多以政策文件指导科技物力资源的配置，如在 2018 年发布的《科技部 财政部关于加强国家重点实验室建设发展的若干意见》中，针对“国家重点实验室基础设施和装备水平”提出“科学合理地进行原有实验研究硬件资源整合和配置，积极开拓仪器设施的功能和推动极限研究手段突破，搭建具有世界一流水平的公共实验研究平台”这一物力资源

① 预算项目事前绩效评估的类型与功能[EB/OL]. https://zfjxpj.sdufe.edu.cn/info/1007/1513.htm[2024-10-14].

配置任务。

（4）科技信息资源配置方面，我国注重国家级与省级科技资源共享服务平台建设，共享服务平台作为科技信息资源共享的重要渠道，有力地推动了国家科技创新与经济社会发展（周宏虹和伍诗瑜，2019）。2009 年，科技部与财政部开通了中国科技资源共享网，同样致力于促进社会资源优化配置与高效利用，以提高我国科技创新能力。

3）科技资源配置程序及方案

政府科技管理部门利用科技规划进行资源配置的一般流程包括（杨国梁，2020a）：①前期战略研究与预测阶段，在该阶段依据前期的科技发展战略确定科技资源配置的主体及重点领域；②科技规划项目指南制定阶段，在该阶段中需要进一步找寻科技资源配置的关键问题与重大阻碍；③立项评审阶段，在该阶段明确资源配置的对象，并对科技规划进行系统全面的评议；④科技规划项目执行过程管理阶段，在该阶段落实科技资源配置情况，对配置过程起到监督作用；⑤科技成果管理阶段，在该阶段着重关注推进科技资源产出成果的应用；⑥评估阶段，在该阶段验收并评估科技资源的使用情况和使用效率。

科技资源配置方案复杂多变，但各方案的最终目的均是让有限的科技资源得到最大限度的使用，以顺利保障科技规划完成。科技资源的配置方案多运用定量和定性的方法，通过构建资源配置的初步设想，为科技规划的编制提供参考。为了给科技资源配置方案提供具有普遍适用性的指导，本书选取具有代表性的数据信息作为量化指标，并将科技资源配置的主体简化为高校、科研院所与企业三者。科技财力资源方面，资金投入为最适合的量化指标，因高校与科研院所多受政府直接支持，企业受政策影响较大，因此指标选择为政府投入、因政府优惠政策而吸引的企业投资等；科技人力资源方面，以科技工作者数量作为量化指标，可依据其所在单位与层级分为科研院所专家、高校科研人员、硕士研究生、博士研究生等；科技物力资源方面，可以将实验室平台、实验室仪器设备等作为量化指标，围绕具体物力的多少可以细分为平台数量、仪器设备数量等；科技信息资源方面，可以将信息共享平台的属性作为量化指标，具体细分为网络信息化程度、国家级共享平台数目、省级共享平台数目等。实际操作中，要依据模型和数据，预先评估不同种类的科技资源在不同主体间的配置效果，从而筛选出最优化的科技资源配置方案。

4.1.2 科技规划事中评估结果的路径应用

科技规划事中评估结果主要应用于科技规划的管理优化、科技规划的动态调整两方面。

4.1.2.1 科技规划的管理优化

科技规划事中评估结果对于科技规划的管理优化具有直接的影响。为保证科技规划实施全过程的可溯可控，事中评估结果能够及时反映科技规划在执行过程中存在的不足。例如，参考或利用实施过程中的监管评估结果，能够合理预测评估下一步科技规划遇到的障碍，减少科技规划实施的阻力；评估结果显示某项科技任务的进度滞后，管理者可以迅速分析原因，加强项目监管，以确保科技规划的顺利实施。此外，事中评估多获得交叉使用的评估结果类型，各评估结果间存在关联关系，科技规划管理也是由多个负责环节所构成的整体，各个环节依托一定逻辑关系推进运转，借助此类评估结果能够厘清科技规划实施程序的各个环节间的衔接机制，促进科技规划管理的科学化和规范化。

具体来说，科技规划的管理优化有两方面内容。

第一，优化科技规划实施部门的执行效率。在科技规划的执行流程中，各个环节与行动之间存在着互相约束、互相牵制等多重复杂关系。这些关系的复杂程度越高，无序状态越显著，执行过程中所需的能量与资源消耗就越大，反之则消耗减少。借助事中执行监测评估的反馈，我们能够更有效地将系统内的各项活动串联起来，从而增强组织的协调性和灵活性，充分激活那些被闲置或低效利用的资源，确保各部门运作顺畅，形成一个有序的整体。

第二，激发执行者的积极性，降低科技规划实施过程中的阻力。科技规划的管理优化不仅关乎部门间的协调，更需要在精神层面带来转变。我国已历经多次科技规划评估，评估体系相对稳固，运作惯性较大，这可能导致部分利益相关方固化，进而使得一些实施者对科技规划的执行产生懈怠情绪，缺乏主动推动工作的动力。为此，在科技规划的实施过程中，通常会配套相应的激励措施，以增强实施人员的信心和执行动力。而事中评估的结果，正是为这些激励措施提供了公正、合理的奖励依据。

4.1.2.2　科技规划的动态调整

科技规划事中评估另一目的是对科技规划进行动态调整，区别于科技规划的管理优化，管理优化是在不变动科技规划实施框架下的改进，而动态调整是为改进科技规划实施而进行的框架调整，其是对科技规划实施过程中的目标分解、力量组织以及研究部署的不合理之处进行修正，同时也对科技规划编制的不合实际之处进行修正。

科技规划的动态调整主要从系统动力学（System Dynamics，SD）和动态规划（Dynamic Programming，DP）思想上给予理论支持。①系统动力学角度。1956 年，美国麻省理工学院教授福瑞斯特（J. W. Forrester）提出系统动力学，系统动力学自此被广泛应用于管理领域，属于管理科学的分支，是一门分析研究信息反馈系统的学科。系统动力学是以社会系统作为研究对象，借助因果关系和环链来表现系统的内部结构，应用现代数学手段建立系统内部定量关系，通过计算机仿真研究社会系统动态行为的方法（段哲哲等，2022）。系统动力学认为系统的特征与行为模式很大程度上取决于内部的反馈机制与动态结构，在这种意义上，科技规划实施的动态属性与其监测的反馈机制，是科技规划处于不断动态调整过程中的原因。②动态规划思想角度。20 世纪 50 年代，美国贝尔实验室的数学家理查德·贝尔曼（Richard Bellman）在解决多阶段过程优化问题时，提出了贝尔曼方程，后续形成了动态规划思想。到 20 世纪 70 年代，动态规划理论逐渐完善，如今，动态规划已经渗透生活的各个领域。科技规划由多阶段的动态决策问题组成，包括规划目标确定、规划方法选择、规划成果评估等，动态规划思想为解决科技规划动态调整问题提供支撑。

科技规划事中问题监测评估的评估结果是科技规划动态调整的前提，科技规划的动态调整能够在把握好本国科技发展大方向的同时，对科技规划目标进行调整以实现国家最终的科技发展战略。动态调整机制逐渐成为世界科技强国科技规划中不可或缺的一环，各国实际情况不同，科技规划的动态调整机制也有所差异。通常来说，科技规划的动态调整机制是围绕科技规划目标而展开的一系列修正行为。科技规划是一个国家科技发展战略的细节体现，在介绍科技发展战略时，本书认为科技发展战略是一个宏观概念，因此战略的编制无须过于细节，而科技规划恰好相反，它是对科技发展战略的具体彰显。我国科技规划的实施程序设计并不完善，部分重要环节仍存有瑕疵（朱云和王腊芳，2016），对科技规划执行的质量管控、进度管控进行评估，所得到的评估结果能够为管理者提供明确的改进方向，且在科技规划的编制层面，纵然在规划目标编制过程中，编制者能够遵循一定的经验与规律进行科技规划的编写，但需要注意的是科技规划存在不确定性，尤其在短期内，部分灵活性较高的规划目标可能随时发生变化。因此，科技规划动态调整机制能够对科技规划内容产生的偏差及时进行纠正。此外，外部环境的不断更迭可能会产生新的规划目标，这也使得科技规划动态调整机制对科技规划目标起到完善补充的作用。

4.1.3 科技规划事后评估结果的路径应用

科技规划事后评估结果主要应用于科技规划的成果转化、科技规划的滚动实施两方面。

4.1.3.1 科技规划的成果转化

科技规划的成果转化分为广义成果转化和狭义成果转化，广义成果转化是指科技规划的成果从生产到最终生产力形成的各环节转化，如各类成果应用、科技人员素质提升、科学技术水平提高，以及经济社会发展等方面。狭义成果转化仅指技术成果的转化（贺德方，2011），本书对成果转化采用其广义概念。成果转化过程涉及科研机构、高校等多方主体与科研人才、科学技术等多方资源要素（段永彪和董新宇，2024）。科技规划事后评估结果是科技成果转化的质检员，事后评估在对科技规划进行总结评估的过程中，能在科技规划的效果层面获得相关的评估结果。首先是科技规划各项目的效果评估结果，这些效果评估结果涵盖了新技术、新产品、新工艺和新方法等多维度成果，判断其在各自领域内具有潜在的市场竞争力和社会影响力，筛选出具有实际应用价值的科技成果。接着，依托事后评估结果中对科技成果的市场潜力、技术成熟度、应用前景等方面的分析，制定相应的市场推广计划、技术转移方案或产业化路径，从而确保科技成果能够得到有效运用，产生实际的经济效益和社会效益，即事后评估结果对科技成果转化为现实生产力这一过程进行指导。最后，事后评估结果还能够促进科技成果的广泛应用，在以往的科技规划事后评估结果中，能够获取历年科技成果的成功应用案例，此类成功案例不仅为现阶段科技成果应用提供了可借鉴的经验，也激发了更多的企业和机构参与科技成果转化的积极性，从而引导科研机构和企业加强合作，填补科技领域的技术空白和市场需求。

我国第一个中长期科技规划《1956—1967 年科学技术发展远景规划》强调，科技成果要服务于社会主义建设，并设计出一套符合当时时代背景的科技成果应用方案。但我国科技成果转化情况仍存在较大提升空间，2011 年 5 月 27 日，温家宝同志在中国科学技术协会第八次全国代表大会中指出，科技经济“两张皮”问题没有得到真正解决，科技成果作为科技规划的重要产出，通过事后的效果评估、效率评估和效益评估，判断科技成果对经济、社会、环境的影响，预测科技成果的应用前景与风险，以及审议科技成果产出部门效率的高低，从而促进科技规划科技成果的顺利转化。这为政策部门提供部门管理和奖励相关科技成果的决策行为提供依据，有助于发现符合国家发展方向的高质量科技规划产出。同时，从市场角度还为科技成果交易各方提供筛选依据，促进市场有效性的提高，帮助交易的双方减少信息不对称问题。

在以科技规划成果转化为目的的事后评估中，需要注意如下问题（王嘉和曹代勇，2008）。第一，评估方式尽量多样。科技成果转化主要是对科技成果的应用和推广，相对简单的评估活动难以将技术问题的解决与开发推广的整体流程结合，从而缺少面向成果转化前景的预测能力。第二，对不同科技活动选择不同评价尺度。基础类、应用类的科技成果在转化的方向、目标、手段方面可能不同，因此在评估尺度和指标选取等方面，不能“一刀切”。第三，学术研究课题按需使用。我国科研工作中鲜有失败案例，究其原因在于研究人员倾向选择研究风险小、见效快的研究项目，长远来看对我国科技规划的发展没有益处，因此需要对科研成果进行审查管理，就重要课题给予批准。第四，发挥政府引领作用。当前对科技成果项目的评估多集中于其价值评估中，科技成果转化方面涉及较少，政府可建立综合性评估体系，引领评估活动关注转化前景、转化风险等方面评估。

4.1.3.2 科技规划的滚动实施

科技规划的事后评估结果对于科技规划的滚动实施同样具有重要意义。科技规划的滚动实施不同于动态调整，后者是对一定时期内整体科技规划的内部调整与完善，而科技规划的滚动实施是从不同时期科技规划角度出发，展现了一种更为系统性的视角，将科技规划视为一个连续的、不断发展的过程。在完成本期科技规划后，通过对其成效进行深入评估获得评估结果，为下一期或未来科技规划进行设计铺垫，使得科技规划更为顺利地过渡。可以认为，事后评估结果能够为科技规划的未来发展提供指导，通过深入分析评估结果，科技规划制定者可以总结出科技发展的规律和趋势，为后期的科技规划提供有价值的参考和借鉴。

我国进入现代化治理阶段，需要良性的治理环境为基础，更需要连续性的政策规划为导向。科技规划的滚动实施对社会发展稳定性具有重要作用，连续的科技规划是实现国家科技发展战略的重要途径，我国科技规划有明确的时间划分，如我国历年颁布的《1978—1985 年全国科学技术发展规划纲要》《1986—2000 年科学技术发展规划》《1991—2000 年科学技术发展十年规划和“八五”计划纲要》《全国科技发展“九五”计划和到 2010 年远景目标纲要》《国民经济和社会发展第十个五年计划科技教育发展专项规划（科技发展规划）》《国家中长期科学和技术发展规划纲要（2006—2020 年）》等，可以发现科技规划之间并不存在空窗期，且每一期科技规划的指导方针、发展目标、总体部署等内容都是在上一期科技规划基础之上形成的，通过对规划的总结性评估，明确下一期科技规划编制的重点任务、科学发展方向等方面内容，从而将科技规划持续地滚动实施，从这一角度来说，旧一期科技规划的事后评估也是新一期科技规划的事前评估。

以 2008 年《国家知识产权战略纲要》总结评估为例，2018 年国务院知识产权战略实施工作部际联席会议组织开展纲要实施的评估工作，由国家科技评估中心制定评估方案，评估目的是对我国知识产权事业发展的新环境、新形势进行分析，把握好党的十九大对知识产权方面提出的新任务、新要求。通过对

《国家知识产权战略纲要》的整体完成情况进行评估，对未来谋划提出对策建议。事后评估活动历时一年，从评估角度对未来知识产权规划提出如下建议：第一，组建评估战略咨询专家组，为我国知识产权工作顶层设计和未来战略方向提出决策咨询意见；第二，根据评估需要设计好各部门的联动制度；第三，针对知识产权工作过程中面临的问题难点，设置具体的战略研究课题以支撑评估结果的客观性。

4.2 科技规划评估结果的效果反馈

评估结果的效果反馈是评估结果管理的关键环节，在科技规划这一大规模公共政策中，获取评估结果的效果反馈至关重要，反馈机制是我国历次重大改革的主抓手（Brunnermeier et al.，2017）。科技规划评估结果的效果反馈是科技规划评估结果管理者获取科技规划评估结果应用信息的一种能力。通常而言，效果反馈信息越多，应用对象受控性越强，反之，得到的效果反馈信息越少，应用对象受控性越弱（赵静，2022）。

4.2.1 科技规划评估结果的效果反馈内涵

政策反馈这一概念的最早表述源于 20 世纪 90 年代历史制度主义研究者西达·斯考切波（Theda Skocpol）的著作 *Protecting Soldiers and Mothers*，斯考切波认为政策反馈当期政策影响国家水平与政党、团体的政治水平和目标，进而影响下一期政策的制定（Skocpol，1992）。政策反馈不仅仅是一种信息传递的过程，更注重政策对事物的反作用，以科技规划为例，可以认为，科技规划评估结果的效果反馈是对评估结果的路径应用的信息回馈，同时也发挥着对科技规划的重塑作用。在政策反馈概念提出前，政策反馈以思想为载体出现于历史制度主义的研究中（翟文康和邱一鸣，2022），多以案例形式对政策反馈的实现路径进行刻画。

历史制度主义学派的研究是政策反馈理论孕育的摇篮，政策被视为某一历史进程的遗物，通过对国家政治的了解和对以往政策的制定情况的分析，能够更好地理解当前时期政策的制定（Teersky，1988）。历史制度主义认为结构与行为二者存在辩证关系，从政策反馈角度来说，国家组织结构能够影响政策行为，而政策行为也能够反向影响国家组织结构；从科技规划评估结果的效果反馈来说，科技规划能够影响评估结果管理，同样，评估结果管理利用其反馈机制也能够反作用于科技规划。需要说明的是，历史制度主义学派强调政策反馈的时间性、情景性与过程性，时间性是指本期进行的政策决策行为，反馈对象是下一期的结构变化，本期结构只能影响本期的政策决策；情境性是指政策反馈受制于政策所处的时代背景，如科技规划是科技发展战略背景下制定的规划；过程性是指政策是连续的，具有惯性，并遵循路径依赖的逻辑。

因公共政策具备政策制度的正式属性，政策反馈逐渐从历史制度主义研究转移至公共政策研究中，里程碑事件发生在 2014 年，政策反馈理论作为独立章节加入公共政策学界重要论文集——《政策过程理论》（*Theories of the Policy Process*）中（郑石明和薛雨浓，2023）。基于实现政策反馈的“政策能够影响政治”这一初衷，政策反馈路径依赖于行政组织、利益集团和公众三类行动者。行政组织分为行政决策组织和行政执行组织，政策对行政决策组织的反馈是基于认知层面的，而对行政执行组织的反馈是基于执行力与资源层面的，结合科技规划评估结果管理，具体而言，已获得的评估结果应用信息，能够影响科技规划决策组织的认知进而在今后科技规划的制定过程中吸取本次科技规划经验，重新考虑决策选择；评估结果在科技规划执行组织的应用过程中，需要借助反馈信息来佐证，如科技规划中根据执行效率设置的奖惩机制，依据项目成效信息对高效率的员工起到激励作用，同时惩罚怠工的人员；利益集团是多方围绕政策资源进行竞争形成的，其竞争目的与结果会依据政策变化而改变；公众是政策塑造的具有身份认知、政治机会、政治态度、政治利益的多个个体，能够影响政治系统。

总的来说，科技规划评估结果的效果反馈可视为政策反馈的分支，政策反馈理论为科技规划提供了新的视角，将评估结果的效果反馈当作未来科技规划新的启动按钮，而不是将其当作本期科技规划编制、实施、评估是否合格的“测量尺”。同时，政策反馈理论也为科技规划分析增添了新的维度，结果变量观测是开展政策反馈工作的重中之重，中国特有的体制为部分评估结果的效果反馈提供方法便利，如在政策试点机制下的空间断点设计研究等。

4.2.2　科技规划评估结果的效果反馈作用机制

科技规划评估结果的效果反馈是指将评估结果从效果导向出发，通过不同机制反馈给相关机构、组织、个人或下一期科技规划，从而指导本期或未来科技规划的进行。科技规划评估结果的效果反馈机制包括主体沟通机制、协同管束机制和闭环管理机制（图 4-3）。

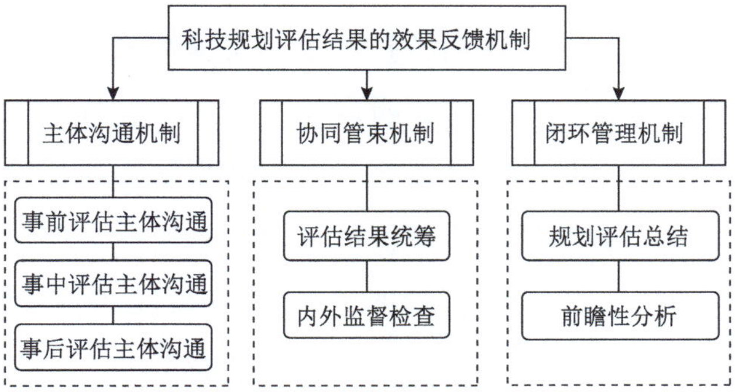

图 4-3　科技规划评估结果的效果反馈机制

4.2.2.1　主体沟通机制

科技规划评估结果的效果反馈机制首先需要建立科技规划事前评估结果路径应用、科技规划事中评估结果路径应用、科技规划事后评估结果路径应用过程中的全流程主体沟通机制。主体指的是科技规划评估结果管理的主要负责部门、人员、机构等，而主体沟通的目的是使不同主体间达成思想上的一致，通过建立全流程主体沟通机制，形成一种从下至上的评估结果传递机制，使得科技规划能够真正反映各主体的需求和利益。

1）事前评估主体沟通

在科技规划事前评估结果路径应用中，主体沟通机制的重点在于做好科技规划编制涉及的各部门主体的价值取向调研，征求各方在科技规划出台制定、项目组织与机构设立、资源配置后的意见。具体而言，可以从以下几个方面入手。①明确价值取向调研的目的和内容。价值取向调研旨在了解各主体对科技规划的目标、内容、实施路径等的看法和期望，以便在科技规划编制过程中充分考虑各主体的诉求。②制定详细的调研计划。调研计划应包括调研对象、调研方式、调研时间、调研内容等要素，以确保调研的全面性和有效性。③开展广泛的意见征求活动。通过座谈会、问卷调查、网络征集等方式，广泛征求各主体对科技规划的意见和建议，确保科技规划能够考虑各方主体的预期。

2）事中评估主体沟通

在科技规划事中评估结果路径应用中，主体沟通机制的重点在于及时获取科技规划管理优化与动态调整过程中的执行情况和新问题，对应用的有效性作出批判，并重新对其应用远景进行修正。具体而言，可以从以下几个方面入手。①建立定期交流制度。定期对科技规划的实施情况进行了解，如通过定期召开座谈会、组织现场调研等方式，听取各主体在科技规划执行过程中的反馈意见和建议，加强与各主体的沟通联系，了解各主体在科技规划执行过程中的实际情况和困难。②对评估结果应用进行批判性分析。从评估结果应用层面探寻科技规划管理优化中仍存有问题的地方，并提出具体的改进意见和建议。同时，要对科技规划的应用前景进行持续审视与适时调整，确保科技规划管理能够不断适应经济社会发展的需求。

3）事后评估主体沟通

在科技规划事后评估结果路径应用中，主体沟通机制的重点在于跟进科技成果转化程度。各主体对成果应用的范围领域进行沟通交流，以期在未来科技规划中形成具有交叉领域的多应用前景的科技成果。具体而言，可以从以下几个方面入手。①跟踪科技成果转化情况，对科技规划实施后形成的科技成果进行跟踪调查，了解其在经济社会领域的应用情况和效果，为未来的科技规划提供参考和借鉴；②加强各主体间的沟通交流，通过组织专题研讨会等方式，各方主体分享科技成果转化的经验和教训，探讨如何更好地推动科技成果的转化和应用；③推动科技成果的交叉领域应用，鼓励各主体在科技成果转化过程中开展交叉领域的合作和创新，形成具备广泛和多样化应用潜力的科技成果，为经济社会的发展提供更多的支撑和动力。

4.2.2.2 协同管束机制

协同管束机制是从上至下对评估结果进行统筹管理，并利用监督检查保障评估结果应用的贯彻执行和落地落实，由两部分内容组成：评估结果统筹和内外监督检查。

1）评估结果统筹

评估结果统筹需要发挥科技管理部门的主导作用，对科技规划三个环节所得到的评估结果作出宏观层面的具体谋划，包括对评估结果路径应用前的资金、人力、物力等一系列的筹备安排。主要具有两方面含义。第一，强化统领作用。科技管理部门承担起评估管理的主要责任，构建层次分明、分级管理、权责明确的科技规划评估协同运作框架，包括科技规划评估的实施和评估结果的应用。通过对科技规划评估结果的分析、情景解读，结合规划环境、市场需求等因素，科技管理部门以其宏观洞察力从评估结果中提炼关键要素，把握评估结果的具体应用方向，以此对下级各部门分配具体任务。第二，制定精细化安排。在宏观层面具体谋划的同时，必须注重科技资源筹备安排的精细化操作。一方面，科技部门需与财政部门紧密合作，确保科技投入的稳定增长与高效利用；另一方面，要建立健全人才激励机制，吸引和培养更多高层次科技人才，为科技创新提供强大的人力资源保障。

2）内外监督检查

内外监督检查从内部和外部两个层面对评估结果落地进行质效提升。内部监督检查是科技规划评估结果管理最为主要的机制，科技规划评估结果的路径应用核心在于将评估结果转化为科技规划内部组织的实际行动，通过修改、新立、废除三大层面的执行措施，推动科技规划的持续优化与发展。这一过程中，内部监督检查发挥着至关重要的作用，即确保评估结果能够按时、顺利地转化为具体的执行措施，从而避免科技规划“重评估过程，轻评估结果管理”。2017 年，科技部印发《科技监督和评估体系建设工作方案》，其对内部监督检查有如下相关叙述：“充分利用电子监督检查等方式，严格控制年度项目现场监督检查比例，最大限度减少对正常科研活动的影响。按照‘三评’工作要求，原则上年度项目监督检查工作要集中在 3 至 4 个月内开展，执行期为 3 年以内的项目最多只开展 1 次执行情况现场监督检查，一个项目一个年度最多只进行一次执行情况现场监督检查，对同一个单位的现场监督检查要集中进行。监督检查要与信用等级挂钩，对于信用记录差的单位和项目人员，加大监督检查频次”[①]。在实践中，有些组织或个人可能会对评估结果的执行和反馈采取敷衍了事或故意误导的态度，企图逃避责任并掩盖存在的问题。内部监督检查应对这类行为保持高度警惕，一旦发现应立即予以纠正和追究责任。条件成熟时，还可以尝试对评估结果的运用进行再评估（元评估方法），进一步推动评估活动的深入发展和评估结果的充分运用。需要注意的是，内部监督检查存在同源性，即监督检查部门之间可能较为熟识且在同一科技规划整体框架内运行，导致监督检查工作的片面、时滞，严重时出现监督检查仅存在于形式而丢弃其实质的情况，因此外部监督检查机制必须引入。

外部监督检查侧重第三方评估机构和社会公众的参与。第三方评估机构是我国科技规划评估结果管理外部监督检查的常用方式，第三方评估机构监督检查指在科技规划评估结果管理中，委托独立于政府部门和项目实施方的机构，对科技规划评估结果应用过程进行标准化、客观、公正的监督，如发挥中国科学院、中国工程院、中国科学技术协会的第三方监督作用；社会公众层面需要借助科技规划相关信息的公开方能发挥其监督检查作用，信息公开是对公众科技规划知情权和参与权的一种尊重，应有组织地建立公众传递机制，其并非简单的信息发布，而是为了搭建一种双向的、互动的沟通桥梁。公众传递机制能够打破信息壁垒，实现评估结果管理与公众之间信息对称，将科技规划执行情况真实地传递给公众，唤起并发挥公众的主体意识，从公众视角获得对科技规划评估结果管理有针对性的意见和建议，同时起到一定程度的监督检查作用。只有将评估结果真正落实到实际工作中去，才能发挥科技规划评估结果应有的价值，从而有效避免科技规划评估流程浮于表面。无用的科技规划评估结果不仅浪费科技资源，还可能阻碍科技发展的步伐。

此外，需要注意的是，评估信息的公开内容应该选择正确的呈现形式（公开内容应首先明确评估结果的具体形式，如使用数据报告、图表分析、文字总结等，旨在以直观、易懂的方式向公众呈现评估结果。同时，对于专业性强、技术难度高的评估结果，还应提供必要的解释和说明，确保公众能够准确理解），内容中应该包括评估结果应用具体路径（即本书上一节中对科技规划评

① 科技部关于印发《科技监督和评估体系建设工作方案》的通知[EB/OL]. https://www.most.gov.cn/satp/kjzc/kjjdycxjs/202202/t20220207_179325.html[2024-11-17].

估结果的路径应用的论述，是评估结果如何应用于资源配置、管理优化、成果转化等方面的具体措施）、评估结果应用现状与成效（包括科技规划评估结果应用与实施措施的具体进展、取得的成效以及存在的问题和挑战，客观、真实地呈现应用的落实状况）等要素。可采取如召开新闻发布会、座谈会、报纸、广播、公开栏发布等具体方式向公众传递，多利用信息化手段创新评估结果路径应用的公开形式，需要说明的是，无论以何种方式对科技规划评估结果路径应用情况进行公开，都要保证评估结果信息能够得到真实传递，从而获取公众对科技规划评估结果落地情况的有效反馈信息。

4.2.2.3　闭环管理机制

闭环管理机制是以预先设定的科技规划总体目标为基准，对科技规划评估的实际效果进行全面综合的审议，从而进一步为新一轮或相关领域的科技规划的编制等工作提供支撑信息，包括规划评估总结和前瞻性分析两部分。

1）规划评估总结

规划评估总结是对科技规划以及规划评估进行全局性的总结，主要是针对评估结果的路径应用中出现的问题难点及时进行修正。相应整改措施的制定遵循针对性、及时性、可行性原则，在具体实施过程中，需要明确整改主体、实施步骤和时间节点三要素，整改主体是那些在科技规划评估结果应用过程中出现问题、需要承担相应责任的对象，可以是部门、个人担责，也可以是评估过程的某一环节、规章制度出现错误；实施步骤制定中，要求将复杂的评估结果应用问题，根据其内在的阻碍因素，逐步分解成一系列具有递进关系的具体问题，从而设置一套有针对性的解决方案；时间节点是确保评估整改及时、有效完成的关键，评估结果的路径应用方式不同，整改完成时间节点要求也不同，通常情况下科技规划事前评估结果和事中评估结果的应用，由于其与当前科技规划周期紧密相关，因此整改措施需要即期完成，而对于科技规划事后评估结果的应用，虽然其整改措施的具体制定可能需要在当期获取，但政策措施的完成时间点往往会安排在下一期的科技规划周期内，从而使得科技规划间紧密衔接。评估活动总结往往配套奖励追责等保障机制，奖励追责最为核心的是要确定奖励追责主体、对象、情形和方式四要素（伊士国和郑海琨，2023），奖励追责主体是实物或精神层面激励与问责的给予者；奖励追责对象是激励与问责的实际接受者，如科技规划评估结果应用的执行者；奖励追责情形是实物或精神层面激励与问责的缘由，包括超额、省时完成科技规划评估结果应用，以及不执行或不正确执行科技规划评估结果应用的既定程序；奖励追责方式实质上是指奖励追责主体依据一定标准，对奖励追责对象实施激励与问责的精准配置手段。

2）前瞻性分析

前瞻性分析是在科技规划评估和评估结果应用过程中，以评估活动总结为依托，对下一期科技规划制定提供谏言。为确保科技规划的连贯，在下一期科技规划制定前需要进行前瞻性分析，如在进行科技规划成果的布局工作时，分析科技创新市场现状和前景，借助上一期科技规划评估结果，获取科技型企业的分布情况、科技专利涉及的重点问题、研发投入的增值速率等信息，选定未来发展产业。在科技规划评估结果管理中，要依据评估结果对科技规划进行必要的调整和优化，前瞻性分析可以为这种调整提供方向性指导，以战略眼光审视全局，推动新一期科技规划在本期规划基础上的改进和升级。

4.3 本章小结

本章主要介绍了科技规划评估结果管理机制包括的两个环节，科技规划评估结果的路径应用和科技规划评估结果的效果反馈。科技规划评估结果的路径应用，分为科技规划事前评估结果的路径应用、科技规划事中评估结果的路径应用，以及科技规划事后评估结果的路径应用。其中，科技规划事前评估结果的路径应用主要作用于科技规划出台制定、科技规划项目组织与机构设立，以及科技资源配置；科技规划事中评估结果的路径应用主要作用于科技规划的管理优化和科技规划的动态调整；科技规划事后评估结果的路径应用主要作用于科技规划的成果转化和科技规划的滚动实施。科技规划评估结果的效果反馈，由主体沟通机制、协同管束机制和闭环管理机制构成。其中，主体沟通机制包括事前评估主体沟通、事中评估主体沟通和事后评估主体沟通；协同管束机制包括评估结果统筹和内外监督检查；闭环管理机制包括规划评估总结和前瞻性分析。

第 5 章　中国科技规划评估与结果管理实践

5.1　中国科技发展战略的历史沿革

科技战略是科技规划制定的基础和前提，科技规划需要紧密围绕科技战略的方向和目标进行制定，确保各项规划内容与战略要求相契合。科技战略为科技规划提供了宏观指导和战略引领，确保科技规划在整体上保持与科技发展大趋势的一致性。在分析我国科技规划评估与结果管理实践之前，首先要对我国科技发展战略的历史沿革进行明确。以《科技规划的理论方法与实践》一书对科技发展战略的划分为基础，结合科技规划评估的发展历程，将科技发展战略划分为以下五个阶段：①科技赶超战略阶段（中华人民共和国成立初期至 1978 年）；②产业引进战略阶段（20 世纪 70 年代末 80 年代初至 1995 年）；③科教兴国战略阶段（1995 年至今）；④创新型国家战略阶段（2006 年至今）；⑤加快实施创新驱动发展战略阶段（2012 年至今）。

1）科技赶超战略阶段（中华人民共和国成立初期至1978年）

中华人民共和国成立初期，在毛泽东领导与苏联模式的影响下，中共中央正确判断了世界科技发展的形势，根据我国实际情况提出“向科学进军”的号召，科技发展战略的目标是尽快解决中华人民共和国成立初期物质基础薄弱、国防能力不高的现状，并对当时的世界科技强国进行技术上的追赶和超越。这一时期中共中央集中全国力量制定了中国第一个中长期科技规划——《1956—1967 年科学技术发展远景规划》，自此科技事业进入有计划的新阶段，为今后科技发展奠定了基础（李志英，2015）。

2）产业引进战略阶段（20世纪70年代末80年代初至1995年）

产业引进战略阶段，我国主要任务是学习和效仿西方强国先进的科技成果，1978 年国家恢复国家科学技术委员会，提出我国第三项科学技术发展长期规划——《1978—1985 年全国科学技术发展规划纲要（草案）》。1985 年，中共中央发布《关于科学技术体制改革的决定》，确立“经济建设必须依靠科学技术，科学技术工作必须面向经济建设”的科技方针，标志着我国科技体制进入正式改革阶段。

3）科教兴国战略阶段（1995年至今）

1988 年，邓小平提出“科学技术是第一生产力”这一论断。1995 年，江泽民在全国科学技术大会提出科教兴国战略，同年我国发布《中共中央、国务院关于加速科学技术进步的决定》明确科技兴国战略这一重大决定。为贯彻“科学技术是第一生产力”思想和科教兴国战略，这一阶段国家计划委员会、国家科学技术委员会等部门编制了《全国科技发展“九五”计划和到 2010 年长期规划纲要（汇报稿）》。科教兴国战略阶段全面落实“科学技术是第一生产力”思想，以科技、教育作为战略首要位置，将发展人文精神作为科技动力取代原先以经济建设为发力点的科技体系，从而加速国家的繁荣强盛（许晶，2005）。

4）创新型国家战略阶段（2006年至今）

2006 年“创新型国家战略”的提出标志着我国科学技术由学习模仿阶段转向自主创新阶段，创新型国家战略的核心是将创新作为引领科技发展的第一动力，依靠创新能力推动发展方式向持续的科技进步、科技人才素质提升转变，进而打造社会发展的新引擎，最终为国家提供科技的核心竞争力。在创新型国家战略阶段，世界格局发生大改变，科技在经济社会发展中的作用被放大，在此背景下，2006 年 2 月 9 日国务院发布了《国家中长期科学和技术发展规划纲要（2006—2020 年）》，该纲要对我国社会主义现代化建设与中华民族伟大复兴具有重要意义，也标志着我国科技规划和科技计划的发展进入一个新的阶段。

5）加快实施创新驱动发展战略阶段（2012年至今）

党的十八大以来，以习近平同志为核心的党中央对我国科技事业做出新的布局，创新成为国家发展全局的核心。2012 年，党的十八大提出“实施创新驱动发展战略”，并在 2016 年颁布的《国家创新驱动发展战略纲要》中提出“必须依靠创新驱动打造发展新引擎”。2022 年，党的二十大进一步提出了“加快实施创新驱动发展战略”，要将“科技自立自强能力显著提升”作为未来五年中国发展的主要目标之一，在我国科技创新内外环境不断变化的情景下，从“实施”到“加快实施”昭示创新始终是引领我国发展的最主要也是第一动力①。在制度改革方面，2015 年，中共中央办公厅、国务院办公厅印发了《深化科技体制改革实施方案》，最大限度地激发科技创新的巨大潜能。2021 年，中央全面深化改革委员会第二十二次会议审议通过了《科技体制改革三年攻坚方案（2021—2023 年）》，并以此部署科技体制改革任务，伴随着《国家中长期科学和技术发展规划（2021—2035）》与《“十四五”国家科技创新规划》科技规划的实施，我国加快了实现高水平科技自立自强的步伐；在面对科技战略需求方面，2022 年，我国制定实施基础研究十年规划来推动国家基础研究发展，习近平总书记也多次强调要实现科技关键环节的自主可控，通过加强基础研究和原创性、引领性的科技攻关满足国家科技战略需求。这一阶段中国不断取得世界领先的科研成果，并实现了“三跑并存”的格局，其中“领跑”与“并跑”约占一半（张丽等，2024）。

5.2 中国科技规划评估的发展历程

结合我国科技发展战略的历史沿革中国家层面科技规划的颁布时间，中国科技规划评估的发展历程大致可分为三个阶段：①中华人民共和国成立初期的科技评估工作摸索阶段（1949～1999 年）；②推进社会主义现代化的科技规划评估体系完善阶段（2000～2011 年）；③科技规划评估全流程共同推进阶段

① 从“实施”到“加快实施”，创新驱动发展战略进入新阶段[EB/OL]. https://theory.gmw.cn/2023-03/12/content_36424118.htm#:~:text=%E5%85%9A%E7%9A%84%E5%8D%81%E5%85%AB%E5%A4%A7%E6%8F%90%E5%87%BA%[2024-12-01].

（2012 年至今）。

1）中华人民共和国成立初期的科技评估工作摸索阶段（1949～1999年）

我国科技规划评估初期，存在评估工作的缺失，除了对第一个五年计划进行全国范围的成效检查外，这一时期我国颁布的五项国家层面科技规划《1956—1967 年科学技术发展远景规划》《1963—1972 年科学技术发展规划》《1978—1985 年全国科学技术发展规划纲要》《1986—2000 年科学技术发展规划》《1991—2000 年科学技术发展十年规划和“八五”计划纲要》均未得到有效的科技规划评估。我国科技评估活动真正开始于 20 世纪 90 年代。1993 年，国家科学技术委员会将科技评估手段引入科技宏观管理环节（时盛英，2003）。1997 年，在原中国科学技术促进发展研究中心的基础上组建了国家科技评估中心（国家科技评估中心在 2004 年成为具有独立法人资格的国家级专业化科技评估机构），为科技部系统的科技评估、评审工作提供业务规范与质量控制等专业化服务。1998 年是科技评估正式转向实践工作的一年，科技部推广评估机制并设立试点（北京、上海、天津、湖南、广东、武汉、沈阳）对国家重点新产品计划进行评估（赵晖等，2017）。同时，后续对国家科技攻关计划、国家高技术研究发展计划（863 计划）、国家重点新产品计划等一系列政策进行了评估（陈贵兰，2007）。以上历程为后续科技规划评估体系完善打下了坚实基础。

《1956—1967 年科学技术发展远景规划》是在我国社会主义建设的第一个五年计划即将完成之际，为迅速壮大我国科学技术力量，力求某些重要的和急需的部门在十二年内接近或赶上世界先进水平而编制的科技规划，规划共分为九节，是以任务分配为主要导向的科技规划，着重解决基础科学发展方向、科学研究工作体制设计、科学研究机构设置、科学技术干部使用培养、国际合作等一系列问题，科技规划评估工作无论在规划文本还是实践活动中都是缺失的。

《1963—1972 年科学技术发展规划》是在第一项科技规划基础之上，以世界科学技术进展为标准制定的符合我国科技发展路径的科技规划。科技规划共分为十章，在确定这一时期发展科学技术的目标和方针后对农业科学技术、工业科学技术、医学科学技术、技术经济、技术科学、基础设施部署相应任务。

本次规划相较于《1956—1967 年科学技术发展远景规划》更为具体，增加了第十章“措施”部分，本次科技规划仍未涉及科技规划评估工作，但需要说明的是，在措施中提及了标准化工作，要求各部门的研究机构应该把研究制定标准作为一项重要任务。

《1978—1985 年全国科学技术发展规划纲要》是为恢复我国科学技术发展，实现科学技术现代化，以当代世界先进水平为起点，密切结合我国经济建设和国防建设需要制订的先进的、高速度的科技规划。本次规划共分五章，分别为“奋斗目标”“重点科学技术研究项目”“科学研究队伍和机构”“具体措施”“关于规划的执行和检查”。规划文本仍未提及评估工作，但在第五章“关于规划的执行和检查”中，给予中国科学院、国务院各部门、各省（自治区、直辖市）制定科技发展规划、年度科技发展计划和事业计划的权力，并要求国家科学技术委员会和中国科学院、国务院各部门、各省（自治区、直辖市）每年进行一次计划执行情况的全面检查，解决计划执行过程中存在的问题和困难，对全国的重点科研项目，每半年检查一次。上述部门机构专注于规划与执行状况的制定与监督，其所做工作也蕴含了一定的科技规划评估意味。

《1986—2000 年科学技术发展规划》邀请了西德、美国、日本等国家的知名专家座谈，规划强调了经济建设的重要性，要将经济与科技相结合，突出重点，强调实事求是。规划包括“形势与任务”“战略与方针”“轮廓设计”“内容提要”“几个重大问题”五个章节，因本次规划是一次科学技术与经济社会的重要创新改革，科技评估的侧重并不明显，整体规划涉及评估工作的内容较少。

《1991—2000 年科学技术发展十年规划和“八五”计划纲要》的重心在于经济、社会发展与科学技术工作的深度融合，与《1986—2000 年科学技术发展规划》具有相似的主旋律，规划内容分为“一九九一——二〇〇〇年科学技术的发展目标和指导方针”“一九九一——二〇〇〇年科学技术的重点任务”“深化科技体制改革的基本目标和主要任务”“坚持对外开放，积极推进国际科技合作”“支撑条件和措施”五个章节。其中，“支撑条件和措施”围绕科研工作环境改善制定保障内容，且科技规划评估仍然未被提及。

2）推进社会主义现代化的科技规划评估体系完善阶段（2000～2011年）

2000 年以来，我国科技规划评估在先前准备工作基础上进一步拓展。2000 年 10 月召开的全国科技工作会议上，科技部时任部长朱丽兰提出要进一步推进科技评估制度，因此这一时期主要以科技规划评估管理为核心，大力开展科技规划评估与其制度建设工作。完善阶段主要通过政府颁布的一系列政策文件与规定，促使科技规划体系的不断建立与改进。2000 年 12 月 28 日，科技部为推动我国科技评估的有序发展和有效管理，发布《科技评估管理暂行办法》；2001 年，科技部为规范我国科技评估和科技项目招标工作，又发布《科技评估、科技项目招标投标工作资格认定暂行办法》，同年 6 月，为配合《科技评估管理暂行办法》的施行，我国发布了《科技评估规范》用以明确科技评估活动的原则、类型、范围、评估程序、评估方法等，这也是我国第一个对科技评估行为进行规范说明的政策文件；2002 年，我国科技部制定《国家高技术研究发展计划课题预算评估规范（试行）》用以加强国家高技术发展计划专项经费管理；2003 年，我国颁布《科学技术评价办法》《关于改进科学技术评价工作的决定》《国家科技计划项目评估评审行为准则与督查办法》用以继续规范科学技术评价工作，并对科技评估作出具体要求。2005 年，《国务院关于加强国民经济和社会发展规划编制工作的若干意见》要求实行规划评估制度，并对规划做出适时调整与修订，这标志着我国开启了规划编制与实施监督并重的制度化进程。2007 年，《中华人民共和国各级人民代表大会常务委员会监督法》开始实施，第二十一条首次将规划评估工作编入法律中，强调要专注事中评估并发挥其动态调整作用；2007 年，《中华人民共和国科学技术进步法》得到修订，增加了对科技评估工作的法律条款数量；2009 年，《科学技术研究项目评价通则》（GB/T 22900—2009）①发布，对科学技术研究项目的评估方法和评估程序作出规范。

科技规划评估体系完善阶段，我国发布了《全国科技发展“九五”计划和到 2010 年远景目标纲要》《国民经济和社会发展第十个五年计划科技教育发展专项规划（科技发展规划）》《国家中长期科学和技术发展规划纲要（2006—

① 《科学技术研究项目评价通则》（GB/T 22900—2009）废止，被《科学技术研究项目评价通则》（GB/T 22900—2022）替换。

2020 年)》三项科技规划。其中《国民经济和社会发展第十个五年计划科技教育发展专项规划(科技发展规划)》提出,“调整计划体系结构,改革计划管理方式,减少重复交叉,实现计划决策、管理和评价相对独立,建立健全竞争、监督和制约机制;全面实行课题制,积极推行科技项目招投标制,建立科学公正的科技评估制度,完善科技计划实施的法规体系”,《国家中长期科学和技术发展规划纲要(2006—2020 年)》在科研机构改革与科技管理体制改革的体系建设中,分别就科研机构的创新能力评估和评估系统改善提出任务要求。

3)科技规划评估全流程共同推进阶段(2012年至今)

党的十八大以来,习近平总书记就深化科技体制改革做出一系列重大决策部署,科技自立自强成为我国迈入社会主义现代化强国的关键,且在新一轮科技革命与产业变革的影响下,深化科技体制改革成为加快建设科技强国的必然选择。“十五”时期前,我国科技规划工作普遍存在“重编制、轻实施、缺评估”的问题,科技规划本身的法律制度缺乏也影响着科技规划评估的效果,因此,在深化科技体制改革背景下,这一阶段科技规划评估的推进工作聚焦于科技规划评估制度的改革和科技规划评估实践经验的积累。

在科技规划评估制度改革方面,我国主要从两方面入手推进。

一方面,在完善阶段所构建的评估体系基础之上继续加深建设。2012 年,中共中央、国务院印发《关于深化科技体制改革加快国家创新体系建设的意见》,提出要深化科技评价和奖励制度改革,从评估方法、评估机构等角度给予建议,需进一步完善监督评估制度并加强科技事后效果评估;2015 年,《深化科技体制改革实施方案》提出对高校和科研院所需要加强分类管理与绩效考核,多利用同行评议方法对基础和前沿技术研究进行评估;2016 年,中共中央办公厅、国务院办公厅印发《关于建立健全国家“十三五”规划纲要实施机制的意见》,其中针对事中评估提出要建立年度监测评估机制,同年 12 月《科技评估工作规定(试行)》的制定又对科技规划评估作出具体规范;2018 年,国务院印发《国务院关于优化科研管理提升科研绩效若干措施的通知》,提出要将评估工作从重数量、重过程向重质量、重结果转变,并提出要加强绩效评价结果的应用;2021 年,《国务院办公厅关于完善科技成果评价机制的指导意见》发布，指出在科技成果评估方面，需要坚持科技创新质量、绩效、贡献为核心的评价导向。

另一方面，修改原有科技规划法律标准，推陈出新。2021 年，我国对《中华人民共和国科学技术进步法》进行第二次修订，在原有文本条款基础上，增加与科技规划评估相关的法律条文，此部分内容主要集中于《中华人民共和国科学技术进步法》第十章“监督管理”中；2022 年，国家市场监督管理总局、国家标准化管理委员会发布的《科学技术研究项目评价通则》（GB/T 22900—2022）、《科学技术研究项目评价实施指南 基础研究项目》（GB/T 41619—2022）、《科学技术研究项目评价实施指南 应用研究项目》（GB/T 41620—2022）和《科学技术研究项目评价实施指南 开发研究项目》（GB/T 41621—2022）共四项推荐性国家标准为科研项目评估提供通用标准与分类方法。

在科技规划评估实践经验积累方面，我国主要从国家层面和地方层面的科技规划评估活动中不断推进，国家层面的科技规划评估活动如：2014 年，李克强在 3 月和 9 月两次对“十二五”规划落实情况进行总结评估，12 月发展规划司组织召开全国“十二五”规划总结评估座谈会，就规划实施情况进行深入交流，这也是全国五年规划首次全面系统的总结评估工作；2016 年，国家发展和改革委员会对“十三五”规划纲要实施年度监测评估，主要从国际环境变化的影响、供给侧结构性改革的进展、“十三五”规划纲要 25 项主要指标的进展、“十三五”规划纲要重点任务的进展、“十三五”规划纲要 165 个重大项目的进展五方面展开评估活动。地方层面的科技规划评估活动如：2020 年，广东省科技厅依据《广东省重点领域研发计划管理办法（试行）》等文件对广东省重点领域研发计划的重点项目进行评估；2020 年，山西省大众科技评估中心和山西省科学技术协会素质部通过目标实现、机制保障、实施进展、受众评价、辐射带动五个维度，对《山西省全民科学素质行动计划纲要实施方案（2016—2020 年）》进行评估。

在以往的科技规划评估工作中，事前、事中、事后评估活动虽然均有涉及，但三个流程在规划评估中的分量不同，不难看出，我国科技规划评估工作对事中评估尤其注重，对事后评估也有所关注，虽然我国十分重视科技规划的编制，但事前评估对科技规划编制的重要作用并未得到凸显。因此，在共同推进阶段，需要注重科技规划事前评估、事中评估、事后评估三环节共同的联动作用，以此推进科技规划评估的持续发展。

5.3　中国科技规划评估与结果管理案例分析

5.3.1　《“十三五”国家科技创新规划》实施情况总结评估

2020 年是全面建成小康社会和进入创新型国家行列的决胜之年，是全面实现《“十三五”国家科技创新规划》(简称《科技创新规划》) 发展目标、谋划中长期科技发展战略和“十四五”科技创新规划的关键之年。《科技创新规划》颁布实施以来，为支撑打赢三大攻坚战、全面建设小康社会和建设创新型国家提供了有力的支撑。同时，在《科技创新规划》实施过程中，错综复杂的国际形势、艰巨繁重的国内改革发展稳定任务，对科技创新提出更加迫切的需求。

根据《国家发展改革委关于开展“十三五”规划实施总结评估工作的通知》任务分工，科技部牵头开展《科技创新规划》实施情况总结评估，对规划确立的各项目标指标、重点任务的完成情况、实施成效进行全面总结，同时查找分析存在的问题和薄弱环节，并面向“十四五”科技创新规划编制提出意见建议。具体委托科技部科技评估中心组织实施。

此次总结评估目的，一是通过评估推动全国各地方、相关部门加快落实《科技创新规划》中的重点任务，推动《科技创新规划》任务的全面落实；二是系统总结《科技创新规划》实施以来，产生的重大成果成效，全面总结《科技创新规划》实施的典型经验；三是深入剖析规划实施的重大问题和难点堵点，提出解决方案或整改措施；四是针对新的形势、需求和挑战，提出“十四五”科技创新规划编制和实施的意见建议。

评估对象为《科技创新规划》的实施情况，包括规划对迈向创新型国家行列、构筑国家先发优势等 8 个方面的系统部署，以及增强基础研究、加快培育聚集等 27 项具体战略任务的实施进展与成果成效。同时，在“国家综合性规划—科技创新规划—重点领域专项规划”分层分类推进实施体系下，配套《科技创新规划》，围绕重点领域制定的 32 个科技创新专项规划实施情况，也纳入规划评估的评估对象。

评估工作坚持“客观公正，以评促建”的原则，根据评估目的和《科技创新规划》八篇二十七章重大任务部署，从规划总体目标实现情况、标志性成果、原始创新能力、科技治理能力、创新发展空间、科技创新生态、新形势与应对、组织实施机制八个方面开展评估。

评估组织实施方面，此次评估以《科技创新规划》实施情况年度监测（2016 年、2017 年、2019 年），《科技创新规划》实施情况中期评估（2018 年）工作为基础，开展部门工作调查、32 个专项规划评估、专题评估、地方自评估，在此基础上完成总体评估。评估工作由科技部牵头，会同有关部门和地方联合开展，邀请各领域高层次专家和社会各界广泛参与，建立由评估领导小组、咨询专家组和评估工作组构成的组织架构和工作机制。

评估面向 7 个规划实施重点部门以及科技部内设相关业务司局，组织开展工作调查，全面收集掌握“十三五”期间各部门、司局落实规划的实施进展情况；部署 31 个省（自治区、直辖市）及计划单列市科技厅（局）开展地方落实规划情况自评估；组织力量对“十三五”32 个科技创新专项规划开展总结评估。同时，委托相关智库围绕“基础研究与原创创新能力”“科技人才国际化环境”“创新资源跨区域配置状况”3 个重点议题开展专题评估，形成专题评估报告。

评估工作历时半年，最终形成了 1 份总评估报告、32 份科技创新专项规划评估报告、10 份部门调查报告、36 份地方总结评估报告，以及 3 份专题评估报告。评估成果有效支撑了国家发展和改革委员会组织开展的《中华人民共和国国民经济和社会发展第十三个五年规划纲要》实施情况总结评估。

5.3.2 《“十四五”生态环境领域科技创新专项规划》事前评估

2012 年，《关于建立健全重大决策社会稳定风险评估机制的指导意见（试行）》发布，要求“凡是直接关系人民群众切身利益且涉及面广、容易引发社会稳定问题的重大决策事项……党政机关作出决策前都要进行社会稳定风险评估”。党的十九届四中全会进一步明确提出“健全决策机制，加强重大决策的调查研究、科学论证、风险评估”的要求，并将之作为“推进国家治理体系和治理能力现代化”的一项重要内容。“十四五”科技专项规划作为指导某领域未来一段时期科技发展工作的纲领性文件，是深入实施创新驱动发展等国家战略的关键顶层设计，不仅涉及面广，而且直接关系包括广大科技人员在内的人民群众的切身利益，因此在其决策出台前需要加强科学论证与风险评估。

2020 年 10 月，科技部发布通知明确部署开展“十四五”科技专项规划前评估试点工作。其目的和意义在于，①确保全面贯彻落实中央有关要求。开展科技专项规划前评估，是深入贯彻习近平总书记“四抓”要求的一项重要举措。评估工作将以求真务实的作风深入贯彻习近平总书记系列重要指示精神，把党中央决策部署落到实处，充分发挥专业评估机构组织优势，对“十四五”科技专项规划编制情况进行独立客观评估，确保各项“十四五”科技规划编制工作与中央有关要求保持高度一致。②保障提升专项规划编制质量和实施绩效。开展科技专项规划前评估，有利于进一步提高科技专项规划的编制质量，对于提升科技专项规划的执行效率和实施效果具有重要的促进作用，同时也有利于构建科技专项规划“事前—事中—事后”管理闭环，推动形成现代科技规划治理体系和治理能力。

《“十四五”生态环境领域科技创新专项规划》(简称《生态环境规划》)由科技部会同生态环境部、住房和城乡建设部、气象局、林草局等多个部门共同编制，是科技创新领域“十四五”时期 20 余项专项规划之一。2021 年，受科技部委托，科技部科技评估中心组织开展《生态环境规划》事前评估。

评估坚持问题导向、方法科学、以评促编的原则，重点围绕科技专项规划的外部有效性、内部有效性、预期效果和风险三个评估角度的 9 个关键议题全面开展。评估过程中注重对标国家重大战略需求、行业突出问题，评估各领域重大任务是否能够支撑高质量发展、促进民生改善、化解防范风险和保障国家安全；研判目标任务的重要性、合理性、精准程度，避免包罗万象、重点不突出。

此次评估主要对《生态环境规划》开展以下前评估活动，一是对比分析了《生态环境规划》与法律法规、上级规划、国家政策文件、同级规划的相符性；二是运用目标树方法，分析了规划发展目标、重点任务、保障措施之间的关联性，评估研判重点任务对专项规划目标的支撑落实程度；三是邀请生态环境相关领域专家进行座谈，对战略目标的相关性、定位的准确性、重点任务的合理性和潜在的重大风险等充分研讨，听取意见建议；四是在上述工作基础上，集中开展评估研讨，经质量控制，形成《生态环境规划》前评估报告。

相关评估结果为专项规划编制单位调整完善规划文本、提升规划编制的规范性和质量提供了重要决策支撑。

5.3.3 《“十四五”卫生与健康科技创新专项规划》中期评估

2023 年 2 月，国家发展和改革委员会组织开展《中华人民共和国国民经济和社会发展第十四个五年规划和 2035 年远景目标纲要》（简称《纲要》）中期评估，科技创新领域专项规划是统一规划体系的重要组成，是国家发展规划中特定领域战略任务的细化落实，也是此次中期评估的重要内容之一。

根据《中华人民共和国国民经济和社会发展第十四个五年规划和 2035 年远景目标纲要》《“健康中国 2030”规划纲要》等文件精神，为加快卫生与健康领域高水平科技创新，2022 年 11 月科技部、国家卫生健康委员会联合发布了《“十四五”卫生与健康科技创新专项规划》（简称《卫生与健康规划》）。《卫生与健康规划》坚持需求导向、协同创新、开放融合的基本原则，开发适合我国国情的健康保障和健康风险防控技术和产品，提升创新成果临床转化效率，为构建完善的国民健康保障体系提供有力支撑。该专项规划也是此次规划中期评估的主要对象之一。2023 年 5 月，科技部委托科技评估中心组织开展《卫生与健康规划》中期评估具体工作。

评估围绕四方面重点内容开展：一是梳理目标指标实现情况，分析规划主要发展指标进展，预测 2025 年目标的实现情况；二是把握重点任务推进情况，评估任务部署和实施进展情况；三是关注标志性成果和成效，提炼领域进展情况；四是提出存在问题和下一步实施考虑，为规划实施调整提出依据和支撑。方法上，突出专业评估人员与专家组评估相结合、独立评估与自评价相结合、定量分析与定性判断相结合的工作方式。一是开展案卷研究和数据分析，对国家重点研发计划重点专项、国家自然科学基金、科技创新 2030—重大项目的部署立项情况、年度报告、重大成果等，以及卫生与健康相关行业研究报告等进行数据分析和评价，掌握重点任务推进情况，关注规划实施所取得的重大进展和标志性成果。二是开展部门总结，联合各有关部门和单位总结“十四五”以来围绕《卫生与健康规划》工作开展情况，并提出问题和工作建议等。三是开展专家咨询，邀请规划相关方向专家，对代表性成果、目标指标实现情况、总体实现情况等进行定性、定量判断，并针对目前面临的新形势、新挑战提出突出问题和评估建议。四是开展综合分析与评价，对规划目标实现情况、任务实施程度、开展效果等进行综合评估分析，总结问题并提出后续实施建议。

此次评估系统总结了“十四五”以来《卫生与健康规划》的实施进展和成效，查找出了部分存在的问题和短板，深入分析了问题原因并提出了可行性对策建议，为持续推动专项规划任务举措落实落细，以及《纲要》和《“十四五”国家科技创新规划》的顺利实施提供了坚实有力的支撑。

5.3.4 《全民科学素质行动规划纲要（2021—2035 年）》实施情况“十四五”中期评估

科学技术普及是国家和社会普及科学知识、弘扬科学精神、传播科学思想、倡导科学方法的活动，是实现创新发展的重要基础性工作。自《全民科学素质行动计划纲要（2006—2010—2020 年）》印发实施，特别是党的十八大以来，以习近平同志为核心的党中央高度重视科普和科学素质建设发展，引领科普事业取得历史性成就，为我国进入创新型国家行列、建设科技强国夯实根基。

为贯彻落实党中央、国务院关于科普和公民科学素质建设的重要部署，依据《中华人民共和国科学技术进步法》《中华人民共和国科学技术普及法》，2021 年，国务院颁布实施《全民科学素质行动规划纲要（2021—2035 年）》（简称《科学素质纲要》）。2023 年正值《科学素质纲要》“十四五”实施的中期阶段，根据《关于开展〈全民科学素质行动规划纲要（2021—2035 年）〉实施情况“十四五”中期评估工作的通知》的有关安排，中国科学技术协会委托科技部科技评估中心对《科学素质纲要》“十四五”中期实施情况开展第三方评估。

本次评估旨在系统全面掌握《科学素质纲要》颁布实施以来各项目标指标和重点任务实施情况，以及 31 个省（自治区、直辖市）全民科学素质工作总体情况，真实客观评价《科学素质纲要》实施以来所取得的工作进展，在推动全民科学素质提升和经济社会发展等方面的成效和影响，总结《科学素质纲要》实施的经验做法，及时发现存在的突出问题并分析原因的同时，根据党的二十大精神，结合《科学素质纲要》实施进展情况以及新的发展形势和需求，提出下阶段更好推进《科学素质纲要》实施的建议，指导各地全面推进《科学素质纲要》落实，推动“十四五”全民科学素质工作各项任务目标顺利完成。

评估重点围绕《科学素质纲要》目标实现情况及趋势、重点任务落实情况和成果成效、条件保障措施到位程度、新形势下的新要求 4 方面开展工作，重点分析《科学素质纲要》2025 年目标的实现程度和实现预期。全面总结部门、地方推动重点任务落实的工作举措，以及工作推进情况与实施效果。评估各部门和地方按照分工要求落实加强组织领导、建立落实《科学素质纲要》体制机制有关工作的情况，评估法规政策、经费投入等条件保障措施的制定、执行情况。深入分析新时代背景下，党和国家对全民科学素质提升工作提出的新要求和新期望。

工作组采取“从关键问题出发，基于证据”的思路开展工作，综合运用材料分析、部门地方总结材料梳理、地方调研、专家咨询等多种方法，全面搜集相关各方的观点意见，支撑形成评估结论和建议。一是搜集整理评估所需相关政策文件、基本数据资料和书籍文献，统计分析有关数据，挖掘我国科学素质行动举措和成效。二是分析纲要办 35 个成员单位、31 个省（自治区、直辖市）和新疆生产建设兵团相关工作推进情况，总结凝练经验做法，发掘典型案例。三是选取江苏等 10 个省（自治区、直辖市）开展实地调研或在线调查，通过座谈研讨、重点访谈等方式，深入调查科普工作现状，分析存在的问题，提出对策建议。四是抽取部分省份，面向基层社区居民、中小学生进行科学素质行动实施情况满意度调查，了解其对科普工作的需求和建议。五是邀请热心科普的两院院士①、领域专家、企业家、教育家、科普工作者等开展战略咨询，研判我国科普工作的主要成效和不足，提出科普工作面临的新形势、新需求、新挑战，以及下阶段《科学素质纲要》的实施意见和建议。

本次评估全面系统总结了《科学素质纲要》颁布实施以来各重点任务实施进展，客观评价《科学素质纲要》实施产生的典型成效、影响以及不足。相关

① 两院院士，是中国科学院院士和中国工程院院士的统称。

工作成果为下阶段顺利推进实施《科学素质纲要》，推动《科学素质纲要》实施情况监测评估规范化、制度化，以及进一步促进我国公民科学素质建设决策科学化提供重要意见参考。

5.3.5　《中华人民共和国国民经济和社会发展第十四个五年规划和 2035 年远景目标纲要》科技创新领域中期评估

2023 年是实施“十四五”规划承前启后的关键一年，为全面贯彻党的二十大精神，以及全面建设社会主义现代化国家奠定基础，按照《中华人民共和国国民经济和社会发展第十四个五年规划和 2035 年远景目标纲要》(简称《纲要》) 和中共中央办公厅、国务院办公厅印发的《关于建立健全〈中华人民共和国国民经济和社会发展第十四个五年规划和 2035 年远景目标纲要〉实施机制的意见》的要求，国家发展和改革委员会牵头组织开展“十四五”规划实施中期评估。根据国家发展改革的工作部署，科技部牵头对《纲要》科技创新领域实施情况开展中期评估，对《纲要》中相关目标指标、重点任务、重大工程推进落实情况，以及成效进展和问题等进行全面总结分析。

此次评估旨在，①通过评估推动全国各地方、相关部门加快落实党中央、国务院关于科技创新工作的决策部署，推动《纲要》科技创新领域重点任务的全面落实；②全面跟踪《纲要》实施以来，科技领域重点任务实施工作进展，全面系统总结相关任务实施产生的重大成果成效和典型经验。深入剖析科技创新领域重点实施过程中存在的重大问题和难点堵点，针对存在的突出问题提出有力有效的推进措施或意见建议。

本次评估的对象是《纲要》中科技创新领域的 2 项发展指标、31 项重点任务和 8 项重大工程。评估基于“系统全面、突出重点、远近结合、科学严谨、实事求是”的基本原则，坚持目标导向和问题导向相结合，全面对标党的二十大明确的新目标、新提法、新举措、新要求，立足更好发挥国家发展规划的战略导向作用，全面总结成绩，及时发现短板弱项，深层次分析原因，及时研判风险隐患，提出有力、有效的改进措施或意见建议。

组织实施方面，根据国家发展和改革委员会的相关工作要求，科技部制定细化工作方案，并由部内主责司局具体组织实施评估，主要开展以下工作：一是全面搜集整理与《纲要》有关的法律法规，以及党中央、国务院重要文件和部门地方发布的政策文件等，并结合部门地方提供的相关总结材料、评估报告进行交叉综合分析，形成评估所需重要证据素材；二是深入挖掘分析与《纲要》目标任务和重大工程项目有关的国家科技计划（专项、基金等）项目统计数据；三是广泛收集整理科技创新主流媒体、科技管理部门等发布的重要新闻，获取重点领域发展核心数据；四是围绕科技界共同关注的问题，面向高校、科研院所、企业科研人员发放调查问卷，广泛收集社会各界对科技创新领域重要工作部署落实、推进实施等方面的意见建议；五是深入国家实验室、国家重大基础设施和创新平台等典型工作现场开展实地调研，就重大科技成果、科技创新对经济社会发展的贡献，以及科技创新政策落实落地等方面开展深入调研分析；六是在上述评估活动和分析基础上，进一步结合《纲要》任务落实，组织召开领域、战略、政策、管理专家咨询会，对评估结论和《纲要》实施面临的形势变化、问题挑战进行咨询把关。在此基础上，完成评估报告。

通过此次评估，全面分析了《纲要》中科技创新领域主要目标指标的实现情况和预期，系统掌握了《纲要》科技领域30余项重点任务，“新一代人工智能”“量子信息”等 8 项重大工程，以及相关改革举措的实施进展情况，并凝练阶段性实施成效。深入分析研判了国内外发展环境、形势变化对《纲要》实施产生的影响，并研究分析了《纲要》实施过程中制约突出的主要问题和原因。同时，结合发展环境新变化及党的二十大关于科技创新的最新决策部署，提出了进一步推动《纲要》后续实施的针对性政策举措，以及需要对《纲要》相应内容进行调整或修订的考虑。相关工作成果为国家发展和改革委员会开展《纲要》总体中期评估提供了重要素材和依据。

5.3.6 《海南省“十四五”科技创新规划》中期评估

2023 年是贯彻党的二十大精神的开局之年，也是实施“十四五”规划承前启后的关键一年。按照国家发展和改革委员会《关于开展“十四五”规划实施情况中期评估工作的通知》要求，科技部会同有关方面开展《“十四五”国家科技创新规划》实施情况中期评估。地方科技创新规划作为统一规划体系的重要组成部分，是本次中期评估的重点内容之一。按照科技部总体工作安排，各地方按照“时间过半、任务过半”的要求，全面梳理评估规划实施情况，总结成效、查找短板、分析原因、提出对策、加快规划重点任务落实、确保规划目标顺利实现。

2021 年 6 月，海南省人民政府办公厅印发《海南省“十四五”科技创新规划》（简称《海南省规划》），其是“十四五”时期海南省全面推动“一省两市三高地”建设，加快跨入创新型省份行列的重要指导方针和行动指南。按照国家发展和改革委员会和科技部对本次“十四五”规划的相关要求，海南省科技厅积极谋划部署，牵头组织开展《海南省规划》中期评估，并委托科技部科技评估中心具体实施评估工作。

此次评估的主要目的：一是全面及时把握《海南省规划》实施进展及效果，客观评价规划目标、任务部署和重大举措执行落实情况；二是结合党的二十大精神和海南省建设自由贸易港的时代背景，针对规划实施中遇到的问题和障碍，提出进一步推进《海南省规划》实施的对策建议；三是通过开展评估，充分调动和促进省内各部门、各市县落实规划、建设科技强省的主动性、积极性，确保规划建设目标顺利实现。

评估对象为《海南省规划》设立的 11 项主要目标，一省两市三高地建设、夯实科技创新基础、构筑现代产业技术体系、面向人民生命健康和可持续发展提供技术支撑、构建特色区域开放创新体系、营造良好创新创业生态、深化创新体制机制改革 7 项重点任务。评估对标党的二十大提出的新目标新要求，突出贯彻落实新发展理念，遵循准确客观、规范科学、有效运用、广泛参与的原则来设计评估框架。评估内容涵盖总体目标实现趋势、重点任务实施进展成效、形势变化需求带来的需求挑战分析 3 方面内容，具体细化为 11 个重点议题和 34 个评估要点来开展评估工作。

评估组织实施重点包括部门单位自评估、案卷研究和数据分析、调研访谈、问卷调查、典型案例分析、专家咨询和总体评估等几个关键环节。具体为部署省内各有关部门、市县科技局及相关科研单位开展地方落实《海南省规划》自评估，形成总体评估重要证据素材；系统梳理“十四五”以来党中央、国务院有关政策文件、重要指示批示，国务院和海南省政府工作报告、海南省科技创新政策等文件资料，夯实评估基础；定量分析海南省科技计划立项项目和经费等相关核心数据；组织召开省科技管理部门、高校院所、企业座谈会，充分了解相关方面落实规划进展、成效、问题和困难，听取意见建议；赴海口、琼海、万宁、三亚等多地实地走访调研，了解各地科技创新发展现状和落实规划进展；选择“陆海空”创新高地建设、重大创新平台建设、深化科技体制机制改革、创新生态建设等几方面具体案例，开展深度分析，提炼有益经验做法；邀请熟悉海南省科技创新情况的资深战略专家，围绕《海南省规划》实施面临的新形势和挑战，以及评估过程中发现的重要情况，开展战略咨询，听取意见建议；基于上述评估活动，开展综合交叉分析，并总结完善形成总体评估结论。

此次评估的相关成果为国家发展和改革委员会组织开展的《纲要》实施情况中期评估，以及科技部开展的《“十四五”国家科技创新规划》实施情况中期评估提供了非常重要的证据和决策支撑。

5.4 本章小结

本章专注于中国科技规划评估与结果管理实践分析，首先介绍了中国科技发展战略的历史沿革，将其分为五个阶段：科技赶超战略阶段、产业引进战略阶段、科教兴国战略阶段、创新型国家战略阶段，以及加快实施创新驱动发展战略阶段。其次，介绍了中国科技规划评估的发展历程，将其划分为三个阶段：中华人民共和国成立初期的科技评估工作摸索阶段、推进社会主义现代化的科技规划评估体系完善阶段、科技规划评估全流程共同推进阶段。最后，对我国《“十三五”国家科技创新规划》等科技规划评估与结果管理的具体案例展开分析。

第 6 章　国际科技规划评估与结果管理经验

6.1　美国科技规划评估与结果管理的主要经验

6.1.1　美国主要科技规划评估组织机构

美国科技评估机构分为三类，可分为自评估机构、外部评估机构，以及第三方评估机构（曹诗嘉等，2021）。自评估机构为联邦政府下设政府科技机构（如美国国家科学基金会）、独立科技机构、半官方科技机构，以及企业、工业界设立的科技机构等；外部评估机构主要由联邦政府下设机构代表联邦政府与美国国会下设科技机构代表国会对联邦政府下设科技机构进行外部评估；第三方评估机构则为专业学术评估机构，以及企业、非营利机构等民间评估机构等，通过接受国会委托对各自评估机构进行评估（图 6-1）。

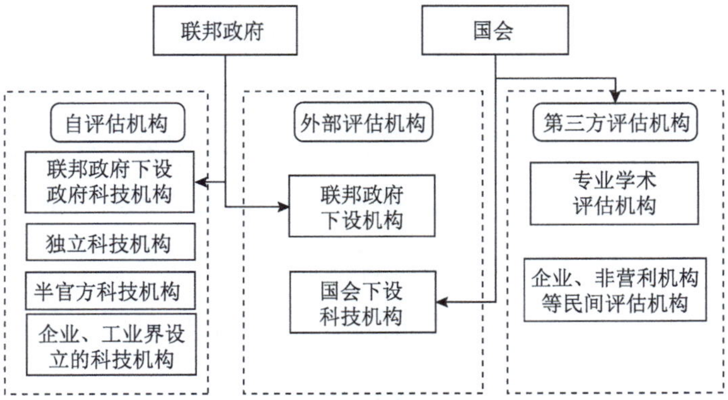

图 6-1　美国科技评估机构

就美国科技规划而言，美国最为主要的评估方为美国审计署、美国国家科学基金会、白宫管理和预算办公室、美国国家研究理事会、美国国家科学技术委员会等，以美国审计署和美国国家科学基金会为例展开叙述。

美国审计署在美国国会技术评估办公室的基础上开展科技评估工作。1972年，美国尼克松总统签署《技术评估办公室法案》(*Office of Technology Assessment Act*)，成立美国国会技术评估办公室，在随后20多年，美国国会技术评估办公室为国会提供对前沿科技问题的客观全面分析，并助力美国国会更好地解决复杂技术问题。1995年，美国国会技术评估办公室停止工作，美国审计署自此建立。科技评估和分析工作是美国审计署推进绩效审计工作的重要表现，主要从三个方面展开：①评估科学、技术和创新的影响；②为国会提供有关的科学、技术和创新问题的政策选择；③对各部门提供科学、技术和创新问题等的科学技术援助。其评估工作涉及四大领域，分别为：①人工智能、数据分析创新等数字创新与竞争领域；②可持续化学、气候工程、核反应堆技术等能源环境领域；③传染病、纳米制造对人类健康影响等医疗保健领域；④网络安全技术、生物识别等国家安全领域（张文博和王锐，2021）。

美国国家科学基金会成立于1950年，总部位于华盛顿特区，其作为科研资助机构成立的目的是支持和推进美国科学研究和工程技术领域发展，同时培养科技人才并发展基础科学教育（董齐光，2024）。基金资助范围覆盖自然科学、社会科学、工程等多个领域，其中自然科学包括物理学、化学、生物学、地球科学等；社会科学包括经济学、政治学、人类学等；工程包括机械工程、计算机工程、材料学等。需要说明的是，美国国家科学基金会的资助对象多为大学的科技项目，其次为美国国家实验室、私营组织等研究机构，此外对个人层面如科研人员的研究、研究生的奖学金等也给予资助。美国国家科学基金会最为发挥评估作用的机构为其内部的审计长办公室（Office of Inspector General，OIG），其密切关注美国国家科学基金会的经费使用，通过对项目规划等进行潜在问题评估，预防危害利益的行为从而提高经费使用效率。

6.1.2 美国科技规划评估与结果管理法律制度

在美国宪法规定的科学自主与权责统一的原则框架下，联邦政府出台的科技创新政策需对立法机关负责，因此美国出台一系列法律明确相关科技评估活动的权责与分工（乔健，2014）。1975 年，美国教育评价标准联合委员会颁布《教育项目评估标准》，从可行性、正确性、实用性、精确性四个维度设置多项标准，以保障评估活动质量。1976 年，美国国会通过《国家科学技术政策、组织和优先权法案》，该法案确定了美国科技政策制定的基本方针与研发预算的基本安排，规定总统每年向国会提交年度报告，并设立白宫科技政策办公室（Office of Science and Technology Policy，OSTP）。1993 年，在克林顿总统支持下，美国出台《政府绩效与结果法案》，正式引入绩效评估管理概念，赋予绩效评估强制性特点，规定各联邦政府机构每三年向白宫管理和预算办公室与国会提交一份战略计划。2002 年，美国联邦政府发布《项目评估定级工具》，通过整合绩效与预算，取代先前的项目预算系统，对联邦项目的表现进行评估并提出建议。2007 年，《美国竞争法》出台，其对科技规划的监督和评估进行更进一步的规定，如美国审议长必须向国会提交报告，对《美国竞争法》开展的新规划进行有效性评估，并提出规划有效性提升路径建议。2010 年，美国对《政府绩效与结果法案》进行大幅修订，引入“优先目标”这一新的管理工具，并规定联邦科研机构需要编制未来 5 年的科技规划，并在 2010 年以《政府绩效与结果法现代化法案》的法律形式予以固化。

6.1.3　美国科技规划评估与结果管理协调机制

美国科技规划评估贯穿科技规划整个过程，有完整的科技规划事前评估、事中评估和事后评估。重大的跨部门的科技规划评估需要美国国家科学技术委员会总体协调，通常的做法是在科技规划的牵头部门设立科技规划协调办公室，对该办公室的具体管理则由白宫科技政策办公室负责。具体地，科技规划协调办公室需要控制资源分配，对研究活动进行内部评估，并向国会提交总统预算补充说明，报告并分析研究进展。

在美国当前科技体制下，美国并不像绝大多数国家一样拥有综合性科技规划，通常由各联邦部门分别编制本部门的研发预算和规划。在科技规划编制阶段前，科技规划的事前评估体现于美国国家科学技术委员会、国会等委托利益非攸关战略专家委员会（由美国国家科学院等设立）对美国科技现状及国外综合环境进行判断，形成科技前沿问题的报告，并在此基础上编制科技规划。美国编制主体可分为决策层与咨询层。决策层主要包括总统领导下的国家科学技术委员会、白宫科技政策办公室、白宫管理和预算办公室；国会及其下属的科学、空间和技术委员会，商务、科学和运输委员会，以及国会决策支援机构。咨询层包括总统科技顾问委员会、美国国家科学院，以及科技专业组织、个人（图 6-2）。

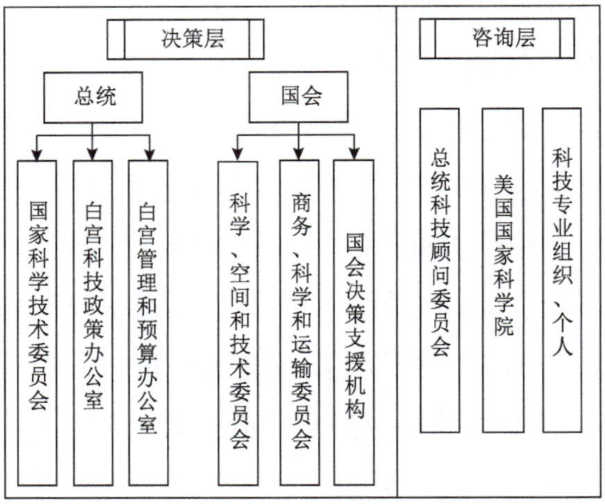

图 6-2 美国科技规划编制主体

科技规划实施阶段存在明显的自上而下的特点，即各部门在上层提供政策、资金、法律支持等条件下，有序开展科技规划。由于各联邦部门各自为政，如技术开发类规划主要委托企业实施，基础研究类规划由实验室和高校执行，因此科技规划在实施过程中需要处理部门间的协调问题，白宫科技咨询与管理机构为此建立了部门之间的协调运作机制。通常的做法是在规划牵头部门设立规划协调办公室，负责各规划实施情况的汇总、分析、协调与评估等工作。

在科技规划评估阶段，绩效管理评估是重要的评估方式之一，绩效管理评估主要关注科技规划的预算与其他管理情况，主要应用一套计划分级评价工具进行管理绩效的评价。这套计划分级评价工具是一套包含约 30 个问题的调查问卷，由 4 个部分组成，分别代表评价的 4 个方面：计划的设计和目标、战略规划、计划管理情况、计划结果与绩效。绩效评估完成之后，决策者及项目管理人员将依据详尽的评估报告，着手进行政策与项目的优化调整。接受评估的单位要根据评估结果及时制定改进计划，同时评估主体将扮演持续监督的角色，紧密追踪改进措施的执行进展，确保其有效性。若改进成效未能达标，将果断采取措施，包括宣布项目暂停执行乃至终止，以确保资源得到合理分配与有效利用。最后，国会或联邦政府根据评估结果及时调整相关政策措施。

6.1.4　美国先进技术计划评估与结果管理分析

20 世纪 70 年代，美国社会处于变革时期，经济增长放缓，汽车等传统产业逐渐被新兴产业替代，加之日本、德国等国家对科学技术的重视，美国在国际竞争中处于不利地位，在此背景下，美国先进技术计划（Advanced Technology Program，ATP）应运而生。美国 ATP 计划是 20 世纪 90 年代克林顿政府执政时期一项非常重要的科技规划，由美国国家标准与技术研究院管理，自 1990 年实施，于 2007 年结束，旨在促进美国未来的经济增长，加强政府与产业界的合作。该规划累计支持了 800 多个项目，资助金额高达 24 亿美元。

ATP 计划的组织结构可分为行政执行机构、业务执行机构和决策咨询机构（陈峻锐等，2002）。①行政执行机构，分为 ATP 执行办公室、ATP 总部和信息资源部，负责日常行政管理、项目统筹联系、情报搜集等工作。②业务执行机构，包括经济评估办公室和技术办公室。经济评估办公室的职责是对 ATP 计划的经济评估活动进行制定与执行；评估 ATP 计划对美国企业、产业、社会的影响；评估对美国经济做出贡献的科研投资机会；帮助 ATP 计划办公室监督资助项目的开发；基于不同商业情况进行规划研究；增强技术变革评估领域的技术水平；与国外类似计划进行比较研究。技术办公室分为三类，包括化学生物科学办公室、电子光电子技术办公室和信息技术应用办公室，其任务为确定风险革新项目；通过培训使产业界认识 ATP 计划的标准目标；评估项目的技术价值；作为美国政府技术代表，监督项目运作。③决策咨询机构，主要由 ATP 计划委员会直接向美国国家标准与技术研究院负责，为 ATP 计划提供合理化建议；评估 ATP 计划项目；监督 ATP 计划执行情况；等等。

6.1.4.1　美国 ATP 计划事前遴选

美国 ATP 计划的事前遴选是一个复杂且严格的多步骤过程，1990～1994 年，ATP 计划几乎接受各领域的项目申请，自 1994 年起，克林顿政府要求

ATP 计划要有重点地选择计划群，以公平竞争作为基础，从产业出发选定具体的先进技术发展领域，遴选标准分为五个方面（张保明，1995）：一为科技价值（占比 30%）；二为科技效益（占比 20%）；三为实现商品化的可能性（20%）；四为申请单位的经费与素质（占比 10%）；五为企业的承诺程度和组织结构（20%）。由于五项标准过于繁琐，不能很好地突出重点，因此在 1997 年后，ATP 计划遴选标准调整为两方面（梅述恩等，2007）。一为科技优势（占比 50%）。ATP 计划接受的项目必须有很强的创新性，研究必须有一定的难度（允许存在技术风险），重点在于能够针对性地解决产业界的一些问题。在提交的技术计划中，要明确技术的创新点、困难点、何种解决手段以及面临的风险，同时还要包含研究人员、时间、地点等要素。二为广泛的国家经济效益潜力（占比 50%）。申请者要有充分的理由说明为何需要 ATP 计划的资助，并要对其申请的技术对美国产生的效益有所预测。其中，在商业计划里要对效益获得的途径加以描述，如技术商业化计划和技术扩散途径。此外，ATP 计划办公室还会对申请者的组织结构、管理计划和承担责任能力进行审核。

整个遴选程序可分为五个步骤。第一，对项目申请进行分类粗选。该步骤主要是为筛选出不符合 ATP 计划资助要求的项目申请。第二，从技术计划和商业计划两方面对项目进行评价。技术计划和商业计划是 ATP 计划项目申请必须要提交的资料，对于技术计划的评价，需要申请者明确其技术优势，并主要从技术原理和 R&D 计划展开评价；对于商业计划的评价，需要申请者明确其商业优势，并主要从国家利用、资助需求以及获得利益的途径展开评价。第三，进一步对商业计划与预算进行评价。研发中会存在部分不可预见因素，因此 ATP 计划对长期预算要求具有一定灵活性，在外部条件突然改变的环境下允许改变资助金额。第四，复试。对通过前三步的申请者进行复试，包括面试、口头陈述等，甚至到申请者的组织所在地考察，从而实地获取其组织结构、人力资源的相关信息，通过 ATP 计划的申请评估部的内部投票排名选择进入下一步的项目。第五，确定最终资助项目。相关遴选人员依据资助金额、项目评定等级，以及各技术领域资助比例等因素，对第四步入选的项目进行最终选择。

在遴选结果中，ATP 计划所涉及的项目多分布于先进材料及化学、新兴技术、电子通信、生物技术等领域。ATP 计划曾遴选出包括智能教学系统、系统控制软件、信息网络数字图像技术、数字信息存储技术、医疗保健信息系统、光电制造技术、集成制造应用技术、化学和生物催化技术、高性能复合材料生产技术、选择性膜生产技术、组织工程、DNA 诊断技术、基本工业材料加工技术、微电子制造技术、汽车制造技术、高性能电源生产技术、蒸汽压缩冷冻技术在内的 17 个重点领域项目。

6.1.4.2　美国 ATP 计划事中监测评估

美国 ATP 计划的事中监测评估主要由项目管理小组负责，项目管理小组由授权官员、技术专家、商业专家三部分组成，并通过建立好相应的监测系统完成监测，监测系统由资助数据库（Award Database）和商务报告系统（Business Reporting System）组成，资助数据库汇总并提供 ATP 计划中项目的描述性信息，商务报告系统则是一个具有管理、跟踪、监测评估属性的信息系统，通过电子问卷方式获得项目商业化和经济目标进展信息。这包括了四类调查报告：①基线报告（Baseline Report），报告内容包括 ATP 计划资助项目的技术研发和商业化规划，具体为公司的背景信息、品质改善、成本减少等量化目标的规划，以及对应的知识产权保护战略、技术商业化规划等；②年度报告（Anniversary Report），报告内容包括 ATP 计划执行中的商业化进展、短期影响、早期销售收入、研发周期缩短情况、合作效应、知识产权创造情况、早期就业机会创造情况等；③结题报告（Close-out Report），报告内容包括 ATP 计划中项目结束后留存的技术和商业化阻碍、未来一段时期的商业化目标（一般为五年），以及项目以后或许产生的部分社会效益；④项目后期报告（Post-project Report），报告内容包括相关组织、计划、技术和经济等多方面的规划作用情况，如商业化进展、规划扩散效益等（通常项目结束后每两年填写一次，持续六年）（陶蕊和翟启江，2018）。

2000～2001 年，美国围绕 ATP 计划完成了综合绩效评估系统的开发，截至 2010 年，美国 ATP 计划绩效评估已完成了 200 多个项目的绩效评估。就中期目的而言，评估系统内开发了九个中期绩效评估指标，分别为技术奖励、商业奖励、专利申请授权与否、出版与发表、上市产品与流程、合作研究、额外资金的吸引力、小型公司雇员变动率和未来展望，具体如表 6-1 所示。

表 6-1　美国 ATP 计划基于中期目的的中期绩效评估指标

评估指标	指标内涵
技术奖励	包括技术奖励名称及技术颁奖机构，用以衡量知识创新程度
商业奖励	包括商业奖励名称及商业颁奖机构，用以衡量产品与流程的商业化潜力
专利申请授权与否	包括专利数量与授予专利名称，多关注授予专利项目的专利引用数
出版与发表	期刊或会议论文发表数量
上市产品与流程	上市产品的商标名称与预期上市的数量
合作研究	包括合作的类型，如参与合资研究、转包、委托大学、许可安排、商业合作等
额外资金的吸引力	额外资金的来源（对数量敏感性较低）
小型公司雇员变动率	相较大公司的雇员变动率，小型公司的雇员变动率更能反映项目或合资企业的复杂性
未来展望	对未来项目规划的定性评估

上述指标由 ATP 计划咨询委员会从知识创造、知识扩散、商业化三个层面作出决定，结合过去材料对指标进行选择和赋权。

（1）知识创造层面。知识创造可视为 ATP 计划关注的核心，由技术奖励、专利申请授权与否、出版与发表、上市产品与流程四项评估指标进行评估，其中技术奖励最能贴合知识创造的衡量标准，因此在赋权的过程中权重较大，其他指标的权重则相对较低，尤其专利申请授权与否、出版与发表两项指标遵循边际效用递减规律，其权重下降较快.

（2）知识扩散层面。知识扩散是实现 ATP 计划最终目标的重要途径，在此处可以看作是事中评估结果对事后评估的铺垫。知识扩散层面要综合考虑技术奖励、专利申请授权与否、出版与发表、合作研究、上市产品与流程五项指标的情况，在知识扩散层面，专利申请授权与否、出版与发表、合作研究三项评估指标比较重要。同样，专利申请授权与否、出版与发表两项指标仍具有边际效用递减属性。合作研究包括三种类型：一是受资助者与大学研究人员间的合作研究；二是受资助者与其他公司、国立与州立实验室以及高校机构间的合作研究；三是受资助者与其他技术商业化公司间的合作研究。上市产品与流程指标的权重往往最低。

（3）商业化层面。商业化层面由上市产品与流程、额外资金的吸引力、小型公司雇员变动率、商业奖励、未来展望五项指标构成。通常来说，已经上市与即将上市公司的上市产品与流程指标的赋权较高，因为其即将获取经济收益。额外资金的吸引力指标是对项目技术风险的一种反映，通常风险较低的项目其额外资金的吸引力较大。小型公司雇员变动率指标仅对小型公司进行考核。商业奖励指标的设置中，每增加一项商业奖励会获得相应的得分。未来展望指标则多依靠专家信息，将项目划分为不同集合。

将项目在知识创造、知识扩散和商业化三方面的原始分数进行加总，调整后获得其综合得分（翟启江，2014）。

ATP 计划的事中监测评估是一种定期调查报告制度，评估机构定期对参与资助项目的单位进行调查，并以电子问卷调查的形式取代以往由外部承担并进行的不定期电话采访，拓宽了调查领域，以便对各项目的完成情况和进步做到全面的监控，从而达到事中监测评估的跟踪效果。客观来说，ATP 计划的监测评估体系为美国的科技规划与决策的执行提供了宝贵经验和珍贵数据信息，其监测评估体系的直接管理属性具有较好的优越性，相关工作者需要严格依法保护申请者及受资助者的专有和机密信息。从受资助的企业层面而言，企业人员可以更方便地与 ATP 计划的负责人员进行沟通，对比以往规划与企业人员沟通的复杂协调程序，ATP 计划省去了不少行政管理的时间。最为重要的，ATP 计划这一内部控制的调查有助于构建科技规划统一数据库，支持对所有项目参与方的综合统计分析，及时且灵活生成分析报告，最终及时回应利益相关者的要求与问题（叶中华和赖先进，2010）。

6.1.4.3 美国 ATP 计划事后评估

1993 年，美国通过《政府绩效与结果法案》，该法案是美国科技规划与相关部门开展绩效评估的重要依据，通常以财务收益作为规划是否具有高绩效的判断依据。纵向角度而言，ATP 计划的绩效评估分为短期、中期和长期三个维度。横向角度而言，ATP 计划绩效评估指标通常设置为：计划直接效益、公司技术效益等，具体如表 6-2 所示。

表 6-2 美国 ATP 计划绩效评估指标

维度	类型	评估指标
短期效益	计划直接效益	扩大 R&D 规模； 提高研发目标； 加快研发速度/缩短研发周期
	公司技术效益	专利/期刊； 定义新的技术应用方式； 产品/流程改善（带来成本的节省）； 新产品/新流程（引起销售额的增加）
中期效益	公司商业化效益	月晕效果（取得资助以及技术能力形象得到提升，吸收额外的研发资金，易于聘请优秀的研发人员）； 公司的生产力； 技术商业化进程缩短
	公司合作效益	合作性质的变化（增加产学研的研发合作）； 确定消费者需求； 通过合作，促进目标实现； 共同决策； 建立可信赖的合作伙伴； 公司技术管理方式发生改变； 新商业联盟（与顾客形成新联盟）
长期效益	外溢效果	产业内技术扩散； 跨产业技术扩散； 市场外溢； 网络外溢； 社会效益（受资助公司的效益及外溢效果）
	产业外移	更多产品与流程的应用； 受资助公司的投资效益
	国家效益	更多的就业机会； 国民生活品质改善

资料来源：翟启江，2014

其中，美国 ATP 计划十分注重规划宏观层面的效益评估，主要围绕经济影响、社会影响和反事实影响三方面开展规划的事后效益评估。

1）经济影响评估

美国 ATP 计划最为重要的评估为规划的经济影响评估，ATP 经济评估办公室在规划实施的早期就已着手准备对规划的生产效率、溢出效益等指标进行跟踪调查。具体来说，ATP 计划的经济影响评估有技术开发周期的缩短带来的经济效益、产品质量提高对国家经济的正向效益等多个案例。①技术开发周期的缩短带来的经济效益。通过商业报告系统内部的问卷调查分析，评估 1991 年美国 ATP 计划立项的 28 个项目，评估发现大部分项目的开发周期缩短了近 50%，即节省了大约一年的开发时间，从而节省了大部分的研发成本。②产品质量提高对国家经济的正向效益。依托经济学等方法，完成了宏观经济产业模型的设计，规划评估相关工作人员利用该模型，结合对企业新开发技术作用与生产过程的影响估算，获取评估数据，如在 ATP 计划资助的控制自动制造过程研究中，发现 5 年内工业产出增加 87 亿美元，同时为国家带来了近 16 万个就业机会。

2）社会影响评估

ATP 经济评估办公室就 ATP 计划对社会的影响评估开展一系列探索性工作，这一影响可分解为参与企业的回报和公共的回报，其中公共的回报可继续分为知识、网络和市场三者的溢出效益。参与企业的回报方面，ATP 计划评估考虑技术研究开发中的杠杆效应，即 ATP 计划对公司投入研发的带动程度。评估需要考虑公司组织内部联系的强度、开放性或保密性的趋势、新合作伙伴建立、新技术领域提交申请四个维度，多通过计量经济学与统计学的方法来衡量这一影响的程度。公共的回报方面，投入–社会收益分析是该方面评估的重要方法，其作为典型定量方法，将收益转换为货币价值，从而便于把投入和社会收益进行相同维度的比较，如评估人员对于 ATP 计划的 40 个项目进行投入–社会收益分析，发现 1999～2004 年，40 个项目的社会收益达到 180 亿美元，相对于投入的 20 亿美元，投入产出收益显著。

3）反事实影响评估

反事实影响评估主要用于解决评估归因问题，通过设置对照组分离出其他因素对评估结果的影响，从而得到规划实施的实际效果。需要说明，在科技规划评估中，反事实影响评估并非规划评估的主要流派，但 ATP 计划利用此评估开展开创性工作。美国审计署运用反事实影响评估对 1998 年、2000 年和 2002 年的 ATP 计划申请者进行调查，并邀请了 89 名 ATP 计划参与者和 39 名未参与 ATP 计划的人员共同开展评估活动，需要说明的是，39 名未参与者具较高的科技知识水平，同样也具有 ATP 计划所看重的商业化特质，其与 89 名 ATP 计划参与者形成对照。通过对比 128 位受调者的回答，发现未受到资助的项目有 41%不再执行，有 40%左右以较小规模进行，但几乎所有能够继续实施的项目都调整了项目周期，项目实际完成的时间多于其预期时间。一半多的受资助项目预计需要耗时至少四年时间用在项目研发中，可以发现，ATP 计划将资金用于具有高技术风险和长时间周期的项目中，这是 ATP 计划区别于私人资助的显著区别（陶蕊和翟启江，2018）。

ATP 计划在评估中应用了多种科技规划评估工具，如：①社会网络分析，知识的溢出效益是难以识别测度的，ATP 计划通过系统分析和模糊逻辑手段分析研发组织网络内部的知识溢出，其优点是可回溯或前瞻地遴选出高于平均知识溢出水平的项目，利用这一评估结果来为下一次 ATP 计划服务；②成本指数分析，成本指数分析是一种分析工具，它能够直观地揭示 ATP 计划的公共投资为美国带来的回报。成本指数分析优点是其以经济学为依据，具有较强理论性，能够以灵活的方式综合获取消费者所获福利。同样，成本指数分析也有很大缺陷，即所需的数据支持量巨大，且如通常的经济学研究一样，过度依赖模型，需要提前对未知参数数值进行假设（叶中华和赖先进，2010）。

ATP 计划事后评估使用了多种评估方法，在对投入、产出、成效、影响的关系评估中，ATP 计划评估多使用评估模型构建与计划理论分析的方法探究这一关系；在投入、产出、成效和效益的关系评估中，ATP 计划评估多使用统计与调查的方法；在成效和效益的评估中，ATP 计划多使用案例分析方法；在产出和成效评估中，ATP 计划多使用同行评议的方法；而在产出评估中，ATP 计划多使用文献计量方法（翟启江，2014）。

在规划的评估结果方面，ATP 计划评估对未受到政府组织等资助的项目起到了很强的激励作用，缩短了项目研发周期并创造了有价值的商业联盟。而受到 ATP 计划资助的项目几乎缩短了一半左右的开发周期，从而加快了美国的技术进步。

6.1.5 美国科技规划评估与结果管理对我国的启示

第一，以科技计划绩效评估为契机推动科技评估能力建设。在当前我国深化管理体制改革、强化绩效管理的时代背景下，科技规划绩效评估成为一个至关重要的契机，旨在驱动科技评估能力的飞跃性提升。借鉴美国以绩效为导向的科技规划评估体系所取得的显著成效，建议相关管理部门以重点研发计划等核心科技规划作为评估突破口，将绩效评估结果作为资金支持与政策支撑的评判标准。鼓励并支持多元化的监测与评估实践，积极引入第三方评估机构，利用大数据与人工智能等先进技术手段，以努力弥补我国在科技评估方面的短板，推动科技评估的能力建设。

第二，应深入发掘并提升企业研发实力与科技自我评估能力。美国政府在科技创新领域的宏观引导与间接干预策略，以及通过构建坚实的经济与科技法律体系及资金扶持机制，为美国营造了极为有利的科技创新生态系统。在此模式下，企业成为美国科技研发版图中不可或缺的核心力量。我国科技发展尽管已取得显著进展，但在充分挖掘企业研发潜力及构建完善的科技自评估体系方面，仍有广阔的提升空间。应积极鼓励企业深度参与研发活动，勇于承担创新风险，并推动建立健全的企业科技自我评估机制，以减轻政府在科技规划评估过程中的负担，实现更加高效、精准的资源配置。

6.2 英国科技规划评估与结果管理的主要经验

6.2.1 英国主要科技规划评估组织机构

英国科技规划评估工作主要由政府牵头聘请独立的外部专家委员会，由各科技中介机构执行具体评估工作，接受委托实施评估的机构并不参与科技规划的具体实施，也不涉及自身利益。英国科技评估机构可分为三类，第一类为政府机构评估组织，包括英国中央政府，议会、议会委员会和国家审计署，以及地方政府三级，其中议会一级参与科技评估的机构主要为议会科学技术办公室、上议院科学技术专门委员会、下议院科学技术委员会、议会与科学委员会等，负责对科技规划和科技政策进行评估；第二类为研究机构及基金组织，包括国立科研机构、高校、非营利性研究机构、非政府基金组织等，负责对基础科学研究计划与项目、科研机构和科研人员进行评估；第三类为科技中介机构，包括英国国家科研与创新署、科技管理研究中心等，负责接受相关部门委托进行项目评估（图 6-3）。

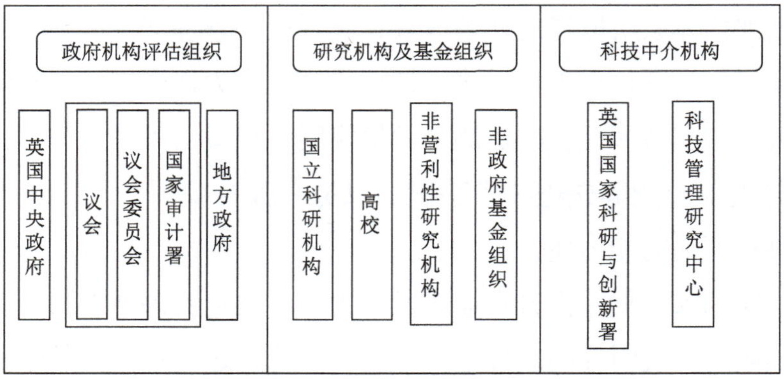

图 6-3　英国科技评估机构

在科技规划评估中，英国主要以科技中介机构进行评估活动，其中英国国家科研与创新署为主要机构。英国国家科研与创新署是英国双重资助系统的执行管理、科技咨询、政策评估机构，由英国科学、创新与技术部门（Department for Science，Innovation & Technology，DSIT）主管，与政府保持“一臂之距”，其前身为英国研究理事会（刘娅，2023）。商业、能源和产业战略部负责监督英国国家科研与创新署的战略、计划及运营，包括对其下属七大研究理事会，以及英国创新署和英格兰研究署活动的评估。英国国家科研与创新署的成立本身就是评估结果的一种使用方式，2013～2014 年，商业、能源和产业战略部对英国研究理事会进行机构式评估，2014 年和 2015 年时任皇家学会会长保罗·纳斯爵士牵头对其开展第三方评估，几次评估结果均表明科学应被置于政府核心地位，需进一步加强和统筹科研机构管理，于是 2018 年在英国研究理事会基础上成立英国国家科研与创新署（谢会萍，2022）。

英国国家科研与创新署基于科技人才、创新高地、科技思想、创新能力、技术影响、组织结构六大战略目标设立若干检测指标，统一采用平衡计分卡法，从四个维度评估英国国家科研与创新署各类管理工作的绩效：①英国国家科研与创新署取得的成果和影响；②英国国家科研与创新署对团队和合作者给予的经验；③如何通过组织架构和流程使得英国国家科研与创新署工作表现突出；④英国国家科研与创新署的自身提升方式（张雅洁和任真，2024）。

6.2.2　英国科技规划评估与结果管理法律制度

英国政府在 1965 年颁布《科学与技术法案》，作为英国科学与技术发展的基本法，其目的是对科学研究的权责进行明晰，并对英国发展科学与技术总原则与组织形式作出规定。在基本法律外，《工业法》《农业发展法》《矿业法》《竞争法》等也对科技规划相关政策、管理机制作出部分规定。20 世纪 80 年代，英国重视科技成果的转化，相应修改了《工业法》《农业发展法》《森林法》《医疗法》《专利法》《版权法》等法律。在这一时期，《发明发展法》和《工业技术开发法》两部保障性质的法律也随之产生，二者对知识产权的归属作出更为相近的明确界定，此外英国还就知识产权和信息资源共享等问题，颁布如《版权、外观设计和专利法案》《著作权公共管理规则》《数据保护法案》《信息自由法案》等法律。

就科技规划评估方面，英国并无专门法律对规划评估作出具体指引，科技规划评估的依据是财政部发布的制定各政府部门开展计划和项目选择与评估的“绿皮书”，其对科技评估工作制定了一定的标准与要求，政府部门与科技中介机构在科技规划评估时可以此为依据（欧阳进良等，2009）。

6.2.3　英国科技规划评估与结果管理协调机制

20 世纪 80 年代之前，英国科技规划管理体制具有分散特点，在国家层面并不统一制定科技规划。20 世纪 80 年代之后，英国科技规划管理体制开始转向集中型，1992 年，英国成立科学技术办公室负责国家层面的科技规划编制工作，第二年发布了《发掘我们的潜力：科学、工程和技术的战略》，该规划为英国科技政策发展的重要里程碑，是有关英国科技发展方向的纲领性文件，阐明了英国科技发展新战略。2004 年，英国编制了英国第一个中长期科技规划——《英国科学与创新投资框架（2004-2014 年）》，自此英国开始奉行“服务于创新全过程”创新理念。2008 年，英国提出了以科技创新驱动经济发展的战略，使英国保持在国际发展中的领先地位。

英国国家科技规划由内阁进行管理，由议会附设科技管理与咨询机构、政府科技管理机构和技术战略理事会组成。其中，议会附设科技管理与咨询机构最主要的机构为科学技术委员会，其又分为上院科学技术委员会和下院科学技术委员会；政府科技管理机构最主要的机构为科学技术战略办公室；技术战略理事会不隶属政府部门，主要负责英国以促进技术创新为目标的科技规划编制工作。

科技规划编制阶段，科技规划事前评估体现于政府科学创新办公室和科学技术委员会组织科研机构、高校等对本国及世界科技发展状况进行调研，通过对机遇、挑战、风险、威胁等进行评估，以评估结果确定英国未来发展的重要科技领域。同时，发挥英国咨询机构的战略咨询作用，为各部门科技规划协调进行顶层设计，并发挥社会力量征集学术界、企业界、政治界、社会团体的意见，由政府科学创新办公室和科学技术委员会负责科技规划文本的编制和出台。

科技规划实施阶段，英国发挥政府部门、科研机构、企业、高校多方力量共同完成科技规划的实施，其中最为主要的是英国配备一个完整全面的科研绩效管理体系负责科技规划的事中评估，在该体系中，评估部门根据科技规划目标及其分目标设计具体指标体系，从目标、信息数据来源和进展三方面开展评估并以评估报告形式呈现最终的评估结果，评估过程政府不会参与，由中介机构进行客观评估。

在科技规划评估阶段，科技规划事后评估结果不仅作为下一期科技规划和其他科技政策制定的依据，还作为自主项目选择、经费划拨的重要参考，并通过对科技规划各个环节的不断修正，形成了一个完整的闭环模式。

6.2.4 英国研究、开发和创新组织格局评估与结果管理分析

6.2.4.1 《英国创新战略：通过创造引领未来》的支柱计划

2021 年 7 月，英国商业、能源和产业战略部发布了《英国创新战略：通过创造引领未来》，该规划旨在应对新冠疫情后世界所面临的挑战，以及英国脱欧后社会所面临的问题，通过推动国家政府、企业、研发机构等多方力量的紧密合作，共同实现创新雄心，最终期望为英国带来就业的增长及经济的繁

荣。主要包括四方面的关键支柱计划。

（1）释放活力，为创新企业提供动力。英国“独角兽”企业较为活跃，但存在的问题是此类小型创新企业存活率较低，没有相应的扶持策略难以生存，致使陷入“小企业困境”。规划为解决这一问题采取的相应行动包括：增加年度公共研发投入，降低创新公司的融资约束，同时通过英国商业银行的“生命科学投资计划”投资 2 亿英镑，用以解决生命科学企业面临的资金短缺问题。

（2）增加人力，为英国吸引创新人才。创新活动无法脱离人才，相较美国、德国等科技大国，英国企业中高级技术资格员工的比例远远不及上述科技强国，且从宏观来看，英国正在朝着人才流出国的方向转变，这一情况自脱欧后更加严重。规划为解决这一问题采取的相应行动包括：扩大签证的种类和数量、吸引和留住具有高技术水平与高潜力的全球创新人才，同时，通过辅助成长和管理计划对中小企业的创新人才给予激励，从而提高其业绩与创新活力。

（3）支撑机构，满足英国研发和创新机构的需求。英国创新机构的竞争力较弱，且分布不均衡，主要创新资源集中于伦敦、英格兰东部和东南部地区。规划为解决这一问题采取的相应行动包括：通过评估审视各类机构布局的合理性，以“地方实力基金”为依托拨款 1.27 亿英镑助力各地区经济发展，并向“能力连接基金”投资 2.0555 亿英镑，用以推动大学和企业的合作。

（4）解决难题，提高关键技术能力来应对一系列挑战。英国政府多次牵头制定科技规划以攻克技术难题，未来英国将进一步面向“深科技”领域，发挥政府的能动性。规划为解决这一问题采取的相应行动包括：事前遴选出未来 7 项关键技术，包括：先进材料与制造，人工智能、数字和高级计算，生物信息学和基因组学，工程生物学，电子、光子学和量子，能源与环境技术，以及机器人和智能机器。同时，启动“繁荣经济合作伙伴关系”，产业界、大学和政府共同投资 5900 万英镑，建立以企业为主导的研究项目以开发变革性新技术①②。

① 英国发布国家创新战略[EB/OL]. http://www.casisd.cn/zkcg/ydkb/kjzcyzxkb/2021/zczxkb202109/202111/t20211110_6248466.html[2024-11-10].

② 科技城丨如何借鉴《英国创新战略》提升企业创新能力和竞争力[EB/OL]. http://www.casisd.cn/zkcg/ydkb/kjzcyzxkb/2021/zczxkb202109/202111/t20211110_6248466.html[2024-11-14].

6.2.4.2 英国研究、开发和创新组织格局第三方评估机构独立评估

在规划评估方面，英国商业、能源和产业战略部委托弗朗西斯·克里克研究所首席执行官兼主任保罗·纳斯爵士对《英国创新战略：通过创造引领未来》所涉及的英国研究、开发和创新（RDI）组织格局进行第三方独立评估。本次规划是旨在描述英国 RDI 组织格局的多样性，通过明确规划实施过程中的优势和劣势，提供战略性建议并形成最终的评估报告（刘娅，2023）。因此，本次评估实际上属于事中评估。

本次评估涉及 200 多个组织和个人的调查，总共收到了英国和其他国家组织 270 多个意见，其中定量和定性的数据与信息来自访谈调研，以及政府和学术研究出版物。对这些意见与数据信息进行分析，共得到 29 项建议用于解决英国 RDI 组织格局的一般性问题。评估主要从大学（Universities）、公共部门研究机构（Public Sector Research Establishment）、机构和单位（Institutes and Units）、其他组织格局[①]（Other Components of the RDI Landscape）、产业和私营部门（Industry and the Private Sector）、RDI 和社会（RDI and Society）、政府措施[②]（Actions for Government to Support a Thriving RDI Landscape）七方面展开[③]。

1）大学

英国的大学独立于政府，其在国家 RDI 组织格局中发挥十分重要的作用，为 RDI 组织格局的生态做出了积极贡献。英国国家统计局认为，高等教育部门研发支出的计算方法并不能完全反映真实情况，因为大学自身进行的内部资助并未被政府承认，后期对这一情况进行了修正，至 2020 年英国高校的研发支出已达 139 亿英镑。英国政府也强调对大学的支持，自 2007 年以来，英国每年的领域加权引用影响力在 G7 国家排名第一，2022 年英国的全球创新指数（Global Innovation Index，GII）获得第四名的成绩。

① 其他组织格局指 RDI 的其他构成成分，此处本书翻译为“其他组织格局”。

② 政府措施指政府为支持 RDI 繁荣发展所采取的行动，此处本书翻译为“政府措施”。

③ Independent Review of theUK’s Research, Developmentand InnovationOrganisational LandscapeFinal Report and Recommendations[EB/OL]. https://www.gov.uk/government/publications/research-development-and-innovation-organisational-landscape-an-independent-review[2024-12-14].

评估发现：第一，大学是英国 RDI 组织格局的主要力量，如若需要继续保持大学的主体地位，则需要更多的支撑资源。在当前英国的资助模式和激励措施下，大学科研的可持续受到基础设施薄弱以及行政支持短缺的影响；第二，虽然大学是 RDI 组织格局的主体，但并非全部大学都能制定充分计划从而完成研发项目，部分大学也缺少对基础设施和技术核心的需求认知；第三，针对大学内科研工作的前期阶段，人才发展系统需要对研发人员的职业前景方面提供更好的支撑服务，同时大学需要提高对科研人才重要性的重视，需要更好的培训和职业结构；第四，大学可以通过为所在地区的行业提供一个专门的门户使其了解本地区的 RDI 活动以及其他地区的研究项目，以此方式来缩短英国的区域经济增长差距。

评估结果（建议方面）：第一，政府方面，政府需要对大学科研活动的真实成本有一个准确的认知，这是产生可持续 RDI 活动的前提，同时，政府应该与英国科研组织机构（英国国家科研与创新署）和高等教育资助机构建立合作，审查并在必要时改革资助竞争模式，消除不正当激励，保证研究系统的长期稳定；第二，大学方面，大学内部也应制定相应计划，优化内部资助的科研项目，并赋予研究人员一定权力，减少其行政负担，实验室等基础设施也应随之跟进。

2）公共部门研究机构

公共部门研究机构是英国 RDI 组织格局的多元化组织集合，由约 50 个组织部门共同为政府、企业和社会提供各样的科技服务。其中，每个组织都由政府部门直接赞助或间接赞助，其不光负责科技规划研究和技术服务，还提供从技术开发、成果应用到商业化的全流程计划。可以说，英国是否能够继续在科学技术层面保持国际领先，公共部门研究机构的科研推进起到了重要作用。不仅如此，公共部门研究机构还为政府提供以科学技术为导向的各类方案，以降低私营部门投资不足的风险，其为社会提供基础设施，开发新技术和方法，管理大型国家设施和基础设施，具体的例子如英国国家物理实验室和英国国家核实验室。

评估发现：第一，英国高度异质的公共部门研究机构的扩张可为英国 RDI

组织格局做出更大贡献，但其研究报告、评估质量控制方面存在部分问题；第二，公共部门研究机构的资金环境比较局限，这不仅限制了公共部门研究机构的继续扩张，也妨碍了不同政府部门和研究执行机构与其的合作，其中政府采购、财务框架限制，以及薪酬问题是限制公共部门研究机构继续扩张的重要问题，导致其有时无法作出长期战略决策；第三，政府部门应采取更多举措去发挥公共部门研究机构的集体人力与技术能力；第四，政府内部与公共部门研究机构的合作过少，整个合作系统的协调仍需改善。

评估结果（建议方面）：第一，英国政府需要明确各公共部门研究机构的任务，充分给予其自由行动的权力，从而确保其有效运行。政府要利用公共部门研究机构为 RDI 战略和规划制定提供相关信息，以便在部门内部和部门间开展工作。第二，公共部门研究机构的资金需要得到保护与改革，要保证资金的长期可获得性，放宽对公共部门研究机构的资金、薪酬等方面的约束，大学的部分资金改革也同样适应于公共部门研究机构的资金改革。第三，停止已经不再符合当下形势的公共部门研究机构的运作，由政府将节省下的资金回收到研发预算中。

3）机构和单位

英国拥有各种不同规模的科研机构和单位，这些机构和单位是在英国 RDI 组织格局中由不同部门创建或资助的，以完成一系列研究任务。需要说明的是，虽然在规模上，机构和单位与大学相比较小，但其也是 RDI 组织格局具有重要战略意义的一部分，可以在公共、非营利和私营部门设立。其与大学在研究领域占据不同的地位，机构和单位所进行的活动完全集中于研究上，它们可能专注于特定的研究领域，具有特定的目的、使命和战略目标，如欧洲分子生物学实验室（European Molecular Biology Laboratory，EMBL）、痴呆症研究所、航空航天技术研究所等特定领域的研究机构和单位。这些机构和单位能够面向创新领域对关键基础设施进行维护和管理，帮助英国提高国际声望，以此提高英国 RDI 组织格局的声誉，从而吸引全球研究人才流入英国。

评估发现：第一，如公共部门研究机构一样，英国继续扩张机构和单位，来为英国 RDI 组织格局做出贡献。第二，机构和单位的绩效高低取决于决策是否得当，以及资金来源是否可持续。其中，机构和单位的重点项目对于高科技人才极具吸引力。第三，项目明确性、管理公正性、资金持续性是机构和单位顺利完成科技项目的关键。要制定有效的战略和控制程序，这涉及机构和单位的创建、项目分配、管理、资金资助、行政支持、停止运行这一完整流程。第四，对于单位而言，其创建时间较短，因此应具有重点目标并为之设定时间限制，通常来说，单位受益于与之联系较近的机构，且可和机构合并成新的机构。

评估结果（建议方面）：第一，机构和单位需要持续充足的财政支持，需要审查近期成立的机构和单位的资金安排，以确保资金的使用符合研究目的；第二，机构和单位需要明确的项目部署和指引，因此资金的流入和行动的自主权取决于其目标的设置；第三，机构和单位必须具有高素质的行政和科技领导能力，其通常与资助机构位于同一地点，但如果机构和单位的整体管理由位于另一地点的资助组织负责，则必须制定严格的合同安排，以确保运营的独立性和服务质量；第四，当英国政府、英国国家科研与创新署和其他资助者确定了最能得到重点研究项目支持的战略性 RDI 优先事项时，应对机构和单位做出新的考虑。

4）其他组织格局

英国 RDI 组织格局的一些其他组织格局不能简单地纳入通常的行业类别，然而其仍然能发挥一定作用，支持英国的一系列 RDI 活动，这些其他组织格局可分为：慈善机构、英国国家学术院、文化机构（以收藏和文物等为基础）、研究转化机构。

评估发现：第一，在慈善机构、英国国家学术院、文化机构方面，长期和大规模的慈善资金是英国科学研究中最重要的资金来源；英国的学院和学术团体在国际上具有一定知名度，这也为 RDI 组织格局的各方面做出贡献；艺术、人文、社会科学组织等是英国经济增长的重要推动部分，但文物方面的相关研究并未得到充分支持。第二，在研究转化机构方面，研究转化机构是响应行业需求的关键，其能够预测商业化的需求和挑战；科技领域的多数组织都能够接触到研究转化机构或自身就具备研究转化能力，但这并非此类组织的主要任务目标，而研究转化机构通常只专注于研究转化这一主要任务目标；英国弹射中心的成立扩大了英国研究转化机构的组织格局，但仍需要多种类型的组织格局来满足 RDI 组织格局的研究转化任务目标；研究转化机构能够增强区域研究能力，特别是在英国，其发展前景相对于在其他国家来说更为乐观。

评估结果（建议方面）：第一，政府和慈善机构需要共同努力，确保慈善事业的支持为科研提供“端到端”（End-to-End）的资金；第二，需要增加对图书馆、档案馆、博物馆以及文物和文化部门研究的支持，并对长期以来被忽视的文物研究提供支持；第三，研究转化机构与其他领域组织机构间的一致性仍待提高，建议政府增加研究转化机构的数量、扩张研究转化机构的作用范围并提升机构的研究转化能力。

5）产业和私营部门

私营部门是英国 RDI 活动的最大资助者和执行者，英国国家统计局对英国私营企业的研发金额进行修正，在 2021 年这一数额达到 469 亿英镑，相较 2020 年增加了 29 亿英镑。私营部门对 RDI 的投资通过各类机制作用于整个社会，如新消费品的开发、医疗保健等。

评估发现：第一，激励私营部门进行 RDI 支出是十分必要的，政府的战略性措施对私营部门投资具有显著作用；第二，并非全部私营企业都认为投资 RDI 能为自身带来好处，且创新技术从学界到产业界的平稳过渡仍存困难；第三，私营企业在稳定的长期政策、公平的监管结构、健全的知识产权体系等条件下，更有投资 RDI 的意愿；第四，当前政府在区域中已经建立了许多生产伙伴关系、项目和激励措施模式，以鼓励企业对区域投资。

评估结果（建议方面）：第一，政府应利用其召集力，为企业投资 RDI 创造有利环境，并在适当的情况下提供财政支持，这种支持包括私人投资或产业界与 RDI 其他组织格局之间合作的资金；第二，为了使私营企业更好地理解 RDI 对商业活动和经济的好处，必须对商业和学术界进行改革，促进两者间的开放、相互尊重、密切互动、协作以及加强思想、技术和人员的渗透性。

6）RDI和社会

英国 RDI 组织格局不仅促进了产业发展，还为社会带来变革和创新，较为典型的是 RDI 促进了英国健康研究，这促进了制药和其他以医疗为导向的行业的发展，而且还改善了国民的健康状况。英国卫生领域的 RDI 组织格局目前通过英国国家科研与创新署及其研究委员会、国家卫生与护理研究所（NIHR）以及慈善和行业资金获得公共投资。RDI 对社会产生积极影响的另一个例子是促进了社会经济增长，并且更广泛地保证了英国区域经济的公平增长，缓解了各地区间研究成果转化、研发投资分布不均的问题。

评估发现：第一，RDI 为地方和国家的经济增长和社会效益提供了好处，仅靠商业活动不能有效地推动社会效益，因此政府在促进社会福利方面负有特殊责任；第二，政府有关部门应更加积极地确保 RDI 到位，并为具有社会效益的政策制定提供信息；第三，英国 RDI 在改善医疗保健方面存在重大提升空间，应考虑在医疗保健方面开展更多的公私合作，然而临床研究人员发现越来越难以将研究事业与临床培训的需求结合起来，这一问题对医疗保健和经济都产生负面影响；第四，RDI 应该渗透到整个英国的知识、技能和专业能力体系中，渗透性差会阻碍企业参与到当地创新活动中，严重时可能造成区域 RDI 失衡；第五，在研究能力较弱的领域建立单一研究执行机构难度较大。促进区域 RDI 水平需要英国政府、研究执行机构和当地大学、社区和机构组织之间建立合作关系，并投入时间、强有力的监督和持续的资金。

评估结果（建议方面）：第一，政府应承担起推动 RDI 的特别责任，以提供社会效益和经济增长，如英国的医疗保健服务、公平的区域经济增长以及环境方面实现净零排放。在适当情况下，应鼓励建立公私合作关系。第二，政府和研究执行机构应与当地社区合作，以当地专业知识和需求为前提和基础，在社区利益和学术标准的推动下，实现更公平的区域经济增长。第三，临床研究的现有机制存在部分问题，考虑到英国在该领域权力下放的情况，政府需要进行纠正，从而为社会提供更有效的医疗保健服务。

7）政府措施

在政府的总体作用方面，评估发现：第一，从政府层面的顶层设计到各研究执行机构及资助组织的实际操作，均亟须构建一套系统协调的 RDI 战略与规划制定方法。此体系应确保清晰的问责机制，以促进高效执行与持续改进。第二，一个持续、稳固、超政治的政府将增强英国 RDI 组织格局各组成部分的信心，并满足研究执行机构、产业、投资者、公司和研究人员的需求。

在 RDI 组织格局的预测和规划与技术倡议方面，评估发现：由于英国 RDI 组织格局的多样性，政府需要在提高技术能力、资金报告准确性等方面下足功夫，并使研究执行机构对英国 RDI 政策作出更好的规划与决策。需要说明的是，在全球范围内收集具有强竞争力的研究执行机构信息也有助于政府有效地对未来 RDI 组织格局制定相应规划。

在 RDI 组织格局的资金筹措方面，评估发现：第一，政府对研发的直接资助占 GDP 的 0.46%，低于经济合作与发展组织的平均水平，政府研发支出占 GDP 的 0.12%（英国科学、创新与技术部门估计为 0.1%），是经济合作与发展组织平均水平的一半；第二，不同的资金流和研究执行机构之间存在较差的兼容性，这增加了英国 RDI 组织格局的复杂性，同时降低了组织格局效率和协作能力，甚至降低了财务的可持续性；第三，组织格局之间争夺资金，这一竞争行为有可能成为创新研发的驱动力，但也有可能对研究计划产生负面影响。

在财务控制方面，评估发现：研究执行机构的经营状况可能会因靠近政府而产生负面影响。对研究执行机构的薪酬控制会影响科研人员的招聘，而其他强制性流程（如与采购相关的流程）可能对研究执行机构产生官僚主义方面的影响。

在审查、报告与审计方面，评估发现：审查和报告过程过于受审计监管，但在此过程中没有充分重视研究执行机构的研究质量和研究有效性。高性能的 RDI 组织格局取决于信任保证机制以及研究质量和有效性的衡量，而不是仅局限于对研究执行机构和资助者的重复审计。

在 RDI 基础设施方面，评估发现：政府对政策和财务框架的决策会影响新的和现有的 RDI 基础设施的决策，这些基础设施的构成是英国 RDI 组织格局发展方向和平衡的决定性因素。如果 RDI 基础设施及其促成的 RDI 活动要在英国蓬勃发展，就需要制定长期计划，政府应该设定方向并了解哪些 RDI 基础设施符合国家需求。政府作为召集人，应将 RDI 组织格局中的不同机构聚集在一起，在不影响组织运营独立性的前提下，制定共同的战略；作为促进者，政府应支持具有国家意义的项目，并与地方当局深入讨论；作为投资者，政府应具有远见卓识，并采用估值方法，评估 RDI 基础设施的长期整体效益。

在促进协作与互动方面，评估发现：第一，在 RDI 组织格局中，大学和其他组织机构之间的协作是有限的，因此大学与其他组织机构应共同努力，建立更富有成效的联系；第二，为商业 RDI 投资和活动找到新的机会，并鼓励部门之间更好地沟通与合作；第三，关注研究执行机构之间的合作以及知识和资源的共享，改善研究成果在英国和区域内的传播途径。

在国际合作的机遇和挑战方面，评估发现：第一，英国应在全球重要研究中发挥主导作用，国际合作的减少不利于英国 RDI 组织格局发展；第二，英国现在已经脱离欧盟，但仍需要继续维护并扩大与欧洲相关合作者的协作，以便建立研究人才、研究思想和研究数据的自由交流；第三，在一些具有全球战略性的研究领域，可以考虑建立新的多国资助机构或国际研究基础设施，这些是多边合作的有力工具，能为东道国带来巨大利益。

在人才方面，评估发现：第一，英国需要注重高质量人才的培训，且要关注英国就业岗位长期供给不足的问题；第二，应审查和改进早期职业研究人员的培训计划，以提高生产力，并在组织格局中留住更多优秀人才；第三，必须为技术人员和其他必要的设施管理人员提供更好的培训和职业发展，并将其作为长期可持续研究战略的一部分。

在组建格局的发展方面，评估发现：要考虑建立新的研究执行机构，其中审查制度应考虑以下方面：①机构建设需要符合评估科学或战略需求；②考虑组织格局的发展趋势；③相互关联的专业技术知识；④制度模式；⑤规划的生命周期；⑥稳定、有保障的核心资金；⑦相关赞助机构的赞助；⑧卓越的领导能力；⑨简便的审查和报告流程；⑩对研究人员的支持。

评估结果（建议方面）：①政府必须与英国国家科研与创新署和 RDI 社区合作，并需要在合作过程中对成本和资金结构进行考量。②政府应加大对 RDI 的长期投资力度。除了对大学公共资金的激励措施进行审查外，政府还应审查整个组织格局的资金平衡，并探讨如何增加 RDI 公共资金从而为研究执行机构提供更多核心资金，使其能够更有效地履行使命。同时，要促进 RDI 部门之间的合作和互动，并赋予当地领导层和研究人员一定权力。③政府应确保国际层面的合作能够得到保护和鼓励，若政府在其他领域的政策目标阻碍了长期 RDI 政策，政府应采取行动，包括与权力下放的行政当局进行磋商。④英国应考虑政府之间、国家之间的资助机构以及国际研究基础设施的建立。⑤英国科学、创新与技术部门应对跨政府 RDI 政策的总体架构进行制定，规定英国政府及以下的问责制，这涉及国家科学技术委员会（New National Science and Technology Council established，NSTC）、关键的 RDI 支出部门、英国国家科研与创新署和其他资助者。⑥政府所有相关方都必须承担起责任，为英国 RDI 组织格局的未来发展提供有效保障。其中，监督过程应由英国科学、创新与技术部门设立的权威工作组负责，该工作组在政府、研究执行机构和资助组织之间运作。⑦政府应制定未来的研究战略，包括长期计划、基础设施和技术举措，这将给予研究执行机构、投资者和公司在投资方面的信心。⑧政府需要及时掌握英国 RDI 组织格局，包括各组织机构的任务、不同部门的财政投资、组织机构的研究能力和定位，并监控国际 RDI 活动以明确此类活动成功的原因和采用的模式。⑨政府需要将英国 RDI 的不同要素与商业、产业和社会等部分联系起来，并与英国各地社区建立伙伴关系，加大协作和互动，以便组织格局的各部分在思想、信息、技术和人员方面相互了解并互相渗透。⑩政府应采取一种新的制度文化去取代政府部门和英国国家科研与创新署原先频繁、重复和多层次的报告与审计制度。⑪公共部门的控制降低了研究执行机构的灵活性，因此需要就工资薪酬方面进行改革。工资必须在国际上具有竞争力，如果政府施加的薪酬限制影响了研究执行机构的绩效，则必须对其进行修订。⑫政府应确保各级都有一支训练有素的 RDI 人才队伍，并制定长期的培养规划，以确保未来研究人员和技术人员队伍的不断壮大。加强对技术人员、项目和计划管理人员在职业道路方面的支撑。需要对包括博士生、博士后和初级教师在内的研究人员的培训和职业结构进行审查和改革，并鼓励不同组织机构间的职业道路多样性发展。

6.2.5 英国科技规划评估与结果管理对我国的启示

第一，强化第三方评估机构在科技规划评估中的参与度。在英国科技评估活动中，政府不得参与任何评估，可委托科技中介机构如英国国家科研与创新署、科技管理研究中心等对科技项目进行评估。近年来，我国第三方评估机构发展迅速，已然成为我国科技计划评估的重要工具，其在机构设置上有充分自主性，在评估活动中有独立法人地位，具有公平性、专业性以及服务性等特点，但在宏观层面科技规划评估中，其仍有很大的利用空间。

第二，完善科技规划实施过程中的监督机制。英国在科技规划实施中具有一个完整全面的科研绩效管理体系，用于负责科技规划的事中评估。《中华人民共和国国民经济和社会发展第十四个五年规划和 2035 年远景目标纲要》中将“加强规划实施保障”进行专篇部署，并将“加强规划实施监测评估”作为完善规划实施机制的重要举措。近年来，国家和地方各项规划与政策的颁布也逐渐形成了较为系统的科技规划实施监督体系，但总体上仍有可改善之处，如可推动将监测评估写入相关法律法规，强化法治保障，以及出台监测评估标准指南等规范性文件强化专业支撑等。

6.3　德国科技规划评估与结果管理的主要经验

6.3.1　德国主要科技规划评估组织机构

德国科技规划评估组织机构分为项目评估单位和预算评估单位两类，项目评估单位包括科学顾问委员会、科研教育资助机构、科研机构和高校等；预算评估单位包括联邦议会预算委员会、联邦议会审计委员会、联邦审计署、专业项目管理机构等（图 6-4）。项目评估中，科技规划中小型项目评估往往由专业项目管理机构的内部评审专家负责，并由科研机构人员实际执行；科技规划大型项目评估由专业项目管理机构的内部评审专家进行初步评审，再交由外部专家进行书面或当面评审。

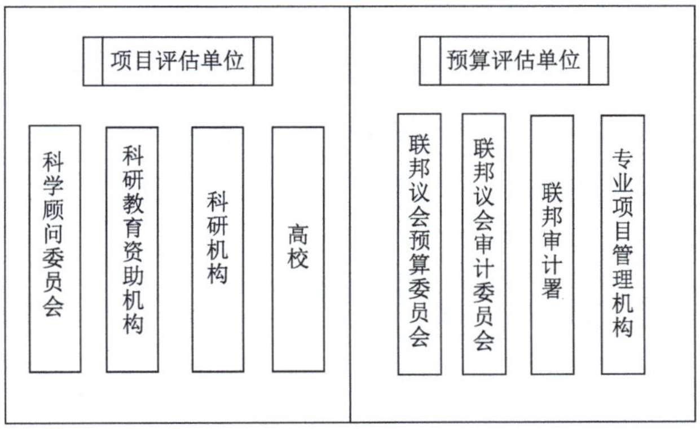

图 6-4　德国科技评估机构

德国科学顾问委员会是联邦政府直接组建领导的德国最具权威的科研评估机构，同样也是德国最早成立的科研评估机构（黄群等，2018）。德国科学顾问委员会成立于 1957 年，是联邦政府与州政府主要评估机构和独立的科学咨询与科研政策机构，主要任务为对高等院校与科研机构的发展方向、工作效率、管理能力等提供权威评估报告与改进措施建议（陈乐生，2008）。德国科学顾问委员会于 2000 年专设评价委员会用以监督评估工作的全过程，其委员由不同科研领域以及联邦与州政府的代表组成，任职期限不得超过 6 年，评价委员会主要从以下四方面开展工作：①受联邦政府与州政府委托，对除大学之外的科研机构进行系统性评估；②受科研机构委托（除大学之外），对此部分科研机构进行机构式评估；③受州政府委托，对高校和校内机构进行机构式评估；④自身开展评估质量保证相关的评估方法等研究。

2014 年德国科学顾问委员会通过评价委员会的任务、标准和方法工作报告，制定了评估程序准则与评估内容准则。

（1）评估程序准则从接受评估委托准则和机构式评估程序准则两部分展开。接受评估委托准则是指评价委员会拒绝与接受评估委托的权力，评价委员会主席和科学委员会秘书长负责对评估申请的必要性进行审查，通常具备自行可支配的科学会费以及具体的长期计划的委托才可被接受。机构式评估程序有如下普遍适用性准则：第一，评价委员会接受或拒绝的评估委托，机构保留对科学顾问委员会的建议权与申辩权；第二，收到联邦政府或州政府对科研机构的评估委托后，经审查无误方能接受委托，若不接受，则邀请该委托的代表参加评价委员会集体讨论；第三，机构式评估是对具有一定规模的科研团队和研究室，以及整个机构的科研能力与成就进行评估，评估范围还涉及其在德国的地位及其国际地位；第四，科学顾问委员会的机构式评估程序，原则上采用科学同行以及其他专家的知情、定性与评判的方法；第五，对科学委员会评估建议实施跟踪。

（2）评估内容准则取决于评估对象的业务类型，通常涉及对研究成果的评估，对基础设施运营、服务与咨询活动的评估，以及对组织和资源配备的评估三方面内容。

6.3.2 德国科技规划评估与结果管理法律制度

得益于德国科技管理体系的相对稳定，德国并无专门的科技法律也能使得其科技管理正常运转。科技活动中的个人、机构和政府间的法律法规问题在德国法律体系中均有所表述。在《德意志联邦共和国基本法》(简称《基本法》)中，第一章基本权利的第五条说明：艺术与科学、研究与教育均属自由，教育自由不得免除对宪法的忠诚。因此，德国的绝大部分科技规划的组织以《基本法》为基础展开，可以说《基本法》规定了科学自由与研究自由的基本原则，并明确了学术团体自治原则（陈南，2021）。2012 年，德国联邦议院通过了《科学自由法》，科研机构（除高校外）获取更多独立性与自主权，能够更灵活地使用自身资金，研究机构准许使用非公共资源的第三方私立资金吸引研究人员。

德国法律的一大特点是对先前颁布的法律进行技术补充和修正，如 1993 年对《基因技术法》进行修改，1997 对《信息和通信服务规范法》进行修改，2012 年与 2017 年对《德意志联邦共和国基本法》进行修改，2009 年对《德国专利法》进行修改。需要说明的是，《德国专利法》是专门帮助保护发明家、科研人员的专利权利，以此促进发明的发展。

6.3.3 德国科技规划评估与结果管理协调机制

德国科技规划在大量科技评估实践中积累大量经验，其在评估中遵循四项原则（陈乐生，2008）。第一，公开透明。评价委员会需要在评估之前明确评估准则、方法、程序和专家组成员职责，并将这些内容对被评估机构进行说明。第二，充分参与。评估人员与被评估者都应参加到评估活动中来，且评估专家要参与到评估活动的全流程中。第三，真实可靠。被评估机构的相关数据信息要保持其原始状态，不得弄虚作假。第四，公开一致。评估方法的使用需要得到评估专家的一致认同，评估组织者必须将评估结果对公众公开，公众若对评估结果真实性产生怀疑，可发挥其监督作用。

如《基本法》所表明的，德国对科学和科研有着自由与自治的态度，德国政府往往不发布指令性质的科技规划，科技规划往往都是指导性的，其中企业、高校和其他科研机构是科学研究活动的主体。在科技规划管理过程中，德国联邦议会负责科技规划预算审议工作，并提供一定的法律框架，是审议和立法机构。德国联邦政府是科技规划的最高决策机构，并对科技规划给予资助。德国联邦教育与研究部是科技规划主要的科技主管部门，其与联邦经济和能源部、其他联邦部门负责科技规划的编制与提出工作。具体的项目管理工作通常由德国科学基金会及其他管理机构负责，相应的咨询工作则由国际科学理事会、联邦各州文教部长联席会等负责。

在科技规划编制阶段，科技规划的事前评估体现于联邦政府各部门对政治界、学术界、经济界的社会群体等各类人群给予的前沿思路进行的审议评估。有选择地对建议进行采纳，并在联邦政府的资助下进行科技规划编制的一系列活动。需要说明的是，联邦政府的资助同样不是盲目的，其要召开内阁会议商讨决定是否对该科技规划进行经费资助，并负责经费的具体分配问题。以德国高技术战略为例，该战略规划由德国联邦教育与研究部牵头制定，在对未来研究领域技术预见的前提下，召开多轮双边会议从而达成基本共识。其中，决策咨询机构负责对规划领域中将会遇到的问题进行明确，重点分析规划研发需求与科技规划体系的匹配度，并在德国国家科技战略目的和欧盟框架之上，形成高技术战略规划方案，最终在此基础之上形成最终的高技术战略规划。

科技规划实施阶段，主要由联邦政府委托的项目管理机构与德国研究联合会进行科技规划的相关实施工作，德国联邦政府按照职能将科技规划分工进行组织，如联邦教育与研究部负责基础研究、关键技术、生命科学和可持续发展等领域的科技规划；联邦经济和能源部负责创新政策和产业相关研究；德国联邦食品和农业部负责生物经济政治战略、可再生资源替代石油等研究。对于涉及多领域的科技规划，联邦政府跨部委采用联合管理与资助的形式对科技规划的实施进行保障。德国州政府同样在科研方面具有自主管理权，各州科技规划由各州科技主管部门负责实施（葛春雷和裴瑞敏，2015）。为保障科技规划实施与事中评估的顺利进行，德国具有成熟的科技规划预算机制，有着自上而下、上下协调且独立监管的特点，通常来说预算机制的运行存在三个阶段：①联邦部门预算草案编制阶段；②审计与修改阶段；③联邦预算草案的审议与决议阶段。项目机构负责具体规划的启动，在实施过程中进行及时评估，这包括跟进、管理、监测等一系列活动，要及时按评估结果对项目实施进行调整。

此外，德国还多将科技规划委托具有相应科技专业知识与评估管理能力的专业化项目管理机构代管，以此减轻联邦政府的管理压力，其职责如下：①针对科技规划的不同需求，提供相关科技咨询；②对预备项目进行遴选；③监督项目实施；④评估项目成效，并对成果转化效果进行审议。

6.3.4 德国高技术战略评估与结果管理分析

6.3.4.1 德国 2006 年高技术战略事前预测评估

德国是典型的创新型国家，长期以来德国联邦政府通过制定和实施科技领域的科技规划来实现对德国科技的发展引领、制度设计和宏观管理（白春礼，2013）。2006 年 8 月，德国联邦政府推出了德国第一个全国性的科技发展战略规划——《德国高技术战略》，通过将该战略规划作为德国科技发展的主抓手，聚焦世界尖端技术和重点发展领域，以提升德国的整体创新能力（葛春雷和裴瑞敏，2015）。《德国高技术战略》主要遴选出五大领域的科学技术发展规划[①]。

1）健康领域

德国期望通过高技术战略保持和继续扩大其医学技术的国际主导地位，具体规划为：①“医学技术”行动计划；②“临床研究”计划；③“综合治理研究中心”计划；④以治理疾病为目标的功能网络；⑤“电子医疗卡”计划；⑥“再生医学”计划。

2）气候与能源领域

该领域包含三大技术规划。一为环境技术规划，旨在发展德国在环保技术中的国际地位，并期望 2020 年德国的环保技术产业成为其主导产业，具体规划为：①“双重气候”和“气候行动区域竞赛”计划；②联合国水机制十年能力发展方案；③“BIONA-为可持续产品和技术的仿生创新”计划。二为能源技术规划，旨在保障德国未来供电供热达到确保供给、经济性和环境可承受性标准，具体规划为：①“电站技术”项目；②“燃料电池/氢气”项目；③“节能

---

① 2007 年德国科技政策与发展战略综述（之五）[EB/OL]. https://news.sciencenet.cn/html/showxwnews1.aspx?id=205652[2024-12-22].

建筑”项目；④“有效利用能源”项目；⑤“核能安全和核废料存放研究”项目；⑥“聚变研究”项目；⑦“未来建筑”项目；⑧“可再生能源”项目。三为植物技术规划，该技术规划的目的是将植物转化或者提炼成新的能源，这一技术的重点是开发新型和专用的高效植物，具体规划为：①植物基因组研究领域中的GABI-FUTURE 项目；②国家生物质——行动计划（nBAP）；③“再生原料”项目；④植物技术国际化项目；⑤大麦基因组解码项目。

3）交通领域

该领域包含三大技术规划。一为机车交通技术规划，旨在让德国未来的交通变得更安全、更环保和更高效，具体规划为：①交通研究计划；②货运和物流主体计划；③灯塔项目；④用于智能交通的有适应性的和相互配合的技术；⑤混合传动行动计划；⑥货物运输和经济交通中的智能化后勤；⑦“海港创新竞赛”计划；⑧“安全的智能交通–德国试验场（SIM-TD）”项目；⑨境内“电子票据、电子支付及价格的电子显示计划”。二为航空技术规划，定量化目标为降低专用燃料消耗和飞机起落时的噪声污染，专项 CO_2 排放下降 50%，飞行事故率下降 80%，加工和维修费下降 30%～40%，具体规划为：①第四个航空研究计划（LuFoIV）；②欧洲“干净的天空”共同项目；③德法研究计划；④欧洲 AirTN 合作网络负责协调各国的研究计划。三为海洋技术规划，旨在提升德国在海洋高技术中的地位，具体规划为：①“21 世纪的航运和海洋技术”和“确保造船业创造有竞争能力的工作岗位”项目；②“导航和安全技术”重点项目；③“深水技术系统方案”（ISUP）重点项目；④“节能船舶”重点项目。

4）安全领域

该领域下的规划是德国为减少恐怖袭击与意外发生，并消减突发事件的负面影响，从而保护德国人民而作出的规划，具体规划为：①“安全研究计划”资助应急安全措施研究；②“保护交通基础设施”和“人的防护与救护”计划；③“安全研究”创新平台。

5）关键技术领域

该领域包含八大技术规划。一为信息与通信技术规划，是德国利用信息与通信技术提高竞争力而作出的规划，具体规划为：①“ITK2020”资助计划；②汽车电子计划；③“老龄人的流动与协调”创新联盟；④“特修斯计划”（THESEUS）—“德国信息社会 2010”（ID2010）计划的子计划；⑤“电子政府 2.0”计划；⑥“多媒体”计划；⑦国家信息基础设施保护计划；⑧中小企业创新攻势。二为光学技术规划，用以抓住德国光学技术的发展机遇，具体规划为：①“OLED”项目；②“塑料电池”计划；③分子成像技术计划；④第三代生物光子；⑤Volumenoptik（针对手机与电脑的技术方案）；⑥兆赫技术；⑦光学方法测量和检验；⑧用最佳的激光源加工材料；⑨新光学；⑩“神奇的光学”培训计划；⑪“21 世纪的光学”平台。三为生物技术规划，利用生物技术扩建基础设施，减轻私营部门负担，具体规划为：①“生物产业 2021”竞赛；②“加入生物研究（Go-Bio）”竞赛；③“微生物基因组研究+”(GenoMik-Plus)资助计划；④“生物研究机会+”（Biochance-Plus）计划；⑤高技术创办者基金。四为纳米技术规划，专注成果转化方面，将纳米技术推广到多种关键技术领域中，具体规划为：①营造应用领域；②改善框架条件；③“纳米颗粒对健康和环境的风险”战略课题；④通报社会；⑤认定未来研究的需求。五为材料技术规划，期望通过新材料提高德国工业领域的竞争力，具体规划为：①集约型材料和工艺；②可再生原料计划；③“材料模拟”创新平台；④“INUMA”德法合作项目。六为生产技术规划，旨在保持和继续扩大德国在机器生产、装备等方面的领先地位，具体规划为：①德国信息与研究联盟；②“明天的生产研究”计划重点资助“纳米技术投产”项目；③“德国制造业”技术平台；④“专科高等院校的研究”计划；⑤“中小企业-创新”（KMU-Innovativ）资助计划。七为微系统技术规划，通过微系统技术为更多智能产品做出贡献，具体规划为：①联邦教育与研究部对微系统技术中心的资助；②“磁性微系统”创新平台中心资助；③智能植入物；④微系统技术的有机功能系统；⑤微系统技术的微纳米集成；⑥自动联网的传感器系统；⑦磁性微纳米技术。八为宇宙技术规划，旨在扩大德国在地球勘探方面的作用，具体规划为：①TerraSAR-X 雷达成像卫星；②商用 RapidEye 小型卫星；③国家宇航计划新任务；④欧洲空间局的 GMES 宇航组件研制。

在选定科技规划优先发展领域后，需要对规划预算进行编制，高技术战略的预算编制是以自下而上的方式进行的，预算资助采用项目资助与机构资助两种资助方式。其中，项目资助是在德国议会审议后，由财政部负责拨款至各联邦部门。预算编制过程分为编制与汇总、审计与修改、审议与决议三个阶段，需要说明的是，各部门的预算需求应在截止日期前汇报给财政部，并由政府整理汇总形成预算草案，而联邦审计署的职责是对该草案的合法性、合规性等进行审计，在此过程中财政部也可以与各部门进行协商，最终由德国联邦内阁对草案进行审议，审议通过后财政部方可拨款（陈佳和孔令瑶，2019）。

6.3.4.2 德国 2006 年高技术战略实施进展

德国高技术战略的治理结构可分为决策层、管理层以及最后的执行层，高技术战略的决策层由德国联邦政府与德国联邦议会两部分构成。其中，德国联邦政府包括其下属的联邦教育与研究部、联邦食品和农业部、联邦数字化和交通部，以及联邦环境、自然保护和核安全部等，而联邦议会由联邦议院与联邦参议院构成。管理层由德国科学基金会和其他专业管理机构构成，其中德国科学基金会属于国家级专业管理机构，其在 2006 年曾承担“德国大学卓越计划”的管理工作，而其他专业管理机构则是高技术战略的主要评估部门，主要负责高技术战略项目的监督与评估，以及成果转化等任务。高技术战略的执行由高校、企业及科研机构进行推进，三者共同构成了高技术战略的执行层（陈佳和孔令瑶，2019）。德国高技术战略形成较为稳定的管理模式，2007 年 11 月，德国联邦政府发布《德国高技术战略进展报告》，该报告是对德国 2006 年高技术战略实施进展的总结，通过该报告可以较为全面地掌握德国高技术战略的执行情况和所获得的阶段性成果。

在规划进展层面，德国高技术战略的事中监测评估主要围绕战略规划的三大目标开展，三大目标为：①开辟主导市场；②联合经济界和科学界两大力量加速新产品和服务产业的市场引入；③改善跨技术框架条件，给予科研人才更多自由权利[①]。

在开辟主导市场目标下，高技术战略使德国产生未来最重要领域的主导市

① 德国高技术战略实施进展[EB/OL]. https://news.sciencenet.cn/html/showxwnews1.aspx?id=204339 [2024-03-24].

场。第一，德国高技术战略明确了规划新的优先发展重点。在优先发展领域遴选的基础上，战略规划提出了新的明确目标。例如，在健康领域，德国政府通过“制药计划”改进了德国制药业的框架条件；在气候领域，德国作为欧盟轮值主席国，推动欧盟达成新的气候保护目标。第二，德国高技术战略注重创新成功的前提条件。德国开发了如材料、光学技术等横向技术，并制定此类横向技术的前提方案，德国将资助重点转向技术应用范围与经济提升领域。例如，在纳米技术上，德国通过“纳米行动计划 2010”捆绑了德国联邦政府相关部门的研发活动，使纳米技术更顺利地推广到德国所有的关键行业；在环境技术上，德国联邦环境部和联邦教育与研究部通过捆绑相关活动计划，促进了环境技术的研究、应用及传播。第三，德国高技术战略促进新的战略伙伴关系形成。德国在实施高技术战略一年后，在科学界形成一批新的创新联盟。例如，在“OLED”项目中，相关联盟企业为该计划投入了 5 亿欧元，德国联邦教育与研究部提供 1 亿欧元的资助；在安全的智能化交通中，德国政府与汽车制造商、供应商和远程通信企业合作推动了 SIM-TD 项目，联邦政府方面主要由联邦教育与研究部、联邦经济技术部等参与该计划。

在联合经济界和科学界两大力量加速新产品和服务产业的市场引入目标下，高技术战略使德国经济界和科学界紧密结合在一起。第一，德国高技术战略加强了德国尖端集群的建设。2007 年 8 月，德国启动国家尖端集群竞赛活动，通过该竞赛选出德国最具潜力的研发集群，经济界和科学界拟定了寄希望于集群各自实力和集中发掘并创造研发与创新潜力的共同战略。第二，德国高技术战略改善了中小企业与研究机构的合作关系。中小企业核心创新计划（Zentrales Innovationsprogramm Mittelstand，ZIM）涉及对中小企业的资助，这一资助计划用以推动中小企业的尖端研究，在高技术战略实施的这一年中，已有五项创新项目获得 KMU-Innovativ 计划的研究资助，且德国联邦政府不断扩宽资助渠道，在 2007 年 2 月推出中小企业与公共研究机构开展集约型研发合作的“科研奖”，10 月启动了公益性研究机构的“科研奖”。第三，德国高技术战略加大高校向企业的技术转让竞争。德国联邦政府通过“高等院校和企业间的技术转移”的竞争机制以及“知识与技术转移计划竞赛”等，推动经济界与科学界的融合，促进高校将其研究成果迅速转移至经济界。第四，德国高技术战略加强德国联邦政府核心竞争力。德国联邦政府为持续获得科学界及经济界的人才，与东部各州合作并启动了“东部创新对话”，双方共同制定了关于德国东部的持续创新政策方案。

在改善跨技术框架条件，给予科研人才更多自由权利目标下，高技术战略为德国创新的实现创造自由空间。第一，德国高技术战略降低了投资门槛。2008年，德国进行企业税改，降低企业税额，并改善了中小企业的折旧管理制度，从而增强企业创新投资的信心。第二，德国高技术战略动员了私人资本。扩大高技术创始人基金从而促进了创新企业的创办，2007 年 7 月德国联邦议会提高了主要财产捐助税的额度，以此来资助专注于科学研究的民间性质的组织基金会。第三，德国高技术战略规定了新的知识产权。德国联邦、州和城镇所签订的公共采购原则是：在同等经济利益条件下，首先要为创新型的产品和服务开道。

6.3.4.3 德国 2006 年高技术战略发展方向与任务

对德国 2006 年高技术战略的实施进展进行评估，依据所得评估结果对高技术战略今后发展方向与任务进行部署。总的来说，在规划成效层面，德国高技术战略给了德国企业打开未来技术市场大门的机会；在资金方面，德国越发重视对科技研究与发展的投入，2007 年德国科技研究与发展投入由 2006 年的 405 亿欧元提升至 418 亿欧元；在就业方面，从事科学研究与发展的人员呈增长态势，至 2007 年已达到 31 万人。

未来发展方向：第一，德国政府坚持实现里斯本会议确立的 3%目标。2008 年度计划研究与发展支出预算达到国内生产总值的 2.7%。第二，各州政府要向 2008 年研究与发展支出预算达到国内生产总值的 2.7%的目标迈进，这一目标到 2010 年计划提升至 3%，同时要注重研究机构与高校科研创新的自由度，并继续推动跨政策范围的创新战略，鼓励企业的科研与市场建设紧密相连。第三，德国联邦政府对经济界增加研发经费支出方面作出进一步要求，并期望通过高技术战略改善企业在技术市场上的框架限制。通过八国集团首脑会议，德国“促进创新—保护创新”主题被提上国际议事日程，气候变化和能源效应被列为主要议题，重要的发展中国家如中国、巴西、印度、墨西哥和南非等也参加了这次对话，参与国对今后的科学技术合作、经济市场吸引力等问题交换意见，共启计划。

未来任务：第一，加强科研机构和高校的自由度与灵活性。德国联邦政府为领域专家、科研人才及科技后备力量创造有利条件，德国将颁布的《科学自由法》拟定三项重点，即给予德国科研机构和高校更多的自由空间、更多的国际合作以及更多的国际联网建设。第二，培育科学技术专业力量。德国政府通过“资格培训计划”加强了对学龄前儿童、高校学生、科研人员、妇女劳动力等的培育，并努力创造更有人才吸引力的机制框架。第三，推进主导市场建设。德国联邦政府今后继续通过如创造竞争环境、构建新战略伙伴关系，以及改进框架条件等方式，加大研究与发展私募资金的力度。同时，政府对创新机制还应进行充分检验与评估，依据“研究联盟”的建议优化需求。第四，发挥企业科研力量。通过对经济合作与发展组织成员国的研究发现，税收优惠是发展科研资金的有力手段，能够大规模动员中小企业的私人研究，德国政府正拟定“税收资助模式”，并将于 2008 年完成。

6.3.4.4 德国《高技术战略 2025》行动领域与实施进展

自 2006 年德国发布《德国高技术战略》以来，德国每四年对高技术战略进行一次调整，在 2010 年和 2014 年分别推出过两个更新版本；2018 年，德国联邦内阁通过《高技术战略 2025》。本次规划通过事前评估，确定了三大行动领域，共包括了 12 个优先发展主题（孙浩林，2018）；2019 年 9 月，德国联邦教育与研究部发布《高技术战略 2025》的进展报告。其中，高技术论坛是高技术战略的顾问委员会，由 19 位来自学术界、经济界和社会的专家组成，对《高技术战略 2025》就今后发展与实施进行充分讨论。三大行动领域及实施进展如下。

1）解决社会挑战

在该领域下，高技术战略提出了六大优先发展主题，分别为健康和护理主题，可持续性、能源和气候主题，交通主题，城市和乡村主题，安全主题，以及经济和工作 4.0 主题[①]。

① 德国“高科技战略 2025”内容概要[EB/OL]. http://m.mofcom.gov.cn/article/zwjg/zwdy/zwdyoz/201901/20190102828287.shtml[2024-06-18].

（1）健康和护理主题存在两项重点任务。①抗击癌症。通过联合科、产、学、研，致力于减少癌症患者的发病率，延长患者存活时间，并提高生活质量。同时，在研究中注重癌症的预防，通过临床研究，开发预防和配套治疗措施。②智能诊治。德国将继续致力于数字化卫生系统的发展，并通过数字化技术进行智能诊治。到 2025 年，德国高校的附属医院将实现电子档案的管理，同时对患者数据进行保护。

（2）可持续性、能源和气候主题存在四项重点任务。①显著减少塑料对环境的危害。德国致力于研究各类方案减少普通塑料对地球和生态系统造成的危害，并要在 2025 年实现以生物基础材料为原料的塑料可循环生产。具体措施包括材料利用率提升、可回收设计、塑料垃圾回收率提升等。需要说明的是，德国还积极呼吁世界其他国家共同抵制塑料垃圾。②减少工业温室气体排放。德国高技术战略将工业温室气体排放的目标设置为：减少 80%～95%工业二氧化碳排放量（相对于 1990 年），并增加相关领域的就业机会，提高就业率。③循环及可持续发展的经济体系。在 2030 年，总资源生产率相对于 2010 年提高 30%，以数字化经营模式为基础，实现传统线型经济发展到资源可循环利用型经济的转换。④保护生物多样性。通过创新技术工具与指标，准确评估德国生物多样性的损失。同时，德国政府也发挥其主动性，从而避免生物多样性的进一步减少。

（3）交通主题存在两项重点任务。①电池制造。重点在保证自主知识产权的基础之上，完善德国电池的产业链，并支持德国建造电池制造基地。②安全、互联和清洁的移动网络。在自动驾驶和智能互联网等新型移动技术的出现，以及新型服务和基础设施需求的背景下，德国需要更为安全、互联和清洁的移动网络，同时在发展过程中要考虑个性化、多样化、数字化和气候环境保护化等多方面因素。

（4）城市和乡村主题存在一项重点任务，即要提高生活质量和就业水平。德国的地区和社会发展不均衡，这主要是由于经济结构、人口变化、气候变化等原因。数字技术发展可提高经济结构薄弱地区的就业率，并为之带来较强的吸引力。到 2025 年，德国要将创新作为经济增长、完善就业和提高生活水平的最强驱动力。

（5）安全主题下，德国注重研究数字化和人工智能在安全领域的机遇和挑战，在交通、医疗等关键基础设施领域创新 IT 解决方案。

（6）经济和工作 4.0 主题则注重通过数字化转型，为公民带来新工作机遇，德国联邦政府也在高技术战略中采取一系列措施，如“未来生产、工作和服务创新研究计划”等。

2）发展未来影响力

在该领域下，高技术战略提出了三大优先发展主题，分别为技术基础主题、专业人才基础主题和社会参与主题（孙浩林，2020）。在技术基础主题方面，德国联邦政府在高技术战略规划下出台了一系列关键技术研发计划，典型计划如“人工智能行动计划”“量子技术行动计划”“电池生产研究顶层计划”“从生物学到创新议程”“ErUM-Data 数据行动计划”等。在专业人才基础主题方面，德国主要以联邦政府与高校、研究机构联合，并以公约的形式推进专业人才的发展，典型公约如《加强大学教学水平公约》《研究与创新公约》等，联邦和州政府还每年将 1.5 亿欧元用于高校教学的创新项目和知识转化。在社会参与主题方面，德国高技术战略注重公民科学的发展，如在“公民科学资助措施”中支撑了 13 项试验性项目、“高技术战略 2025”的顾问委员会的高技术论坛设置公民社会代表等。

3）树立开放创新和风险文化

在该领域下，高技术战略提出了三大优先发展主题，分别为促进知识转化主题、增强企业家精神主题、充分利用知识和创新网络主题。在促进知识转化主题方面，出台了如“更多想法-更多成功”转移计划、“商业模式和解决方案创新计划”、“未来集群计划”等计划，以及建立数字试验区、农业数字化能力网络等基础设施来促进德国开发创新和风险文化发展。在增强企业家精神主题方面，德国联邦政府不仅通过税收优惠等手段促进企业研究工作，还通过计划、基金等手段直接支撑企业的创新活动，如启动创业攻势“GO!”行动、扩大“未来技术投资基金”规模、增加“ERP 数字化和创新贷款”的贷款额度等。在充分利用知识和创新网络主题方面，德国注重自身国际影响力的提升，如联邦政府和州政府通过《研究与创新公约》决定在 2021～2030 年加大对除大学外的研究机构的拨款，同时确定“卓越大学”名单，以及“国家研究数据基础设施计划”等来增强德国国际竞争力和吸引力。

6.3.5 德国科技规划评估与结果管理对我国的启示

第一，建立评估结果公开机制，允许多元主体参与编制。德国科技规划评估活动中，评估组织者需要将评估结果对公众进行公开，公众若对评估结果真实性产生怀疑，可发挥其监督作用。同时，在科技规划编制过程中，除各领域专家外，社会工作也有广泛的参与渠道。我国科技规划评估结果的公开相对较少，评估结果往往仅供内部使用，而忽视公众对评估结果的外部监督作用，应配套设立公众反馈机制，鼓励多元主体包括公民、企业、非政府组织等依据评估结果，对科技规划评估工作进行积极讨论，提出宝贵意见。我国在科技规划编制过程中，较为依赖专家的力量，而公众参与评估工作的渠道相对狭窄。因此，拓宽公众参与科技规划编制的路径至关重要，应打破传统上过度依赖专家智库的局限，构建多维度、多层次的参与体系。通过设立公众咨询委员会、利用在线平台征集意见、举办公众论坛等形式，为公众提供发声渠道，让科技规划更加贴近群众、反映社会期待。

第二，给予科研院所更大自主权。德国《基本法》强调科研活动的自由，德国政府对科技规划涉及的科研院所干预较少，虽然科研机构得到政府的财政拨款，但其在法律上独立于德国政府，因此法律替代了政府的约束行为，使得德国科研院所在科技活动中的自主性大大增加。我国科研院所自主权虽然在不断扩大，但其中大部分机构的行动约束仍然存在，在科技规划评估过程中，其评估的独立性受到限制，因此得到的评估结果的客观性也会随之受到影响。因此，可进一步制定科研院所章程，以法律形式替代政府行为的管束，解放科研院所的活力，使政府行为停留于规范、监督等方面的指引作用。

6.4 日本科技规划评估与结果管理的主要经验

6.4.1 日本主要科技规划评估组织机构

日本科技评估工作开始于20世纪40年代末，最初聚焦于技术项目评估。

直到 20 世纪 60 年代初，随着政府推出大规模的研究开发项目，日本建立了科技审议制度。1983 年，日本设立了技术评价分委员会，标志着日本科技评估工作在组织层面更进一步。日本科技评估机构从高至低可划分为四个层级。第一层级为综合性科技评估机构和由国家直接管理开发的事业评估机构，附属总理府、日本科学技术会议政策委员会。国家层面的科技规划主要由本层级机构负责，其中以综合科学技术创新会议为核心。第二层级为专业性评估机构，通常附属各省厅。例如，文部科学省下设的基本计划特别委员会对日本《科学技术基本计划》的实施进行评估。政府智库科学技术振兴机构研究开发战略中心（JST-CRDS）通过调研为日本政策决策提供国内外数据信息和文字情报。第三层级为企业评估机构，如富士通等。第四层级为各研究机构的里层评估机构，如日本原子能研究所、日本理化研究所设立的顾问委员会。

日本科技规划以集中管理为其体制特点，最为核心的评估与结果管理机构为内阁级别的综合科学技术创新会议。其历史沿革分为三个阶段，第一阶段为 1959～2000 年的科学技术会议（CST）。第二次世界大战后，日本的科学技术管理体系主要由科技厅、文部省与其他省厅等部门构成，多部门的分权在互相制约的同时，致使日本整体规划的决策缺乏全局观，为协调全国科学技术体系，根据《科学技术会议设置法》成立了科学技术会议。第二阶段为 2001～2013 年的综合科学技术会议（CSTP）。为实现对日本科学技术政策的统筹管理，并促进科学技术与社会科学、人文科学等融合，2001 年日本对科学技术会议进行改组，调整为综合科学技术会议。第三阶段为 2014 年至今的综合科学技术创新会议（CSTI），日本面临国际竞争力不足的危机，学生对理科教育疏离，科技人才供给不足等问题层出不穷，为进一步统筹科技资源、加强科技政策制定，综合科学技术会议于 2014 年改组为综合科学技术创新会议。自此综合科学技术创新会议成为推动日本科技创新政策的司令部，解决了行政机关的职权分割等问题，强化了政府主导作用。

综合科学技术创新会议从宏观层面对全国科技创新进行调控，是日本最高的科技咨询审议机构，负责审议重大科技战略和政策方针、分配科技资金与配置科技资源、推进并评估日本重点科技项目，以及营造研发成果转化的良好环境等。日本内阁专设特命科学技术政策担当大臣、科学技术政策担当副大臣、科学技术政策担当大臣政务官，负责综合科学技术创新会议相关事项，内阁总理大臣和科学技术政策担当大臣领导综合科学技术创新会议。综合科学技术创新会议由理事会和专门调查会两部分构成（李瑾，2021），具体来说，理事会由首相担任会长，主要职责是对国家科技创新战略进行相关决策；专门调查会则主要负责科技创新战略规划的评估等一系列活动。综合科学技术创新会议的存在主要发挥三方面的作用。第一，发挥日本战略规划引导作用。综合科学技术创新会议负责日本每五年一期的《科学技术基本计划》的审议，并在不干预具体研究的前提下，发挥综合科学技术创新会议对战略创新推动项目和革命性研究开发推进项目的宏观决策与服务作用。第二，加强科技资源有效配置。日本内阁中，科学技术创新预算战略会议提出的科技创新预算由综合科学技术创新会议审议，综合科学技术创新会议统筹分配至各相关省厅与研究机构，需要说明的是，自 2014 年综合科学技术会议的改组，日本科学技术的预算制定由原先综合科学技术会议进行相关预算编制的自上而下制定，改为由各部门提交自身预算需求的自下而上的审议体制。第三，开展机构与项目评估。对于重大研究开发项目，由综合科学技术创新会议中的专门调查会进行相关评估活动，促进科技创新成果实现转移转化。

6.4.2 日本科技规划评估与结果管理法律制度

自 20 世纪 90 年代起，日本开始重视法律对科技规划及评估的重要性。1995 年日本国会通过《科学技术基本法》，明确了科技评估的地位，规定日本必须每隔五年制定《科学技术基本计划》，并于 1996 年开始制定为期五年的第一期《科学技术基本计划》。1997 年，为建立开放性评估体制的基本框架，通过《国家研究开发通用评价方法实施大纲指南》（2001 年更名为《国家研究开发评价指南》），指明科技规划评估主体为独立于被评价机构和评价委托机构的第三方。2001 年，为准确评估科技政策效果，日本颁布科技评估的法律基础《关于行政机关实施政策评估的法律》，规定政府必须在规划实行 3 年后对规划的实施情况进行评估，根据评估结果采取必要措施，2005 年日本政府修订了《关于政策评价的标准指南》《政策评价基本方针》，三者共同搭建了日本政策评价的基本法律体系。2005 年日本颁布《文部科学省研究开发评价指南》明确规定了具体科研项目的评估原则、评估标准和评估程序；2007 年，日本颁布《执行政府政策评估法案的条例》《实施政策评估的基本指南》等相关法案；2010 年，日本出台《政策评估的信息公开指南》，为各行政主体开展政策评估提出了更加具体的要求和更详细的指导。2020 年，日本对原《科学技术基本法》进行修订，鉴于科学、技术、创新三者变得愈加密不可分，日本将创新创造纳入了《科学技术基本法》的推广范围，更名为《科学技术创新基本法》，随之《科学技术基本计划》在第六期时更名为《科学技术创新基本计划》。

6.4.3　日本科技规划评估与结果管理协调机制

总的来说，日本科技规划评估通常在上一期规划实施中就已经开展，其评估目的并非为了追责，而是希望通过评估掌握规划的实施情况，为科技规划的动态调整和下一期的规划编制提供参考，可以说日本科技规划评估实现了“制定—实施—评估—制定”的有机衔接，日本科技规划评估与结果管理有三方面特征[①]。

（1）科技规划目标体系完备，规划评估框架具有针对性。如我国一样，日本也存在宏观层面的科技战略目标，通过对日本科技战略目标的细化分析，遴选科技规划优先发展领域，确定重点发展对象。由综合科学技术创新会议下设的科技创新政策推进专门调查会围绕体制改革、基础研究、人才培育等课题进行系统评估；由综合科学技术创新会议下设的重要课题专门调查会围绕“能源战略专题”“复兴再生战略”“区域资源战略”等进行专题评估。

（2）评估渠道广泛多样，评估实践合理公正。日本科技规划评估从两个层面开展，即综合科学技术创新会议的自上而下评估，以及相关省厅的自下而上参与。综合科学技术创新会议的自上而下评估是指综合科学技术创新会议作为内阁级别的科技决策机构，在中长期视角下，科技创新政策推进专门调查会负责开展对评估调查的审议工作，自上而下对涉及的省厅提出相关建议；相关省厅的自下而上参与是指如文部科学省、经济产业省等在内的省厅、学界、政府智库等主体能够广泛参与科技规划的评估活动。

① 中国科协创新战略研究院创新研究报告[第 17 期（总第 512 期）][EB/OL]. https://www.cnais.org.cn/cms_files/filemanager/kxcxzlyjy/uploads/admin/202208/62fdaca807fce.pdf[2024-06-07].

（3）旧一期规划评估结果服务于新一期规划制定工作，规划之间紧密相连。日本科技规划评估很少以宣扬成果为目的，而是多将要改进的问题作为评估重点，这也是其《科学技术基本计划》能够连续滚动制定的重要前提。例如，在第四期《科学技术基本计划》对环境专题进行评估报告审议的同时，根据环境专题的评估报告结果，紧接着对第五期《科学技术基本计划》的环境专题展开调查。

在评估与结果管理方面，日本科技规划在编制阶段、实施阶段以及评估阶段均有所涉及，以 PDCA 评估管理模式为主，应用于各环节。

第一，科技规划编制阶段的精细筹备与前瞻布局。科技规划编制阶段，内阁政策统括官与文部科学大臣协助内阁总理通过综合科学技术创新会议主导《科学技术基本计划》，在科技规划编制开始，首先进行科技规划事前评估，通过专家调查方法、文献计量方法等对国内外科技发展现状进行调查研究，获取事前评估结果，并以此为依据确定本期科技规划的方向、优先发展遴选领域、科技资源（主要为政府预算）配置等问题，编制过程中通过各部门对编制问题的不断反馈，及时对编制内容进行调整。

第二，科技规划实施阶段的精准执行与动态监控。综合科学技术创新会议继续发挥其核心作用，负责科技规划实施的总体协调与监督。为了确保执行效果，日本建立了分层评审和分级评审的评估体系。分层评审根据评估主体的内外属性进行划分，既考虑了上级管理机构的宏观指导，又兼顾了本机构内部的自我评估；分级评审则依据评估主体的等级层次，分为综合科学技术创新会议评审、省厅评审和项目内部评审三个级别。科技规划执行过程中始终遵循动态调整机制，通过设立监督执行情况工作小组，监督各部门执行情况、跟踪执行进程获得执行情况反馈报告，在此基础上总结科技规划事中评估结果，对科技规划的执行给予效果反馈，从而在社会、经济、政治不断变动的环境下保障科技规划的顺利执行。

第三，科技规划评估阶段的总结反思与未来展望。在科技规划评估阶段，通过对本期科技规划成效进行总结，主要考察实施效果，包括对经济、社会等方面产生的直接效果，对环境等产生的间接效果与溢出效果，以及对直接利益相关者带来的影响等。利用评估结果制定新一期科技规划，如日本综合研究所对第一期、第二期《科学技术基本计划》进行全面调查评估，以此制定了第四期《科学技术基本计划》，需要说明的是，在此过程中日本的民间智库组织为科技规划评估相关工作也贡献了重要力量。

6.4.4 日本《科学技术基本计划》评估与结果管理分析

《科学技术基本计划》是日本政府必须强制制定的科学技术振兴基本计划，至今已经发布至第六期。日本的《科学技术基本计划》是较为典型的包含事前评估、事中评估与事后评估的全流程评估。

6.4.4.1 第一期、第二期《科学技术基本计划》评估与结果管理

第一期《科学技术基本计划》是日本在应对产业发展需求和全球性挑战的背景之下制定的，日本内阁总理大臣于 1995 年召开第 54 次科学技术会议全体会议，向日本内阁总理咨询机构科学技术会议提出咨询。1996 年，日本科学技术会议对此进行答复，同年，日本内阁会议审议通过了第一期《科学技术基本计划》。客观来说，第一期《科学技术基本计划》的编制过程较为简单，且无复杂的管理机制进行约束，是以意见征求为主要编制方式制定的规划。规划的重要内容可分为两部分。第一，改革科研体制。这要求日本建立新的研发体系，并重点营造适宜的科研环境。第二，增加研发投资。规划要求到 21 世纪，日本政府的研发投入要累计达到 17 万亿日元（王玲，2017）。由于科技规划事前评估与事中评估的缺失，第一期《科学技术基本计划》的效果并不如意。由于前期工作准备不足，第一期《科学技术基本计划》编制内容并不完善，中央预算也因此明显失衡，在对大学的研究成果事后评估中，评估人员对公众进行调查采访，一半左右的受访者认为优秀的成果相较其余成果数量过少，四分之一的受访者认为研发的速度过慢，且研究过时[①]。

第二期《科学技术基本计划》吸取第一期《科学技术基本计划》的缺点（如缺乏方向，缺少推进重点等），在第一期《科学技术基本计划》实施三年后开始研究制定内容，包括对第二期《科学技术基本计划》的优先发展领域进行

① [日本的科技政策]（五）第一次基本计划的实施碰到诸多问题[EB/OL]. https://www.keguanjp.com/kgjp_keji/kgjp_kj_etc/pt20191015060003.html[2024-10-15].

遴选（生命科学、信息通信、环境、纳米技术和材料等领域），且在研究经费分配中引进严格的评估方法。

日本第一次《科学技术基本计划》评估是在 2003 年经过日本综合科学技术会议授权后，由日本文部科学省科技学术审议会对第一期和第二期《科学技术基本计划》开展的共同综合评估，主要由文部科学省下属的科技政策研究所负责组织实施。采用“专题调研+综合评估”的模式，从规划的重要方面入手进行专题调研，然后在此基础上进行综合评估。本次评估共存在八个专题，可以划分为四个方面（表 6-3）。第一，目标实现，《科学技术基本计划》中提出的定量目标完成情况。第二，实施进展，①《科学技术基本计划》政府研究开发投资内容分析；②科技人才培养计划的实施情况与问题；③产学研合作与区域创新相关政策的实施情况与问题。第三，产出与成效，①科技研究产出的定量定性评估；②科技振兴对经济、社会、国民生活贡献的评估；③《科学技术基本计划》成果的内容分析。第四，国际比较，主要国家政策动向调查及《科学技术基本计划》达成效果的国家比较分析（陈光等，2015）。

表 6-3　日本第一次《科学技术基本计划》的评估目的

评估四大方面	评估八大专题
目标实现	定量目标完成情况
实施进展	政府研究开发投资内容分析
	科技人才培养计划的实施情况与问题
	产学研合作与区域创新相关政策的实施情况与问题
产出与成效	科技研究产出的定量定性评估
	科技振兴对经济、社会、国民生活贡献的评估
	成果的内容分析
国际比较	主要国家政策动向调查及《科学技术基本计划》达成效果的国家比较分析

在评估方法方面，日本第一次《科学技术基本计划》评估主要采用文献计量方法，如在产出与成效评估方面的科技研究产出的定量定性评估专题中，对科技论文、专利开展文献计量评估，评估主要基于美国科学信息研究所的 NSI、SCI 数据库展开，并利用论文增长率、引用率等指标辅助评估工作的进行，以此来分析 1991～2001 年各主要国家论文数量的全球占比。就日本自身

的科技论文而言，评估通过分析日本的高水平论文，对规划确定的重点领域、学科及不同的研发机构进行交叉分析；专利方面则利用日本专利局、世界知识产权组织（WIPO）、美国国际技术指标数据库（ITID）对日本历年专利的情况进行分析。同时，在产出与成效方面的科技振兴对经济、社会、国民生活贡献的评估专题中，日本灵活运用案例分析方法，以 32 项影响重大的技术为案例，对其将对日本产生的效益进行预测评估。具体而言，主要针对第二期《科学技术基本计划》中的 920 个技术课题通过结合专家意见与问卷结果，以及询问文部省（现文部科学省）专业司局意见等方法，选取其中重要的技术共 310 项，并据此按领域向相关的科研人员、企业工作人员进行调查，选择各个领域内“该技术将影响已经实现的技术”和“该技术将影响未来实现的技术”排名较前的技术，以此获得 32 项技术作为案例重点，最终多以面访的形式获得评估结果。

在评估结果管理方面，本次评估的结果仅属于事后评估结果，且对第三期《科学技术基本计划》的衔接作用较弱，可以看作是对第一期、第二期《科学技术基本计划》的总结，因此客观来说，本次评估并未明确重点领域与规划目标的关联关系，也未形成系统有效的规划实施机制。

6.4.4.2 第三期《科学技术基本计划》评估与结果管理

日本第三期《科学技术基本计划》于 2006 年开始执行，2005 年日本科学技术政策研究所公布了规划的中期归纳意见。第三次规划彰显了日本科技发展的三大理念。第一，通过创造知识、运用知识为世界做贡献。通过科学研究创造出新知识，并运用这些新知识解决面临的各类问题。同时，通过将这些知识向世界传播、解决人类共同面对的问题，提高世界各国对日本的依存程度。第二，具有国际竞争力、可持续发展的国家。通过创造具有高附加值的物品或服务、切实保证就业机会来提高日本以产业技术能力为代表的国际竞争力，通过保证持续发展提高国民生活水平。第三，安全、稳定、生活质量高水平的国家。维护老龄社会中的国民健康水平，减少灾害造成的损失，稳定供给食品、能源，协调地球环境与经济活动的关系，维持稳定的国际关系①。在三大理念

① 日本第三个科学技术基本计划的重要政策摘要[EB/OL]. https://www.nsfc.gov.cn/publish/portal0/tab440/info59632.htm[2024-10-28].

下，本次规划设置了具体的六项规划大目标和十二项规划中目标（陶鹏等，2017），具体如表 6-4 所示。

表 6-4 日本第三期《科学技术基本计划》规划目标

规划理念	规划大目标	规划中目标
通过创造知识、运用知识为世界做贡献	产生飞跃性的知识发现	发现和阐释新的原理或现象； 创造孕育技术革新的知识
	突破科学技术的界限	以世界高水准项目牵引科技
具有国际竞争力、可持续发展的国家	环境和经济的和谐共处	解决地球变暖、能源稀缺问题； 实现环境和谐和循环社会
	实现不断革新、强韧的经济与产业	实现令世界倾倒的泛在网络社会； 实现制造领域世界第一的国家； 通过科学技术强化取胜世界的产业竞争力
安全、稳定、生活质量高水平的国家	公民健康的生活	克服困扰国民的疾病； 实现人人都能健康生活的社会
	以安全为豪的国家	确保国土和社会的安全； 确保生活的安全

通过前期的准备工作，第三期《科学技术基本计划》遴选了生命科学、信息通信等八大重点领域，相较第一次规划评估的四个方面，第三期《科学技术基本计划》评估在此基础上有所拓展，评估分为五个方面，共十二项调研专题（表 6-5）。第一，目标实现，包括面向《科学技术基本计划》完成情况评估的数据收集调查。第二，实施进展，包括①国内外科技人员访谈调查；②科技人才调查；③大学高校、研究生院教育调查；④创新系统调查。第三，产出与成效，包括①创新的经济分析；②政府投资的产出成果调查。第四，国际比较，包括①世界主要国家科技政策动向分析；②日本与世界主要国家投入产出比较分析；③特定研究组织的综合标杆对比调查；④日本大学的系统分析。第五，前瞻研究，包括第四期《科学技术基本计划》应重视的新科学技术研究（陈光等，2015）。与第一次评估相比，日本第三期《科学技术基本计划》评估更加注重了“向后看”，同时增添了“左右看”的新视角，注重本国与其他各国的比较分析。

表 6-5　日本第三期《科学技术基本计划》的评估目的

评估五大方面	评估十二大专题
目标实现	面向《科学技术基本计划》完成情况评估的数据收集调查
实施进展	国内外科技人员访谈调查
	科技人才调查
	大学高校、研究生院教育调查
	创新系统调查
产出与成效	创新的经济分析
	政府投资的产出成果调查
国际比较	世界主要国家科技政策动向分析
	日本与世界主要国家投入产出比较分析
	特定研究组织的综合标杆对比调查
	日本大学的系统分析
前瞻研究	第四期《科学技术基本计划》应重视的新科学技术研究

在评估方法方面，除了使用大量的文献计量方法，第三期《科学技术基本计划》评估还广泛运用标杆分析方法，如在国际比较方面中的特定研究组织的综合标杆对比调查专题中，在对大学竞争力的评估中，将美国加州理工学院作为标杆，以日本国立理工科高校——东京工业大学和私立理工科高校——东京理科大学作为评估对象，进行对标分析。此外，第三期《科学技术基本计划》提出“在大学中建成 30 项世界级研究中心”的规划目标，对此规划评估，在生命科学领域将德国马克斯·普朗克免疫生物学和表观遗传学研究所作为标杆，以日本大阪大学的免疫学前沿研究中心作为评估对象，开展标杆对比评估。第三期《科学技术基本计划》的评估方法还有一个特点，就是围绕“全要素生产率”（TFP）这一指标展开评估分析，如依据经济合作与发展组织等项目的宏观历史数据，分析日本全要素生产率等相关指标的增长变化情况，并和美国、英国等国家进行对比。

在评估结果管理方面，首先，规划通过事前评估结果对规划目标进行有效对接。第三期《科学技术基本计划》编制的信息来源与意见征求渠道大幅度拓宽，如日本科学技术振兴机构、日本学术会议、日本经济团体联合会等专业智库为规划的编制提供大量信息咨询服务，并结合日本科学技术政策研究所联合三菱综合研究所与日本综合研究所对第一期、第二期《科学技术基本计划》的事后评估结果，有力助推本次规划编制的前瞻分析。此外，日本公众力量也得到发挥，通过科技中长期发展的俯瞰式预测调查，获取了 4000 多名人员的意见建议，最终形成了“理念—规划大目标—规划中目标—规划个别目标—研发目标”的规划目标链条。

其次，规划通过事中评估结果实现了规划执行的优化调整。在第三期《科学技术基本计划》的执行过程中，各研发课题的研发目标、成果目标都明确了具体的责任分工部门，各部门需要对归口课题的中期研发目标和最终完成情况负责（陶鹏等，2017），且第三期《科学技术基本计划》要求在规划执行过程中的每年年底对实施情况进行跟踪评估，从而便于规划的动态调整和优化管理。为此，日本综合科学技术会议在 2008～2009 年专门对规划进行了中期评估，日本政府也专门颁布《关于国家研究开发评价的大纲性指针》，要求科研项目实施前对目标有效性以及实施后对目标实现程度进行评估，各省厅也据此制定本部门评估指南。

最后，通过本次规划的事后评估结果，为第四期科技规划应重视的新科学技术研究提供了前瞻性指引。

需要说明的是，第三期《科学技术基本计划》评估是一次非常具有日本科技规划评估特点的评估，其历经了事前评估、事中评估和事后评估三阶段全过程评估，从总体流程上看，其构成了一个完整的 PDCA 循环，这一循环在第四期《科学技术基本计划》中得到了更为广泛的应用。

6.4.4.3 第四期《科学技术基本计划》评估与结果管理

以重点领域为导向的第三期《科学技术基本计划》因其规划重点领域的过于细分和数量繁多受到各方批评，世界各学派认为以单一技术作为规划研发的思想已经不再适用当今潮流，加之前三期《科学技术基本计划》涉及的各领域间交叉较少，科研人员交流机会也随之减少，同时，由于“3・11”大地震与福岛核事故的发生，日本迫切需要解决当前面临的问题。在此背景下，第四期《科学技术基本计划》开始编制，由原先的以重点领域为导向转变为以问题解决为导向。

本次规划不再有意地强调单独领域，而是通过跨领域联合的方式对规划进行创新突破，并且本次规划弱化了“改革”的重要性，转而注重各课题实现需要的路径与方法，具体来说，第四期《科学技术基本计划》可概括为“五大目标、三大任务、两大举措”[①]。

五大目标：一是推进灾后复兴与重生，实现未来可持续增长与社会发展的国家；二是实现安全、富裕、高质量国民生活的国家；三是率先致力于解决大规模自然灾害等全球性问题的国家；四是成为以科技为立国之本的国家；五是成为把科技上升为文化培育的国家。

三大任务：一是灾后复兴计划，包括灾区产业振兴、社会基础设施重建、加强灾区实现安居三方面内容；二是绿色创新计划，包括能源供给的低碳化、能源利用的高效化和智能化、社会系统结构的绿色改造等重要课题；三是民生创新计划，包括发展预防疾病的新措施方法、实现安全高效治疗的方式，以及提高高龄、残疾患者的生活质量等课题。

两大措施：一是深化科技管理体制改革，从强化现有体制和构建新体系两方面入手；二是完善科技创新政策，从改革科研资金审查及分配制度、强化研发实施机制、确立 PDCA 在规划中的应用三方面入手。

在第三期《科学技术基本计划》实施至第三年，文部科学省就对第三期《科学技术基本计划》的实施效果进行评估，主要由日本科学技术政策研究所、三菱综合研究所和日本综合研究所负责评估工作，并通过文部科学省科学技术与学术政策研究所举办听证会和日本科学技术政策研究所等智库调研两大方面的渠道为第四期《科学技术基本计划》编制收集资料。

在第四期《科学技术基本计划》的评估实施中，评估工作严格遵循《国家研究开发评价指南》（2012 年版）（甄子健，2015），该指南的评估适用范围包括研究开发施策、研究开发制度、研究人员业绩、研究开发机构等一系列使用日本政府财政经费的相关研发活动，要求规划评估内的各评估主体要不断改进自身的评估工作，具体提出四点要求：①多重研发构造下实现有效评估，旨在通过加强评估主体间的协调能力，避免加重科研人员的压力，并造成科技资源的浪费，具体可通过调整评估方法、评估程序等实现；②明确评估及其应用的

① 科技发展研究第 21 期[EB/OL]. https://wenku.baidu.com/view/7302ad1959eef8c75fbfb362.html?_wkts=1722774061156[2024-11-03].

目的和实施主体，评估需要促进研发管理和进程，这是对评估结果的一种要求，该要求需要使各单位明确“搞清为了什么目的进行评估”“谁来利用评估结果”“评估本身要产生什么效果”“评估涉及主体的权责是什么”等问题；③导入评估电子系统并促进评估信息共享，为了让评估人员的选择更加便利，也为了提高整个评估工作的效率，各实施主体需要将评估信息进行标准化存储（还包括对申请书、书面审查、评估结果公示等文件进行存储）；④提高评估国际化水平，这一要求主要通过引入海外专家参与评估活动，从而增加国际对标来实现。需要说明的是，评估实施中，PDCA 模式在第四期《科学技术基本计划》评估中得到更为广泛的应用，日本构建了从事前评估到事后评估的完整体系，评估结果被应用到评估过程的各个阶段，且评估结果能够及时得到反馈。

在评估结果管理方面，除了遵循第三期《科学技术基本计划》评估结果管理以外，日本《政策评价法》对第四期《科学技术基本计划》提出合理化建议。首先，要建立评估信息公开和共享机制，每年至少以网络或其他方式公布一次规划评估结果，并接受社会监督，尤其注重发挥电子信息系统在评估中的作用。然后，要对评估结果进行反馈应用，要将评估结果运用于规划的编制和实施过程中，提高规划评估的回应性。评估结果是对规划合理性的重要佐证，日本科技规划评估还多注重基本计划的跟踪调查工作，依据规划评估结果可以建议政府相关部门采取适当的必要措施（康捷等，2018）。

6.4.5 日本科技规划评估与结果管理对我国的启示

第一，完善全流程科技规划评估与结果管理体系。日本科技规划评估涉及科技规划事前评估、事中评估、事后评估全流程，这是其科技规划得以滚动实施的保障。我国当前以科技规划事后评估为重，事中评估机制仍在调整，且在科技规划评估过程中，容易忽视事前评估的重要性，导致规划实施过程中可能难以及时应对变化和挑战。

第二，建立分层级的评估与结果管理组织模式。日本建立从上而下与从下而上的组织模式，各级别层层递进且层次分明。中国的科技规划评估主要由政府部门主导，缺乏多元化的评估主体和分层级的评估体系。这在一定程度上限制了评估工作的广度和深度，难以全面反映各方利益和需求。根据科技规划的不同层次和领域建立分层级评估体系，中央政府负责总体规划和重大项目的评估工作；地方政府和科研机构则负责具体项目的评估工作；同时，鼓励企业和社会组织参与相关领域的评估工作，形成上下联动、左右协同的评估网络。

第三，加强评估工作的民主、科学、中立。日本科技规划评估强调民主参与和中立立场，通过广泛征求专家、学者、公众等的意见，确保评估过程的透明度和公正性。我国在科技规划评估中应该继续推动民主参与程度，通过公开透明的评估程序和渠道确保各方能够平等参与评估工作并表达意见和诉求。

6.5　韩国科技规划评估与结果管理的主要经验

6.5.1　韩国主要科技规划评估组织机构

韩国在制定科技规划的过程中采取自上而下和自下而上相结合的方式，即政府确定长远的国家发展目标，并通过技术水平评估和技术预测等方式征求基层专家意见，经过反复调整后再公布和实施科技规划。技术水平评估是对过去和现状的研究，技术预测是描述未来的技术发展途径，以上两项研究工作为韩国科技规划的制定奠定了坚实的基础。国家科学技术审议会（原国家科学技术委员会）作为韩国科学技术领域的最高决策机构，负责审议国家重大科技发展战略规划和科研预算分配方案。鉴于科技规划的多样性、复杂性以及评估的专业性，审议会下设 10 个专门委员会，各专门委员会由政府及民间人士共同组成，负责对提交审议会的科技规划进行审核。

韩国科学技术信息通信部作为国家科技主管部门，是制定韩国国家科技发展政策、战略规划的主体责任单位。韩国科技评估与规划研究院作为其下属机构，负责开展技术预测、科技水平调查研究和评估，协助制定国家科技创新发展规划，是开展科技战略监测评估的主要机构。1999 年 2 月，韩国修订《科学技术创新特别法》，将韩国科学技术政策研究院 70%人员与海外办事处改组，成立韩国科技评估与规划研究院，并直属韩国科学技术信息通信部。具体来说，韩国科技评估与规划研究院进行科技规划评估活动主要借由其内部的副主任办公室进行，其中副主任办公室由以下几部分组织构成：①政策企划科，主要负责国家科技政策的监督和规划研究等；②战略技术规划部，主要负责制定国家战略技术各领域关键技术的技术规划、技术影响评估、技术水平评估等；③业务协调与评估科，主要负责国家研发项目实施与检查自评、国家研发项目专项评估等；④机构绩效创新部，主要负责基金绩效管理及计划资金利用调查分析、国家开发机构支持系统的评估等；⑤金融投资分析部，主要负责对国家研发项目进行初步可行性研究等；⑥IRIS 指导小组，主要负责国家研发项目管理规章及准则研究等；⑦战略规划中心，主要负责未来科学技术政策议程研究等。

2001 年 7 月，随着韩国《科学技术基本法》发生效力，韩国科技评估与规划研究院的职能得到进一步加强（朱雪飞等，2006）：①进行国家研究开发事业状况的调查、分析和评估，如制定国家科技战略，以及进行技术预见、科技评估等；②为国家研究开发事业方向的选择和调整提供事前评估依据，对各部以及具有科技职能的部门所支持的国家 R&D 项目进行调查和分析、对科技部支持的研究机构进行年度评估等；③为国家专项研究工作的计划、管理、评估提供支撑，如管理韩国科学技术信息通信部资助的主要的 R&D 项目、项目规划等；④为国家基础性研究工作的计划、管理、评估提供支撑；⑤相关的国际合作。

6.5.2 韩国科技规划评估与结果管理法律制度

韩国从 20 世纪 60 年代开始，经历了半个世纪的高速发展，创造了举世瞩目的汉江奇迹，这离不开科技计划对产业的引导和扶持。1967 年，韩国颁布《韩国科学技术振兴法》，此为韩国推动科技发展的第一部综合性法律，促进韩国科研体系初步形成。20 世纪 70 年代，韩国颁布《技术开发促进法》《技术评估法》等，通过评估等手段支撑基础研究的发展以及企业技术的研发。

但这一时期，韩国各类科技计划存在重复、分散等现象，以及资源配置"碎片化"等问题，为此，2001 年，韩国出台了《科学技术基本法》，规定由韩国科学技术信息通信部负责对所有中央国家机关的国家科技计划进行汇总和整合，形成科学技术基本计划。科学技术基本计划与韩国总统任期一致，是每届韩国总统在任期内对韩国未来 5 年进行的具体而详细的科技规划，也是各中央国家机关设定科学技术相关政策和研究方向的最高计划。该法律的第 13、14 条规定，韩国政府需要定期对世界科技发展趋势以及新科技对社会变化带来的影响开展分析预测，并对国家核心技术进行技术水平评估（陈炳硕，

2019)，需要说明的是，韩国科技评估与规划研究院是依据《科学技术基本法》第 20 条设立的，负责科技预测、技术评估等工作。

重视通过立法指导和保障技术水平评估工作。从 20 世纪中后期起，韩国科技政策的制定逐渐摆脱模仿和追赶发达国家的技术开发战略，更多强调创新型和领先型技术创新体系。

6.5.3　韩国科技规划评估与结果管理协调机制

韩国科技规划评估主要分为两个阶段：一是制定规划前的评估，为确立国家中长期发展目标、制定发展规划奠定基础；二是评估规划的实施情况，包括每年发布该规划的年度实施规划、对上一年度规划实施情况进行评估和反馈、为制定新的战略规划提供基础资料，从而形成前后循环的监测评估体系。韩国科技规划前期评估包括开展科学技术预测、技术水平评估等。其中，技术水平评估每 2 年开展 1 次，对过去和当前科技发展状况进行系统分析研究；科技预测每 5 年开展 1 次，对未来科技、社会的发展方向进行预测。

韩国通过在国家战略层面开展科技规划活动来制定与科技有关的政策，技术水平评价和技术预测是科技规划活动之一。韩国国家中长期科技发展战略会选择技术预测所确定的未来国家关键核心技术，并为这些技术制定战略发展路线图，相关工作的结果反映在与科学技术基础计划技术发展有关的重点举措之中（韩秋明等，2017）。技术预测与国家中长期科技发展战略、科学技术基础计划的关系如图 6-5 所示。

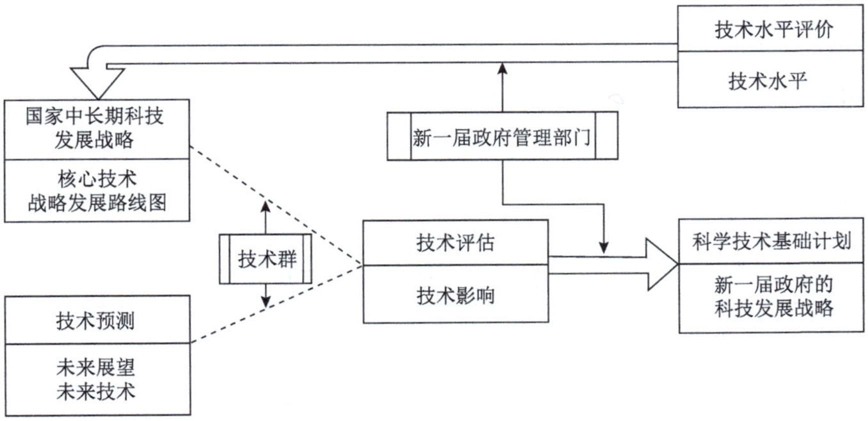

图 6-5　技术预测与韩国中长期科技发展战略、科学技术基础计划的关系

6.5.4 韩国《科学技术基本计划》评估与结果管理分析

6.5.4.1 韩国科学技术预测

技术预测是对未来较长时期的科学、技术、经济和社会发展进行系统研究，其目标是确定具有战略性的研究领域，以及选择对经济和社会利益具有最大贡献的关键技术群。2001 年，依据韩国《科学技术基本法》，科学技术预测工作被纳入国家法律体系，开始从国家层面依法实施科学技术预测，并将预测调查结果直接应用于制定国家科技基本计划。之后的第三次、第四次预测调查结果已被应用于韩国第二次、第三次科学技术基本计划等战略政策的制定。2016 年发布的第五次科学技术预测调查报告也作为重要的理论与事实依据，反映在 2017 年底公布的第四次科学技术基本计划中。

为了更好地分析韩国五次科学技术预测调查的情况，表 6-6 从预测调查的时间、方法、流程和推进体系等角度总结归纳了韩国五次科学技术预测调查。韩国五次科学技术预测调查在方法、流程等方面不断改进、完善。第一次科学技术预测调查基于专家头脑风暴法，以科技专家为核心进行科技预测；第二次科学技术预测调查在此基础上，由技术预测委员会依据研究领域、韩国现状提出未来技术；第三次科学技术预测调查在遴选未来技术时，考虑了未来社会的前景与需求，首次采用了情景分析法，同时将人文社科领域专家纳入推进体系中；第四次科学技术预测调查进行了未来趋势分析和韩国未来社会需求分析，讨论了技术可能带来的负面影响，同时评估了前两次科学技术预测调查结果的实现情况；第五次科学技术预测调查首次采用了 STEEP（Society、Technology、Economy、Ecology、Politics）环境分析模型和趋势外推法，在分析技术可能带来的负面影响基础上，增加了对技术的不确定性、创新性、竞争力和社会重要度，以及政府政策支持类型的分析。本节对第四次和第五次科学技术预测进行分析。

表 6-6 韩国五次技术规划预测总结

项目	第一次	第二次	第三次	第四次	第五次
发布时间	1994 年	1999 年	2004 年	2011 年	2016 年
预测时间段	1995～2015 年	2000～2025 年	2005～2030 年	2011～2035 年	2016～2040 年

续表

项目	第一次	第二次	第三次	第四次	第五次
方法	专家头脑风暴法、德尔菲法	专家头脑风暴法、德尔菲法	环境扫描、德尔菲法、情景分析法	环境扫描、网络分析法、德尔菲法、情景分析法	环境扫描、网络分析法、德尔菲法、情景分析法、STEEP 环境分析模型
流程	未来趋势分析、未来需求分析、遴选未来技术	未来趋势分析、未来需求分析、遴选未来技术	未来趋势分析、未来需求分析、遴选未来技术	未来趋势分析、未来需求分析、技术趋势分析、现有预测调查结果评价、遴选未来技术	未来趋势分析、未来需求分析、技术趋势分析、技术扩散点分析、遴选未来技术
推进体系	技术预测委员会、12 个下属委员会	技术预测委员会、15 个领域的分委员会	技术预测委员会、技术分析委员会、8 个技术分会、2 个情景分会	技术总委员会、3 个未来展望委员会、8 个科学技术预测分委员会、8 个未来技术评价委员会	预测调查总委员会、6 个未来技术委员会、3 个未来预测委员会
预测未来技术数量/个	1174	1155	761	652	267

资料来源：金瑛和方晓东，2018

1）韩国第四次科学技术预测

第四次科学技术预测调查对第一次、第二次科学技术预测调查的技术预测结果进行了回顾和评估，发现韩国科学技术预测调查的准确率整体较高，这说明科学技术预测调查工作是非常有必要的，可对制定科技战略与科技政策起到基础与积极作用，支持新技术的发掘和开发。预测调查的结果不仅对制定科学技术发展方向有着重要的影响，对重点领域未来研究开发的 R&D 投入决策也起到重要作用，可帮助决策者将有限的资源投入到必要的领域中（金瑛和方晓东，2018）。第四次科学技术预测共分三个步骤进行：第一步是尝试通过对未来社会的前景分析来发现未来社会的需求；第二步是通过德尔菲调查发现未来技术，并分析发展未来技术所需的实现时间，以及政府应采取的措施等；第三步是讨论未来韩国社会运用这些技术的可能性。与第三次科学技术预测相比，第四次科学技术预测进一步细化预测程序，以提高其结果的可靠性和适用性。这些预测程序主要体现以下六个方面的特点。

（1）运用 Internet 搜索引擎发现新问题。

为了预测未来社会的变化，专家委员会成员查找了许多出版物并分析了从德国 Z-punkt 网站检索到的各种相关文件，通过对这些出版物、网站和文档的优化分析，确定了七大趋势方向。通过专家委员会的广泛讨论，又增加了中国的持续崛起这一主要趋势，最终确定了八大趋势和 25 个主要趋势，这些趋势将用于发现与未来需求有关的问题。在以往的技术预测中，通常使用基于专家意见的定性方法进行趋势分析和问题选择，但仅依靠专家的意见会失去客观性，可能会强调某些特定问题而忽略其他问题。因此，为了解决此问题，韩国第四次科学技术预测使用 Google 搜索引擎来查找与预测相关的问题。为此，事先准备了一份符合本研究条件的关键字列表，通过输入这些关键字，在 Google 搜索引擎中找到与科学技术发展趋势相关的文档，并进一步对这些文档进行判断和分析。根据 Google 搜索结果，还能发现新出现的问题，如巴西正在成为继中国和印度之后的强大的替代性外包国家，未来的医疗保健和社交网络将被链接等。使用 Google 之类的搜索引擎可以作为发现新问题并提高趋势分析可靠性的方法。

（2）构建未来需求的框架。

2004 年进行的第三次科学技术预测对韩国产生了深远的影响，因为它是第一次通过未来的社会前景发现了未来的技术。研究报告总结了 15 个全球挑战，对未来社会前景进行了分析。在此基础上，第四次科学技术预测构建了一个发现未来需求的框架，得出一系列未来社会的前景，发现未来社会的需求并系统地提出未来技术。在此框架的基础上，专家委员会分析了每种趋势的全球状况，并探究了趋势生成的原因及其产生的结果，同时关注其他与之高度相关的趋势。此外，为了发现针对韩国自身情况的未来需求，委员会也分析了韩国的具体国情和每种未来趋势在韩国的前景。通过新的框架，趋势和未来需求之间的联系变得更加可靠。

（3）识别与未来需求和科技发展相关的未来技术。

在第四次科学技术预测中，未来技术被定义为“如果到 2035 年在社会和技术上实现，则有可能强烈影响科技、社会和经济的技术”。专家委员会从两个角度对未来技术进行了识别，第一种是需求拉动型的未来技术，该技术可以利用旨在发现未来需求的框架来解决未来社会的需求；第二种是技术推动型的未来技术，它可能会在不考虑社会需求的情况下从科学技术的发展中产生。技术推动型的未来技术既包括由于知识积累而出现的技术，也包括一项可能会在将来出现的技术，也许它目前仅停留在构思阶段。为了根据科技的发展确定未来技术，委员会参考了当前的专利数据、论文分析数据、各种未来技术清单、技术路线图、科幻小说、电影等。

（4）多角度分析德尔菲调查结果。

以往的技术预测仅从技术领域的角度分析了德尔菲调查的结果。第四次科学技术预测增加了满足未来社会需求的视角，这将为科学技术预测结果应用于制定解决社会问题的科技政策提供依据。第四次科学技术预测还进行了投资组合分析，以加强其与制定科技政策的关系，比如通过对未来社会的重视程度与政府投资需求之间的投资组合分析来选择战略性技术。此外，通过对诸如未来技术的实现时间、技术水平和政策措施等的分析，为科技政策制定提供了多角度的政策依据。上述多角度分析也大大提高了科学技术预测结果的广泛适用性。

（5）根据不同的时间和空间创建场景和插图。

虽然科学技术预测的主要目的是为科技规划、科技政策提供基本信息，但科学技术预测的结果也可以用来向公众宣传由科技发展所带来的未来生活。第四次科学技术预测创建了 2022 年和 2035 年 13 个未来空间的场景和插图。这 13 个空间包括家庭、学校、办公室、医院、交通等，场景和插图展示了技术在未来生活中的运用和日常生活中可能发生的变化。对于场景和插图，选择可以在每个空间中使用的未来技术，并考虑未来技术的使用时间。场景以旅行社介绍、日记记录和描述性文本之类的写作方式编写，方便公众使用。同时，插图也是以卡通风格绘制的。由于韩国第四次科学技术预测独特地采用了日常生活空间和专门场所，公众可以更轻松地了解技术发展对日常生活的影响。

（6）考虑未来技术可能带来的不利影响。

第四次科学技术预测除发现了未来社会可能需要的科学技术之外，还分析了未来技术可能带来的不利影响。科技的发展可以产生积极的影响，但它也可以产生负面的社会作用。与以前的科学技术预测只关注技术发展的积极方面不同，第四次科学技术预测同时提出了解决未来技术消极方面的方案。第四次科学技术预测基于多个角度分析了技术发展带来的未来生活的变化，对于国家技术评估的科学性、合理性具有重要的作用（谭开明等，2020）。

2）韩国第五次科学技术预测

（1）评估主体。

韩国第五次科学技术预测由国家科学技术审议会主管，未来创造科学部直接领导，下设预测调查总管委员会、未来技术委员会和未来预测委员会，预测调查总管委员会负责预测调查的设计、研究，未来技术委员会负责未来技术的推导，未来预测委员会负责未来社会的技术需求、分析和展望。整个预测过程和各个阶段的服务则由韩国科技评估与规划研究院来负责。国家科学技术审议会负责审议和批准每次技术预测的结果，其下设的技术预测综合委员会由来自科技领域和人文社会领域的 20 位专家构成，负责技术预测工作的总体协调与组织。技术预测综合委员会还下设 3 个委员会：①未来技术评估委员会，由 8 个领域的科技专家组成，每个领域约 10 位专家，负责对上一次技术预测结果成功与否进行评估；②未来展望委员会，由 3 个领域的科技专家和人文社会专家组成，每个领域约 7 位专家，负责对未来社会进行展望和分析；③技术预见学科委员会，由 8 个领域的科技专家组成，每个领域约 10 位专家，负责以未来社会展望为基础遴选未来技术（任真，2013）。

（2）评估方法。

从 1993 年起，韩国每五年进行一次技术预测工作，其中的前两次技术预测运用了德尔菲法，由韩国科学技术政策研究院和韩国科技评估与规划研究院共同完成；而第三次则增加了未来社会与社会需求展望、未来社会情景描述等预测方法，由韩国科技评估与规划研究院单方完成。2009 年，韩国科技评估与规划研究院启动了为期两年的第四次科学技术预测，此次技术预测还采用了文本挖掘、论文网络分析等方法，以便更好地把握社会和科技发展的态势。前四次科学技术预测为韩国的科技决策层提供了新兴科技领域的愿景和方向，确定了对国家经济增长和人民生活质量提高极具潜力的新技术，技术预测的成果均落实到国家科技规划的制定中。

第五次科学技术预测沿用了之前主要的预测方法，同时还尝试了一些新的方法。①面向社会大众的网络调查方法。为了吸引公众参与此次技术预测工作，预测出解决公众共同关心的问题的、具有指向性的未来科技，充分考虑社会大众的意见，韩国使用网络调查方法，充分降低了技术预测工作的门槛，拉近了政府与民众间的距离，增强了社会大众的参与感，调动了社会公众的主观能动性。②面向知识发现的知识地图方法。在原有专利分析法、文献分析法的基础上，加强了知识地图方法的使用。在 2600 万件新闻组成的大数据基础上，使用定量性网络分析，描绘各种主要问题间科学性的关系，从而推导出主要问题集群，利用知识地图分析得出解决这些问题的未来技术，以及这些技术的发展趋势。③面向技术需求的技术周期分析方法，基于技术扩散理论，通过分析创新者、早期采用者、早期跟进者、后期采纳者和滞后者对前沿技术产品和服务创新性的需求程度，将需求过程分为 5 个阶段进行分析，形成“技术需求周期模型”，并在技术扩散点预测时加以运用。④面向不同目标的定性定量方法组合，在网络调查获得社会公众未来需求的基础上，通过文献计量、新闻内容分析，获得技术群样本；通过国内外未来新兴技术的案例分析，得出对未来社会、经济方面有较强影响力和波及效果的候选技术，再进行德尔菲调查，结果经预测管理委员会讨论，明确候选技术的名称、范围（韩秋明等，2018）。

（3）评估体系和流程。

第五次科学技术预测调查以对未来的展望为基础，对未来社会所需要的科学技术进行预测，为制定第四次科学技术基本计划提供必要的信息。韩国于 2015 年开始实施第五次科学技术预测。根据预测工作计划和方案，此次技术预测调查共有三大工作模块，分别是未来社会展望、技术扩散点分析与未来技术结论，以及德尔菲调查和分析（韩秋明等，2017），具体内容如图 6-6 所示。

2015 年，预测工作研究了至 2040 年的韩国未来社会的前景，并调查了技术发展大方向、趋势、主要问题和未来的需求。在基于社会大数据的 40 个未来主要问题中进行网络分析，揭示问题之间的关系，并推导出未来的需求。2016 年，根据未来的问题和需求推出未来技术。2017 年进行研究结果汇总，征求各部门意见。韩国第五次科学技术预测进行了两轮德尔菲调查，调查的内容包括未来技术的实现时间、一般公众使用时间、未来技术的重要性、政府投资的需求，以及保障未来技术实现的措施等。此外，预测工作还勾勒出这些技术实现后未来的可能场景，提高社会公众对科技的作用和重要性的认识。第五次科学技术预测的最终成果于 2017 年 3 月正式对外发布。

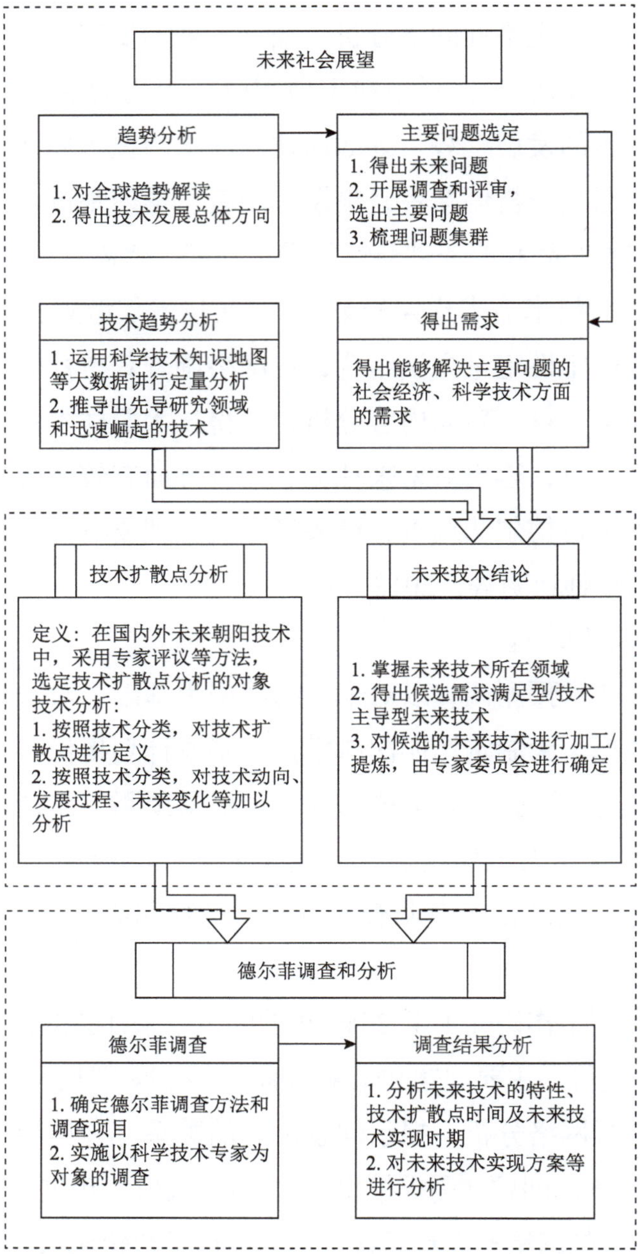

图 6-6 韩国第五次科学技术预测基本流程和框架

6.5.4.2 第三期《科学技术基本计划》实施情况评估

依据《科学技术基本法》，韩国科技计划出台后，科学技术信息通信部每年要制定该计划的年度实施计划。以 2016 年 3 月发布的“第三次科学技术基本计划—2016 年实施计划”为例，针对计划中提出的五大发展战略、19 个领域、78 个课题，对 2015 年各中央部门制定的科技政策及研发事业进行评估。

1）评估特点

为切实推进研发事业的评估工作，2015 年，韩国制定《第三次国家研究开发成果评估基本计划（2016—2020）》，与前两次计划相比具有以下几个特点：一是评估重心开始向研究人员转变，通过减少部门间繁琐的评估过程，提高研究人员的自由度，完善成果评估奖励机制，引导研究人员开展创新性研发活动。二是加强对研发成果质量的评估，如改变过去只关注论文和专利数量的评估模式；注重评估研发成果的推广效果；加强研究机构对社会、经济贡献度评估等。三是提高部门自评的自律性和责任性。规定各部门单独制定自评计划，对未达标事业进行自我诊断并制定应对方案。四是对国家重点扶持领域的研发事业进行综合评估，根据实际情况及时调整，提高事业投资效率。五是提高评估的透明性和可信度，包括建立信息公开制度、加强评估人员培训、提高评估人员的专业性和责任心等。

2）评估模式

韩国国家研究开发事业的监测评估包括技术性评估、中期评估、事业完成评估、后期追踪评估、特定对象评估及机构评估等几个阶段（陈炳硕，2017）。

第一，技术性评估。技术性评估是由科学技术信息通信部对各部门申请的总投入 5000 万美元以上、财政投入 3000 万美元以上的研究开发事业进行事前可行性评估，包括项目技术开发的必要性、相比普通技术的优势、具体事业开发计划、是否适合国家研发投入四项评估内容。

第二，中期评估。中期评估是为提高国家研发事业的效率，由各部门成立自评委员会对正在进行的研发事业进行自评，科学技术信息通信部负责对各部门的自评结果进行审核。内容包括自评委员会人员构成及运行情况、是否遵守相对评估的比例、是否遵守项目预算支出调整规模、是否存在故意歪曲评估结果等情况，评估结果与下一年度预算挂钩。在进行中期评估时，鉴于 R&D 领域成果产出周期较长等特殊性，各部门在设置成果目标和指标时须充分反映 R&D 事业的特性，成立 R&D 领域单独的自评委员会。

第三，事业完成评估。事业完成评估在事业结束后一年内进行，由各部门对制定的计划目标、事业完成情况以及研发成果扩散计划等进行自评，科学技术信息通信部以此为基础进行上位评估，主要包括审查自评结果和现场审查，在自评结果审查时，如评估过程、评估依据、评估结果全部符合审查标准，可免除现场审查。此外，科学技术信息通信部将研发成果扩散计划的完善事项向各部门反馈，作为之后开展追踪评估的依据。

第四，后期追踪评估。后期追踪评估是在国家研发事业结束 3～5 年内，针对技术转移、产业化等研究成果的管理和扩散程度开展的调查评估。评估指标包括项目结束后建立成果扩散管理体系、成果扩散效果等。事业完成评估与后期追踪评估相互连接，形成对研究成果全周期的监测评估体系，对研究成果的有效应用和扩散具有重要意义。

第五，特定对象评估。特定对象评估是针对国家重点科技政策，选择重点事业进行的评估模式，包括国家长期大规模预算投入事业、类同重复事业、国家战略事业以及多部门共同推进事业等。在选择评估对象时，为确保审核程序的透明性和客观性，须充分听取国会、监事院等关联单位的意见，确定评估对象。

第六，机构评估。机构评估主要对有政府财政资金投入的研究机构的任务完成情况进行评估。由科学技术信息通信部依据《研究成果评估实施计划》制定评估标准，各中央部门对其负责的研究机构开展自我评估，科学技术信息通信部开展上位评估。

6.5.4.3 第四期《科学技术基本计划》技术水平评估

技术水平评估是对当前技术能力水平进行评估，是国家科学技术规划中的一项重要基础性工作。技术创新是提升国家竞争力的重要手段，世界各国为了在激烈的全球研发竞争中占据优势，通过制定中长期目标、决定投资优先顺序等战略，以确保自身的技术竞争力。随着研究开发过程中产生的不确定性日益增加，制定科学技术中长期战略及确定投入优先顺序的重要性也随之提高，而这些技术发展战略和投入规划的制定，离不开技术水平评估为之提供系统客观的基础资料，从而在有限的经费投入中创造出有效的技术研发成果。在已开展技术水平评估的国家中，日本科学技术振兴机构通过专家问卷调查，对美国、欧盟、中国、日本、韩国等国家和地区的大、中、小分类技术进行比较，得出上升/持平/下降趋势的评估结果；中国科技部开展的国家技术预测调查仅设计了“与领先国家的技术差距”这 1 个一级指标，下设“我国领先”“同等水平”“落后 5 年”“落后 6～10 年”4 个二级指标，较难比较出与世界领先技术水平的精确差距。由于对技术发展水平这类比较复杂的评估对象很难用确切数据来反映，因此韩国是通过与世界最高水平国家技术比较的一种相对评估，来评估一个国家的技术水平，针对技术持有方在确定的技术方向上的发展程度和时间差距及其原因进行定性或定量的比较分析评估，在评估方法上采取结合专家判断的定性分析，通过德尔菲调查得出主要竞争国家技术水平和技术差距（单位为“年”）的评估结果，准确把握技术所处的水平位置，用以与其他国家进行比较的技术差距的年度值精确到小数点后一位。

韩国科技评估与规划研究院于 2019 年 4 月发布的《2018 年韩国技术水平评估》，是针对韩国第四期《科学技术基本计划》中的重点科学技术进行的技术水平评估（简称“2018 评估”）。这些技术对韩国的社会经济和科学技术有较高贡献度，包括建设交通、灾难安全、航空航天海洋、国防、机械制造、纳米材料、农林水产食品、生命保健医疗、能源资源、环境气象、信息通信技术和软件 11 个领域 120 项重点科学技术。分析韩国在这些技术领域上与美国、欧盟、日本、中国的技术差距；此外，从技术趋势、技术发展程度、技术间的相似重复等方面考虑，调整韩国现有国家战略技术的技术名称、技术范围等，新增加了人工智能、智能家庭、智慧城市、3D 打印、大气污染应对等 12 项技术。此处以 2018 评估为例介绍韩国技术水平评估的基本要素。

1）评估主体

按照韩国《科学技术基本法》第 20 条的规定，韩国在 2001 年正式成立了韩国科技评估与规划研究院，负责中长期科学技术预测、技术水平评价、国家研发工作调查等方面的具体工作，为国家科学技术政策和计划的制定、调整以及预算分配等提供支撑服务。韩国科技评估与规划研究院以韩国战略技术为对象，在 1999～2018 年共进行了 9 次技术水平评估，1999～2016 年共开展了 8 次大规模德尔菲调查，尤其是 2008 年以后的技术水平评估工作更侧重于依据

《科学技术基本法》，并与政府在不同时期推进的科学技术基本计划相结合。

2018 评估的实施体系由运营委员会、评估委员、综合支撑小组构成。其中，运营委员会由科技领域相关产学研代表及理事组成，负责对技术水平评估计划、现状与结果进行讨论调整；评估委员由 11 个领域 120 项重点技术的 1200 名专家组成，每项技术各对应 10 名专家，负责评估韩国与其他主要评估对象的重点技术水平与差距，以及参加对论文、专利分析结果的讨论；综合支撑小组由韩国科技评估与规划研究院技术预测中心人员组成，负责核心专家的选定联络、德尔菲调查的设计和结果分析等工作。

2）评估方法

技术水平评估方法一般包括定性方法和定量方法。定性方法是基于专家知识的主观评估方法，包括头脑风暴、德尔菲法、访谈、问卷调查、焦点小组方法等；定量方法是基于大量数据的客观分析方法，包括论文/专利信息分析法、层次分析法、技术成熟度、专利指标应用、技术增长模型等。

定性主观判断主要基于专家的知识与经验，存在客观性不足的缺点。一个国家不同专家的知识背景存在差异，使得专家们对国家整体技术水平的判断也存在差异，因此在以德尔菲方法评估国家技术水平与国家间的技术差距过程中，专家对不同评估问题的解释可能不同，最终造成评估结果的不一致。为解决定性分析的客观性不足问题，韩国 2018 评估完善了参与技术水平评估专家的选拔、实施方式和德尔菲调查问卷，将作为德尔菲调查评估委员的少数核心专家改进为专家 5 年任期制的参与方式，并解决技术水平回答可信度低、产学研投入比例等利用度低且评估困难的问题。

3）评估体系及流程

2018 评估在 2018 年 2 月～2019 年 2 月的 1 年时间内共经历了 8 个实施阶段（叶京和冷伏海，2021），具体实施流程为：①开展论文/专利分析（2018 年 2 月），这一阶段的主要内容是收集并整理有效的论文/专利数据；②成立技术水平评估运营委员会（2018 年 3 月），这一阶段的主要内容是成立技术水平评估运营委员会，并召开了第一次委员会，讨论确定评估实施计划；③专家相互推荐，并确定定量分析内容（2018 年 4 月），这一阶段的主要内容是各技术领域专家互相推进，并实施定量分析先导试验；④论文/专利趋势分析和指标分析，两次德尔菲调查分析，定性与定量分析结果最终分析（2018 年 5～11 月）；⑤运营委员会讨论并确定最终评估结果，提交国家科学技术咨询会议审议（2018 年 12 月～2019 年 2 月）。

6.5.5　韩国科技规划评估与结果管理对我国的启示

第一，定期、长期进行国家层面的技术水平评估和监测。韩国在制定每期科技基本计划过程中，将技术水平评估作为制定各项技术发展目标的参考依据，通过持续的技术水平评估检验国家战略技术水平发展程度，深入分析技术水平变化趋势并反映到国家中长期技术规划中。例如，韩国通过 2018 评估掌握当期科技基本计划中的重点技术与世界主要发达国家的技术差距等情况，将评估结果应用于韩国的科技规划活动，制定提高相关技术水平的政策；通过将研发投入、科技政策与技术水平评估结合，提出相关政策建议，有助于掌握技术发展信息的国际主动权。当前科技发展迅速，我国的科技发展水平也快速提升，科技部于 2013 年年底启动了国内外技术竞争调查，对我国整体技术水平进行摸底，为提升对我国技术发展水平判断的准确性，有必要及时更新数据，科学把握我国技术发展水平和在国际上的位置，为科技规划、发展战略等政策的制定提供必要的基础资料。

第二，关注技术水平前瞻评估，并不断优化完善评估方法。科技评估工作不仅要着眼于过去和现在，还应关注未来科技战略的制定。韩国每两年一次进行的技术水平评估，为其制定国家科技发展战略和研发投入规划提供了重要依据，并通过不断创新完善评估方法和结果形式以提升评估结果的可信度和客观性，通过优化分析方法提高评估分析工作的效率和准确度，尤其是 2018 评估采用新的评估体系和改进方法，选定核心专家实行 5 年任期制，摒弃专家一次性参与的做法，缓解了之前由于参评专家不固定而造成的评估工作专业性和客观性缺失等问题；并且在论文/专利分析工作中导入了自动化系统，提高了工作效率和数据准确度。通常情况下，为保障技术水平评估结果的时间序列分析和一贯性，技术水平评估方式不能进行太大的改动，应保持以评估技术和体系为出发点提供基础性资料的原则。

第三，重视加强技术水平评估结果相关信息的公开共享。韩国技术水平评估报告每两年定期在韩国科技评估与规划研究院的官方主页上公开发布，有利于公众全面了解技术水平评估的最新进展和准确结果，同时有助于吸收社会广泛意见建议，有效推动评估方法的改进完善。韩国科技评估与规划研究院向曾参与 2018 年韩国技术水平评估活动的专家，就评估过程所采用的定性评估方法（德尔菲方法）和定量评估方法（文献计量方法）的使用等情况进行了问卷调研，结果表明评估过程中存在调研资料不足、技术范围过于宽泛等问题，有必要增加讨论会的召开次数，并及时进行资料共享，计划今后采取增加重要论文和重要专利等质性因素分析指标等改进措施。

6.6 欧盟科技规划评估与结果管理的主要经验

6.6.1 欧盟主要科技规划评估组织机构

欧盟的前身是 1967 年的欧洲共同体。其中，欧盟委员会是欧盟的常设机构和执行机构，负责实施欧盟条约和欧盟理事会所作的决定，同时，其也是欧盟科技规划的重要评估组织。欧盟委员会主要有三大职责：其一，提出新的法律与政策；其二，管理欧盟预算；其三，监督法律政策执行情况。欧盟整体政治战略由欧洲议会、欧洲理事会、欧盟理事会和欧盟委员会共同制定，每年欧盟委员会主席都需要向欧洲议会辩论，共同计划未来一年欧盟的关键举措，并由委员会负责制定下一年的行动计划。

欧盟委员会设置 28 个委员，从其中选出一名委员担任欧盟委员会主席，非主席委员成为欧盟事务专员。欧盟委员会下设政策部门、服务部门和执行机构。政策部门又称总局，负责不同的政策领域，制定、实施和管理欧盟的政策、法律和资助计划；服务部门处理特定行政事务；执行机构管理欧盟委员会设立的方案。需要说明的是，欧盟委员会在每个成员国都设有办事处，且至少有一个代表处负责处理地方一级的通信和信息，欧盟以外的办事处，称为欧盟代表团，由欧盟对外行动署管理，欧盟代表团帮助促进欧盟的利益和政策，并开展各种外联计划[①]。

欧盟委员会各部门制定战略和管理计划，并为科技规划等政策提出监测和评估的目标和指标，对所有重大的立法和政策配置举措，欧盟委员会各部门也需要准备一份影响评估报告，从而分析提案对经济、环境和社会的影响。欧盟委员会就欧盟的政策（如“地平线 2020”）是否满足欧洲企业和公民需求方面不断开展评估，评估从有效性（欧盟行动是否达到其目标）、效率（成本和收益的对比）、相关性（是否满足利益相关者的需求）、连贯性（规划与其他措施的配合程度）和欧盟附加值（在欧盟层面采取这一行动的益处）等方面展开，评估结果通过评估路线图向公众传达。

欧盟从事各类的科技评估活动，并对现有的评估系统进行改革，如 2020 年 5 月，欧盟委员会发布《科学、研究和创新绩效报告》，这是欧盟委员会对科研与创新绩效进行的第三次两年期评估，报告基于定性和定量的分析，揭示了科研和创新方面的最新动态，以及欧洲在科研创新方面的绩效，并提出政策建议[②]；2021 年 3～11 月，欧盟委员会就如何促进评估系统变革与利益相关者进行了磋商，该报告在咨询结果的基础上，提出评估改革应追求的目标和评估应遵循的基本原则等，以指导研究资助和执行组织达成共识来实施变革[③]。

6.6.2　欧盟科技规划评估与结果管理法律制度

1986 年，欧洲《单一欧洲法案》出台，明确提出强化欧洲产业的科学与技术基础，鼓励其发展拥有更强的国际竞争力的战略目标，从而确立了欧共体发展科技的法律地位，将科技政策与欧共体的经济政策、社会政策等放到了同样重要的位置[④]。在科技规划的评估与结果管理的法律制度中，因欧盟的特殊性，并无专门法律涉及欧盟科技规划评估与结果管理相关内容，但是欧盟委员会拥有对相关法律进行评估的权力，并于必要时在政策审查中提出改进建议。

---

① About the European Commission[EB/OL]. https://commission.europa.eu/about-european-commission_en [2024-03-14].

② 欧盟委员会发布科学、研究与创新绩效报告[EB/OL]. http://www.casisd.cn/zkcg/ydkb/kjzcyzxkb/2020/zczxkb_202007/202008/t20200819_5659544.html[2024-08-19].

③ 欧盟报告提出科研评价系统改革的方向和原则[EB/OL]. http://www.casisd.cn/zkcg/ydkb/kjzcyzxkb/2022/zczxkb202201/202203/t20220314_6390514.html[2024-03-14].

④ 科技发展研究第 27 期[EB/OL]. https://stcsm.sh.gov.cn/cmsres/09/09200dd004ae4f55b664a3db3d0852be/53decd5d7e0408e47e9d13acada616a6.pdf[2024-12-12].

欧盟委员会正在评估现有欧盟法律的执行情况，并在必要时进行修改，以使其符合目的。2012 年欧盟设立 REFIT 平台，旨在简化欧盟法律并减少不必要的监管成本，欧盟立法的所有修订都包含在 REFIT 中，旨在简化和减轻负担。2020 年，Fit for Future 平台取代了 REFIT 平台。Fit for Future 平台是高级别的专家组，由会员国、区域委员会、欧洲经济和社会委员会以及民间社会代表、企业和非政府组织的利益相关方的代表组成，该平台向欧盟委员会提出意见，就简化、减轻负担和推动现有欧盟法律现代化提出具体建议。同时，任何人均可以通过“The Have Your Say: Simplify!”这一门户网站提出简化现有欧盟法律的建议。

欧盟委员会工作人员在工作文件中对评估结果进行了总结，可在“EUR-Lex”这一欧盟法律援引网站查询，其他评估结果可以在欧盟出版物中找到。其中包括外部承包商为欧盟委员会编写的评价报告、内部评价方案和政策的报告[①]。

6.6.3 欧盟科技规划评估与结果管理协调机制

欧盟作为一个独特的政治体系，其科技规划的制定需要成员国达成共识，并在操作层面巩固和扩大欧盟的权力。这一规划制定的导向被称为寻求政策领域的“欧洲化”（李研，2021）。欧盟科技规划更注重规划问题的界定，以及和成员国、企业、居民的沟通。这一过程可以被视为欧盟科技规划所独有的“框架化”过程。规划框架的优劣，不仅决定了欧盟科技规划的权威性，还影响了与规划对象之间的沟通。近年来，欧盟所处国际环境变化巨大，英国脱欧、新冠肺炎等改变了人们生活方式，且欧盟新领导人上台、“地平线 2020”计划即将结束等环境条件变化，也使得欧盟不断“框架化”其科技规划，当今欧盟已开展了第九期研发框架计划——“地平线欧洲”（执行期 2021～2027 年），对科技规划的制定导向朝“社会挑战”转移，使欧盟更好地面对环境、能源、人口等问题。

6.6.3.1 科技规划编制阶段

在科技规划编制阶段，欧盟委员会多注重科技规划的影响评估。欧盟经历

① Evaluating laws, policies and funding programmes[EB/OL]. https://commission.europa.eu/law/law-making-process/evaluating-and-improving-existing-laws/evaluating-laws_en[2024-12-12].

了一个不断反思、调整和完善的过程才建立起“影响评估机制”，2003 年欧盟委员会、欧盟理事会、欧洲议会达成一致，同意建立“影响评估机制”，同时制定了《影响评估指南》。

影响评估机制在建立之后，历经多次调整。①2005 年欧盟委员会对影响评估机制进行调整，不再区分事前影响评估和扩展性影响评估，并制定了新的操作指南，完善相应评估步骤；②2006 年欧盟委员会对操作指南进行补充，成立了内部机构协调小组，并对评估机制进行了独立的外部评估；③2006 年年底，欧盟委员会再次建立独立的影响评估委员会。

欧盟这一影响评估机制的目标有三。①提升欧盟委员会提案质量，影响评估机制要求对社会、经济与环境影响等进行充分、平衡和综合分析；②增强决策者相关决策，为决策者提供决策所需的正确信息以及决策影响资讯，给予决策者多种方案从而保证决策的准确性；③促进内部交流沟通，影响评估机制能够减少欧盟委员会的交流阻碍，通过机制内的定期协商机制，各成员国、利益相关者等能够更好地参与科技规划的评估过程。

影响评估机制可分为三个阶段。第一阶段存在四项任务：①将影响评估与欧盟委员会的年度战略计划及项目相整合；②建立内部机构协调小组；③与评估利益相关者协商并且收集专家意见；④进行影响评估。第二阶段存在四项任务：①提交影响评估报告结果；②将影响评估报告提交与提案有关的内部机构进行协商；③在某些情况下需要由欧盟委员会的一组委员进行审查；④提交到欧盟委员院的专员团讨论。第三阶段，欧盟委员会在对影响评估报告进行分析后，将其提交至欧盟理事会、欧洲议会等机构，以上机构可以利用此影响评估报告，同时，欧盟委员会的内部机构也可利用影响评估报告中的信息在与欧盟理事会和欧洲议会的讨论中发表观点（郑宁，2008）。

6.6.3.2　科技规划实施阶段

在科技规划实施阶段，规划内的各项目由项目委员会负责监测评估，覆盖团队分工、变更等各个环节。其主要的监测评估手段是定期上交进度报告，进度报告又分为年度进度报告、中期进度报告和最终报告：年度进度报告是通过一系列绩效指标对项目进行年度检查，检查重点是考评项目进展情况是否达到预期目标，以此保证项目进展按照计划进行，同时年度报告需要每年报送至欧盟委员会，并给予欧盟委员会项目改进等方面的相关建议；中期报告的时间通常较年度报告久，是在年度报告基础上，对所有科技项目进行中期检查，在外部评估专家的协助下，对科技项目进展情况、研究质量进行检查评估；最终报告是在科技项目完成之后，聘请外部专家组成评估委员会，对项目理论基础、实施和取得成果进行评估。其中，年度进度报告与中期进度报告需要在项目相应时间阶段结束后 60 天内提交，包括一份总论、科技资源使用说明、一份由每位财务资助受益人以及第三方出具的经过认证的财务报表，并附带一份总的财务报告。

欧盟科技规划事中评估由外部专家评估和项目委员会项目评估两部分机制构成。

（1）外部专家评估。外部评估专家向项目委员会提供科技规划进展情况的外部建议，评估范围包括六部分：①实施阶段科技规划提交材料的完成程度评估；②科技规划实施过程中各项目目标与实际项目进展情况（包括项目的完成潜力、项目的突破性进展等）的相关性评估；③科技资源计划与实际使用情况评估；④科技规划实施管理程序与方法评估；⑤科技规划实施人员的贡献评估；⑥科技规划对科学、技术、经济等领域的预期影响评估，以及科技规划研究成果的应用与推广评估（需要说明的是，第六点更符合事后评估与结果管理的范畴，此处对外部评估专家的职责进行全面介绍，做到客观不遗漏）。外部专家评估的一般流程分为四步：①由相关科技项目委员会安排评审会日程；②外部评估专家进行前期准备工作，如审议相关项目材料等；③项目委员会召开评审会议；④外部评估专家对相关科技项目进行正式评估，并提交评估报告。评估报告是对评估结果的总结，内容包括项目进展和进一步行动建议。

（2）项目委员会项目评估。项目委员会项目评估是在外部评估专家评估意见基础上，对自身所管理项目的内部评估，项目协调人需要获得如下权利：①接受或拒绝项目材料的提供；②允许项目调整或轻微调整并继续实施；③对项目进行大幅度调整；④依据资助合同条款终止部分参与者的实施资格；⑤发起追索全部或部分拨款的行动。需要说明的是，项目委员会的项目评估与外部评估专家所得的评估结果可能并不一致，二者可能存在区别（陈启杰和吴治富，2009）。

6.6.4 欧盟“地平线 2020”计划的评估与结果管理分析

自 1984 年来，“研究、技术开发及示范框架计划”（Framework Programme，FP，简称研发框架计划）一直是欧盟的主体科研资助工具，从 FP1（1984～1987 年）到 FP7（2007～2013 年），累计预算 1110.27 亿欧元。2011 年，欧盟提出整合研发框架计划（FP）、竞争与创新计划（CIP）和创新与技术研究院（EIT）三大科技创新计划，决定在第七框架计划（FP7）结束后实施“地平线 2020”计划。“地平线 2020”计划是周期为 2014～2020 年的第八框架计划，预算总额约为 770.28 亿欧元，是欧盟历史上规模最大的研发创新计划。“地平线 2020”计划的目标是确保欧洲产生世界顶级的科学，消除科学创新的障碍，在创新技术转化为生产力的过程中，融合公众平台和私营企业协同工作。“地平线 2020”计划的宗旨是：①帮助科研人员实现科研设想，获得科研新发现、突破和创新；②促进新技术从实验室到市场的转化。“地平线 2020”计划被欧洲领导人和欧洲议会视为推动经济增长和创造就业机会的手段，是欧盟对未来的投资。

“地平线 2020”计划是世界最大的公共财政资助计划，分三个阶段展开：第一阶段为 2014～2015 年，第二阶段为 2016～2017 年，第三阶段为 2018～2020 年。欧盟“地平线 2020”计划包含三大战略优先领域：卓越科学、产业领导力和社会挑战。其中，卓越科学板块投入 244.41 亿欧元，产业领导力板块投入 170.16 亿欧元，社会挑战板块投入 296.79 亿欧元。这三大战略优先领域合计投入 711.36 亿欧元，占“地平线 2020”计划总预算的 92.35%。卓越科学涵盖欧洲研究理事会（ERC）、未来和新兴技术（FET）、玛丽·居里行动（MSCA）和欧洲基础研究设施 4 个行动计划。产业领导力包括 3 个行动计划：保持赋能技术和产业技术领先、风险融资通道、中小企业创新计划。社会挑战则包括 7 个行动计划，诸如健康、人口变化和福利，安全、清洁和高效能源，智能、绿色和综合交通，等等。

2013 年，欧洲议会和欧盟理事会联合发布《实施地平线 2020：研究与创新框架计划（2014—2020 年）》（第 1291/2013 号）规章，制定了“地平线 2020”计划监测与评价的相关条款，要求欧盟委员会基于定量和定性证据对计划执行情况进行年度动态监测，并开展中期评估（2017 年底完成）和事后评估（2023 年底完成）。本节对欧盟“地平线 2020”计划的预期影响、中期评估与结果管理、事后评估情况进行介绍。

6.6.4.1 “地平线 2020”计划预期影响

“地平线 2020”计划评价体系按照关键影响路径分析结果将年度监测内容重新进行了归置。关键影响路径分析主要关注计划实施产生的短期、中期和长期的最典型变化，并不局限于“地平线 2020”计划管理和运行的监测数据。通过计划干预的影响路径分析，“地平线 2020”计划的影响被具体划分为科学影响、创新/经济影响和社会影响三大类。其中，科学影响的关键路径包括：欧盟世界一流的卓越科学、更好的跨界和跨部门合作及研发工作整合、欧盟科学新领域的兴起。创新/经济影响的关键路径包括：更好的欧洲企业创新能力、欧盟技术引领和竞争力增强（包括中小企业、初创企业和大型企业）、经济创新的扩散（包括中小企业），创造就业、增长和投资。社会影响的关键路径包括：研发更好地应对社会挑战、增强欧盟在应对社会挑战上的全球示范作用、更适用于社会的科学与创新方案（表 6-7）。

表 6-7 “地平线 2020”计划预期影响

影响类型	内容
科学影响	①“欧盟世界一流的卓越科学”“欧盟科学新领域的兴起”都是科研领域的长期影响，通常基于长期的研究努力而建立，并在足够开放的情况下巩固和发展——在科研中建立长期合作伙伴关系。 ②“更好的跨界和跨部门合作及研发工作整合”指的是在科研领域的影响，来源于在欧洲层面创建有效且持久的知识网络和联系，包括研究、教育和工业的各种利益相关者之间的联系，以及欧洲、国家和区域层面科研政策之间的协同和互补关系的建立
创新/经济影响	“创新在经济中的扩散，创造就业、增长和投资”“加强欧洲工业的竞争地位”涵盖了经济领域的“创新”影响。创新的扩散应该加强工业的竞争地位；从长期的角度看，一个关键因素是社会中的相关知识资本（吸收能力），这也反映在“欧盟企业更好的创新能力”上，这源于标准化努力以及单一市场的加强或政策和法规的发展，这些政策和法规在欧洲层面是一致的
社会影响	①“用科研更好地解决社会挑战”侧重于科研在生活质量、健康、环境保护、社会包容等问题上的影响。 ②“增强欧盟在应对社会挑战上的全球示范作用”侧重于欧盟在国际定位和影响力上的增强，以应对全球社会相关的问题。 ③“更适用于社会的科学与创新方案” 指的是科研在政策制定中要让科研成果更好地被公民接受和采用，以此支持公民需求（也便于社会更广泛地参与其中）

6.6.4.2 “地平线 2020”计划中期评估与结果管理

“地平线 2020”计划中期评估是欧盟研发框架计划评估体系的一部分，也是法律要求，始于 2016 年 4 月，此次评估是在欧盟各总署研发相关机构人员组成的工作组及其他欧盟委员会机构组成的跨部门工作组的支持下，由欧盟委员会研究与创新总署的评估组协调完成的。2017 年 5 月，欧盟委员会正式对外发布“地平线 2020”计划中期评估报告的工作文件（简称中期评估报告），系统评估了 2014～2016 年该计划实施的情况。这份中期评估报告共 50 页，从 12 个方面论述了“地平线 2020”计划的重要性、初步成效、主要特点及其存在的问题。评估依据欧盟立法开展，目的是改善计划下一阶段的实施，并对未来研发框架计划的设计提供参考。

1）评估目标

中期评估的法定职责是：评估“地平线 2020”计划是否符合预设目标，目标和措施是否具有持续相关性，计划实施和资源使用情况是否有效，跨部门协调以及欧盟增值是否实现，并要求将评估结果通报欧洲议会、欧洲理事会、欧盟成员国、研究机构、公众和其他利益相关者。中期评估的核心目标是，科学评估“2014～2016 年工作计划”的执行情况，帮助改进“2018～2020 年工作计划”的实施和项目预算制定，为后期高级别小组发布关于欧盟研究与创新计划影响的报告提供证据基础，并为未来研发框架计划的设计与修改提供信息和事实依据。

2）评估对象

中期评估从需求出发，评估对象主要是三大优先计划（卓越科学、产业领导力和社会挑战三大优先战略计划占计划经费预算的 95%，其他任务占计划经费预算的 5%）。根据科研资源投入和科研计划活动的情况，中期评估从五个角度分析了计划整体实施情况，并对最初设定的五大量化指标（研发投入占 GDP 比例达到 3%）、七大配套旗舰计划（创新联盟、欧盟数字化、产业政策全球化等）以及其他内容进行评估。此次评估特别关注计划中期实施效果，根据项目执行进程测算未来 1～10 年的预期产出，并希望可以在后续评估中进一步了解计划实施的预期结果和影响。

3）逻辑模型和评估体系

中期评估根据欧盟委员会“更好监管准则”从五个标准来评估“地平线2020”计划实施情况：①相关性（Relevance），评估“地平线2020”计划与原始设定目标是否仍相关，与当前的需求和问题是否吻合；②效率（Efficiency），评估“地平线2020”计划所使用的资源与其影响之间的关系；③影响力（Effectiveness），评估“地平线2020”计划在实现或推进其目标方面有多成功；④一致性（Coherence），评估“地平线2020”不同的措施能否在欧盟整体中发挥协调作用，或能否与其他欧盟政策内容相一致；⑤欧盟附加值（EU Added Value），评估“地平线2020”计划所创造的价值对于地区或国家层面实施的政策可能创造的附加价值。细化为主要的问题如表6-8所示。

表6-8 中期评估的主要问题和子问题

主要评估问题	根据评估标准形成的子问题
“地平线2020”计划到目前为止与目标有多相符？	①“地平线2020”计划是否解决了正确的问题？ ②“地平线2020”计划是否允许适应新的科学和社会经济发展？ ③“地平线2020”计划是否回应了利益相关者的需求？
“地平线2020”计划到目前为止有多高效？	①计划管理结构有多高效？ ②沟通和申请流程有多高效？ ③资金分配有多高效？ ④“地平线2020”计划的成本效益有多高？
“地平线2020”计划到目前为止有多有效？	①在实现科学影响方面取得了哪些进展？ ②在加强科研和创新（R&I）能力、声誉和科学卓越方面取得了哪些进展？ ③在改善科研和创新（R&I）整合方面取得了哪些进展？ ④“地平线2020”计划为欧洲研究区（ERA）的实现和功能做出了哪些贡献？ ⑤在实现创新和经济影响方面取得了哪些进展？ ⑥在推进知识、知识产权和知识转移方面取得了哪些进展？ ⑦在加强科研和创新（R&I）的框架条件方面取得了哪些进展？ ⑧在提供接近市场的成果和在产品、服务和流程中扩散创新方面取得了哪些进展？ ⑨在实现社会影响方面取得了哪些进展？ ⑩在应对社会挑战方面取得了哪些进展？ ⑪在生成科学用于政策方面取得了哪些进展？ ⑫在为社会生成科学方面取得了哪些进展？ ⑬“地平线2020”计划在实现其总体目标方面的总体进展如何？
“地平线2020”计划到目前为止有多一致？	①“地平线2020”计划内部的一致性有多高？ ②“地平线2020”计划与其他欧盟倡议（特别是欧洲结构与投资基金（ESIF）和欧洲战略投资基金（EFSI））的一致性有多高？ ③“地平线2020”计划与国家、区域和国际层面的其他倡议的一致性有多高？

续表

主要评估问题	根据评估标准形成的子问题
“地平线 2020”计划到目前为止的欧洲附加值是什么？	与国家和/或区域层面相比，“地平线 2020”计划的欧洲附加值是什么？

资料来源：Interim Evaluation of Horizon 2020.Commission Staff Working Document

其中，相关性评价的是“地平线 2020”计划与既定目标的符合程度，需要回答计划行动是否满足现实的需求。效果评价的是“地平线 2020”计划是否达到或推进了其既定目标，需要回答现实发生的变化多大程度是计划实施的结果。效率评价的是资源投入与计划项目产出之间的关系，重点关注计划项目的成本与效益，需要回答计划的成本投入在多大程度上是有效的。一致性评价的是“地平线 2020”计划内部项目之间，以及“地平线 2020”计划与欧盟其他资助计划之间的协调性。附加值评价的是“地平线 2020”计划所创造的价值对于地区或国家层面实施的政策可能创造的附加价值。

4）评估范围和评估网络

中期评估涵盖整个“地平线 2020”计划三大优先计划（卓越科学、产业领导力和社会挑战）及其子计划，还包括欧洲研究理事会（ERC）、欧洲创新和技术研究所以及欧洲原子能共同体框架计划，其中欧盟联合研究中心（JRC）行动计划则另行评估。中期评估还覆盖了“地平线 2020”计划前半部分实施工作计划，以及以往欧洲框架计划的长期影响。基于欧盟“地平线 2020”计划的灵活调整，此次额外考虑了对新增优先事项（如埃博拉和寨卡疫情暴发、难民问题等）的评估，通过案例分析和经验分享，寻找欧盟解决紧急突发社会问题的科技手段。“地平线 2020”计划中期评估以及其他一系列评估和监测都建立在欧洲 RTD（研究与技术发展政策）评估网络（EUevalnet）的基础上。欧洲 RTD 评估网络在欧盟及欧盟国家层面，讨论和分析“研究和创新”的评估方法、评估指标、资金使用最佳实践等。“地平线 2020”计划中期评估通过该网络，有效加强评估方法的研究和使用，增进欧盟各国监管机构与评估领域的专家和学者之间的对话与合作，特别是各国负责评估的部委单位之间的对话与合作。

5）评估资料和方法

中期评估总体上采用定性与定量相结合的方法，评估中采用的数据和分析包括：①“地平线 2020”计划监测报告，欧盟内部信息系统的统计数据，欧洲统计局和经济合作与发展组织的数据；②针对计划特定目标、跨领域问题、资助模式、各类具体措施等，欧盟委员会责任机构在外部专家组、专题研究和调查的支持下开展深入分析；③针对整个计划成效及影响的比较研究，包括通过 Scopus 数据库分析论文发表情况，通过宏观经济模型等分析欧盟附加值和经济影响，评估方法专家组利用数据和文本挖掘工具提供关于计划相关性的数据和信息；④其他相关分析，如 FP7 前后评估的结果等，评估过程中还通过各国家联络据点（NCP）调查、简化调查、征求欧洲创新委员会（European Innovation Council）的意见等与利益相关者沟通磋商。报告针对“地平线 2020”简化创新措施的影响开展了问卷调查，共收到 10%的项目参与者 4125 次答复，还有 595 个项目利益相关者的答复。报告开放咨询调查共收到来自 69 个国家的近 3500 份反馈，还有超过 300 份的立场文件。这些相关数据和咨询调查确保了评估报告的客观性和真实性。下面介绍中期评估中各个维度使用的具体方法。

（1）相关性评估方法。

相关性评估主要采用文本挖掘和词云可视化方法对“地平线 2020”计划信息抽取的关键词，以及政策文件、社会媒体、专利和出版物抽取的关键词进行匹配度比较分析，进而评估“地平线 2020”计划与宏观战略需求和现实问题之间的符合度。在“地平线 2020”计划中期评估中，文本挖掘的计划信息包括欧盟委员会实施“地平线 2020”计划的决议（第 2013/743/EU 号）、历年工作计划等；政策文件信息包括“欧洲 2020 战略”、“联合国 2030 可持续发展议程”、世界卫生组织报告（2015 年）等；社会媒体信息包括推特、脸书、维基百科等；出版物信息主要来自谷歌学术。

（2）效率评估方法。

效率评估虽然主要出现于事后评估中，但在“地平线 2020”计划中其是衡量实施执行情况的重要方法，主要基于成本效益分析方法，重点考察计划投入（如资源、预算、计划书评选）与产出之间的关系。“地平线 2020”计划中期评估主要关注了项目管理和执行过程中的效率，包括计划的行政成本（如计划书撰写成本）、精简程序的受益、欧盟委员会的服务（如计划的行政和运行成本），以及资助分配可能产生的目标偏差（如计划参与国家的类型是否符合向世界开放的目标）。其中，计划书撰写成本是欧盟委员会在已有相关研究基础上进行的估算。计划参与国的合作模式则采用了计划参与的网络分析和计划产出的出版物分析（文献计量学的共现分析方法）两种方法。

（3）效果评估方法。

效果评估重点考察“地平线 2020”计划的目标实现情况，“地平线 2020”计划将该事后评估提前至中期评估中是为更好地修正和调整规划的实施。“地平线 2020”计划中期评估在效果评估中主要分析了计划产生的科学影响、创新/经济影响和社会影响。在科学影响评价上，中期评估重点关注了“加强研发能力、声誉和卓越性”和“整合研发工作”两个子路径的 8 个具体策略（图 6-7）。多数具体策略的评估都挑选了关键绩效指标系统中的具体指标数据，如人力资本发展的测度指标包括：玛丽・居里行动中跨国流通研究人员的数量、学界与非学界之间流动研究人员数量、欧洲科研人员网络（EURAXESS）发布的年度研究职位数量。此外，跨学科性评估主要是基于期刊论文的引文数据，将论文引用的外学科文献比例作为其跨学科程度的判断依据。

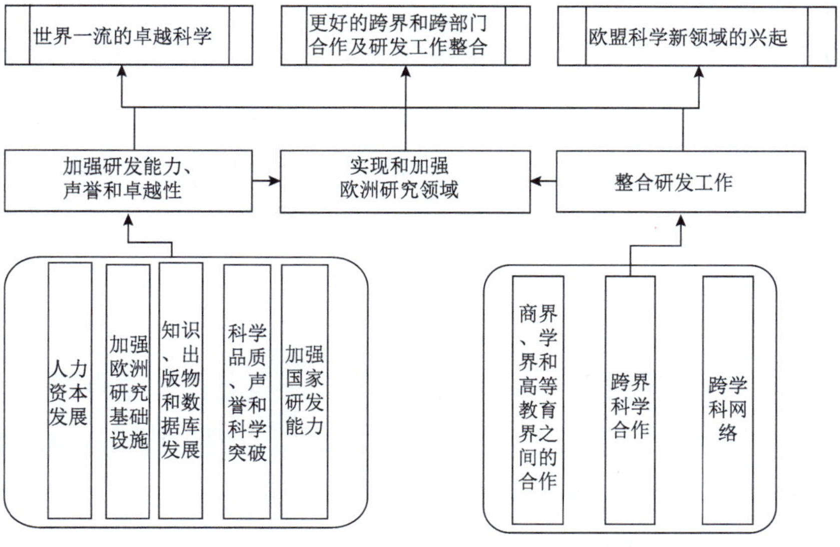

图 6-7　“地平线 2020”计划科学影响的路径分析

在创新和经济影响评价上，“地平线 2020”计划中期评价重点关注了“知识、知识产权和知识转让的发展”“加强研发的框架条件”“产品、服务和流程创新的扩散”三条子路径的 8 个具体策略（图 6-8）。除将年度监测报告中的指标内容按照具体策略重新归置外，经济影响评价还采用了宏观联接计量经济模型（NEMESIS）。

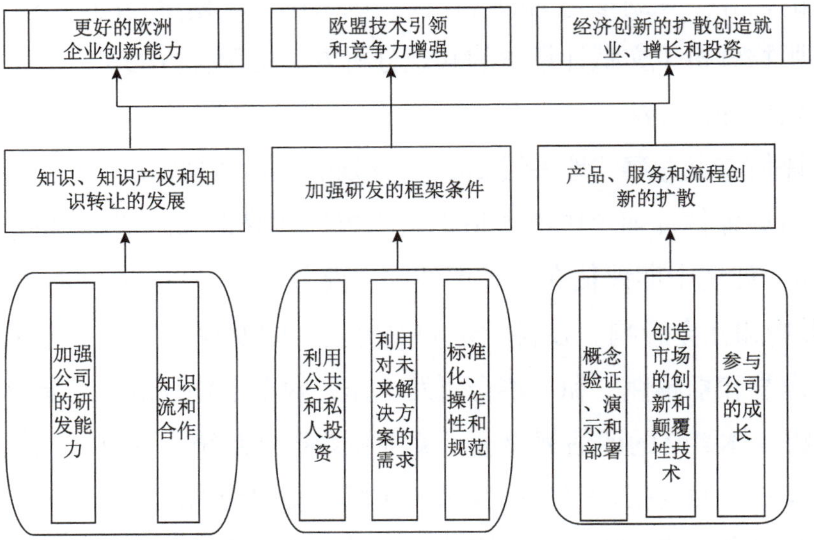

图 6-8 “地平线 2020”计划创新和经济影响的路径分析

在社会影响评估上，“地平线 2020”计划中期评价重点关注了 7 个社会挑战，以及“加强科学与社会之间联系”和“加强研发作为政策制定的基础”子路径下的 7 个具体策略（图 6-9）。在 7 个社会挑战方面，社会影响评价挑选的关键绩效指标有：同行评议期刊出版物、专利申请和授权，以及投放市场的新产品、新工艺和新方法等。此外，中期评估还采用了“地平线 2020”计划合作者调查（PPMI）结果数据作为支撑，并对典型计划项目的社会影响进行案例分析。

（4）一致性评估方法。

一致性评估主要是在计划的影响评价基础上进行的，重点考察“地平线 2020”计划内部项目之间，以及“地平线 2020”计划与欧盟其他政策或干预措施之间的协同性。“地平线 2020”计划中期评估中，内部项目间的协同性评价主要采用了主题评估的交叉分析方法，将计划与服务的目标群体相互对应，对不同计划项目之间的研究人员数量和年龄、项目数量和预算等指标进行比较。同时，以利益相关者调查结果为定性辅助资料展开分析。与其他政策或计划间的协同性评估则重点关注了“地平线 2020”计划与欧洲结构与投资基金（ESIF）、共同农业政策（CAP）、企业与中小企业竞争力计划（COSME），以及欧盟伊拉斯谟计划和生命计划之间的相互关系。

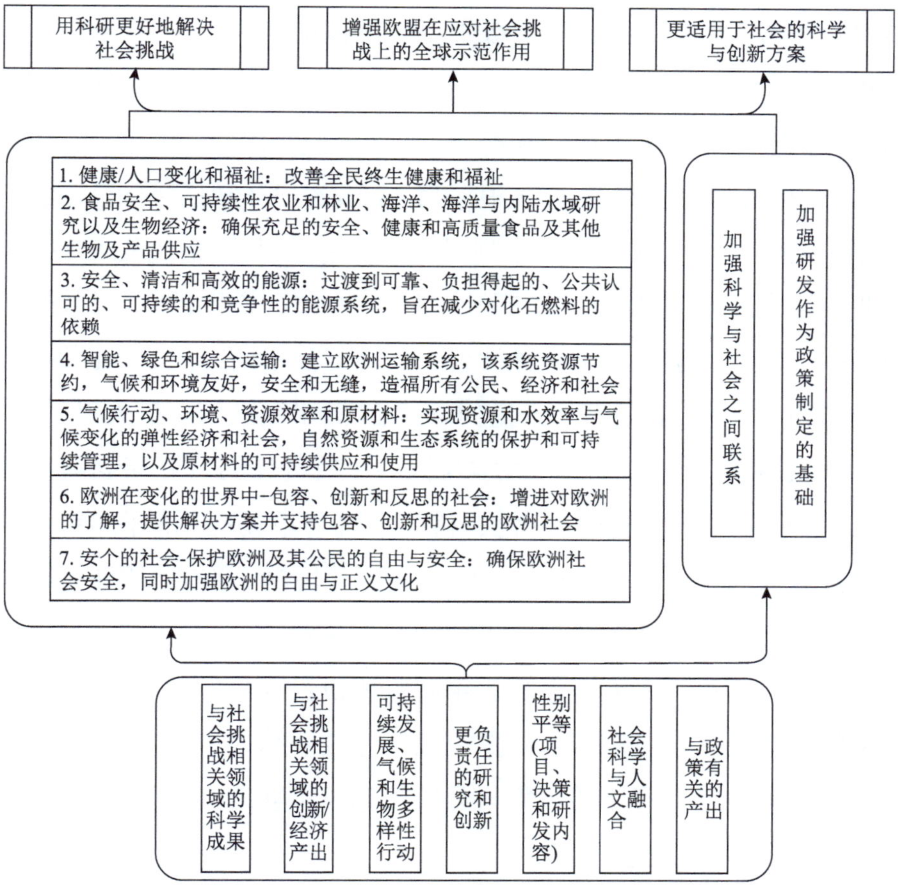

图 6-9　“地平线 2020”社会影响的路径分析

（5）附加值评估方法。

“地平线 2020”计划中期评估对附加值的评估主要采用了“欧盟框架计划附加值和经济影响评价”专项研究结果，其以欧盟第七框架计划事后评估结果为基线，利用了经济学的断点回归和倾向匹配方法，对“地平线 2020”计划进行了反事实分析。同时，采用案例分析方法研究了典型计划项目的附加值情况（曲瑛德和赵勇，2020）。

6）评估流程和监测体系

“地平线 2020”计划中期评估的工作流程延续以往第七框架计划的监测和评价体系，从计划启动年份开始，实施年度数据跟踪监测，于 2015 年和 2016 年分别出版年度跟踪监测报告，并在 2017 年完成对“地平线 2020”计划整体计划的中期评估，后期继续出版高级别小组评估报告。

监测是对计划活动及其影响随时间推移所产生的代表性（指标）数据进行连续和系统测定，其有助于识别和解决计划实施过程中出现的问题，同时为后续评价和影响评估提供事实数据。根据第 1291/2013 号规章要求，欧盟委员会对“地平线 2020”计划的具体监测对象包括：三大战略优先领域（卓越科学、产业领导力和社会挑战）及其子计划、四个单列资助计划（倡导卓越和扩大参与、社会参与科学和科学服务社会、创新与技术研究院、欧洲原子能共同体研究与培训），以及 14 个交叉问题［实现欧洲研究区域、扩大参与、中小企业参与、社会科学与人文科学、科学与社会（负责任的研究与创新）、性别、国际合作、可持续发展与气候变化、科学发现与市场应用的衔接、数字化议程、私营部门参与、PPP 和 P2P 资助、交流与传播、独立专家的参与方式］。“地平线 2020”计划监测体系主要包括利益相关者年度调查、“地平线 2020”计划指标系统、信息技术支持系统、年度监测报告四个方面，其核心思想是在信息技术的支撑下，通过对定量证据（以指标数值结果呈现）和定性证据（以利益相关者调查结果呈现）的采集与分析，形成年度动态监测报告制度，以保证计划的有序开展和良性运行。

（1）利益相关者年度调查。

利益相关者年度调查是动态监测体系的一项重要支撑内容，也为“地平线 2020”计划中期评价结果解读提供了语境化的定性辅助资料。该调查由欧洲研究委员会的国家联络点负责实施，其目的是针对计划的参与和实施情况广泛搜集意见、评论和建议，重点聚焦计划对利益相关者的吸引力、计划目标与研究创新需求及“欧洲 2020 战略”的相关性、计划与欧盟其他资助的一致性、计划实施的附加值。调查问卷通过邮件方式发送至国家联络点覆盖的欧盟成员国和计划参与国。根据计划实施的进度，历年利益相关者调查问卷的问题设置有所不同。

2015 年首次调查设计了 30 项多选题和 1 项开放性问题，主要集中在以下四个方面：一是“地平线 2020”计划的政策工具作用，涉及区域和国家层面的一般性政治话题，以及与其他欧盟计划活动的互补性；二是开放科学，涉及科学对整个社会的促进作用，包括企业、性别和伦理议题；三是开放创新，涉及私营部门的贡献，包括公私合作，以及创造就业和增长方面面临的艰巨挑战；四是向世界开放，涉及国际化维度，包括欧洲的全球角色。

2016 年第二次调查则设计了 34 项多选题和 1 项开放题，主要集中在以下三个方面：一是吸引力，涉及计划项目的立项、科学与市场的衔接、第三方国家参与、中小企业参与；二是交叉问题，涉及欧洲研究区域、性别、社会科学和人文科学、负责任的研究、可持续性；三是欧盟研发框架计划的附加值，涉及单一欧共体成员国难以有效实施的目标和行动。

（2）“地平线 2020”计划指标系统。

应用指标来洞察“地平线 2020”计划的结果和影响是动态监测体系的一个核心内容。指标系统的建立也为评价体系的有效运行奠定了坚实的数据基础。欧盟“地平线 2020”计划确定了五项原则用于开发目标明确的指标系统。一是靠近原则（Proximity），采用 VAT 税号、研究人员 ID、资助者 ID 等唯一标识符来确定计划评价中涉及的具体研究人员和企业。二是归因原则（Attribution），超越出版物、专利等传统指标，全面反映因计划实施而产生的科学、经济和社会影响。三是可追溯原则（Traceability），基于外部公共与私营数据库开发标准化数据；使用项目官员、评价者、审核者的其他相关数据源。四是整体原则（Holism），将计划进展作为一个整体来体现，关注不同计划行动的长期共同目标和相互联系。五是稳定性原则（Stability），建立信息系统，确保与早期研发框架计划的延续性和可比性；增强数据质量，在监测体系中尝试不同的数据收集和分析方法。“地平线 2020”计划关键绩效指标系统主要涉及卓越科学、产业领导力和社会挑战三大战略优先领域，倡导卓越和扩大参与、社会参与科学和科学服务社会、创新与技术研究院、欧洲原子能共同体研究与培训 4 个单列资助计划，以及 14 个交叉问题。指标数据主要来自公共研究数据库（CORDA），其收集了从欧盟第五框架计划到“地平线 2020”计划所有研发创新项目的相关数据，但仅限于欧盟委员会内部使用。

（3）信息技术支持系统。

在前几轮框架计划实施过程中，欧盟委员会陆续建立了一系列的信息系统平台，用于支撑研发创新项目信息的管理与利用。“地平线 2020”计划将已有信息系统资源进行了关联，实现了数据之间的融通，为其监测体系的有效运转提供了坚实的信息技术系统保障。目前在运行的主要信息系统包括：计划书提交和评价系统（SEP）、合同与计划管理系统（CPM）、资助管理系统（SYGMA）、科研绩效与影响报告工具（RESPIR/SESAM）等。公共研究数据库（CORDA）就是在已有信息系统基础上对数据进行结构化处理，为“地平线 2020”计划指标系统提供数据支持。

此外，针对特定用途，欧盟委员会还设立 3 个信息平台建设项目。一是研究与发展信息服务平台（CORDIS），其收集了欧盟第四框架计划以来所有研发创新项目的基本信息，如进展、阶段性成果和总结报告等，并将项目信息与项目产出的出版物和专利信息进行了数据关联。二是开放获取基础设施（OpenAIRE），其为计划项目的研究成果提供了开放获取服务，促进了欧洲开放科学发展。三是欧盟开放数据门户（European Union Open Data Portal），提供了大量欧盟委员会及其他欧盟机构的开放数据资源。

（4）年度监测报告。

“地平线 2020”计划的年度监测报告由欧盟委员会研究与创新总署负责发布，是对计划监测结果的整体呈现，也是“地平线 2020”计划中期评估的主要参考资料。年度监测报告主要涉及以下 5 个部分。一是计划立项情况，包括立项数量、资助金额、申报数量、成功率、申报与立项机构类型、欧盟成员国的参与和绩效。二是计划整体运行情况，包括新获批项目者、项目时间、精简程序、与其他资助计划的协同、计划书评审的质量评价、纠正、伦理、安全审查程序。三是具体计划运行情况，基于“地平线 2020”计划关键绩效指标系统，重点监测三大战略优先领域、四个单列资助计划和 14 个交叉问题领域的指标变化。四是资助计划的案例分析，涉及开放创新、开放科学和向世界开放三个领域案例。五是利益相关群体年度调查结果。

7）评估结论

中期评估报告主要结论认为："地平线 2020"计划最初设定的干预原则和目标依然有效，加强欧盟的科学基础、缩小创新差距和保持产业领导力仍然是计划的主要目标。实施效率方面，"地平线 2020"计划比欧盟第七框架计划更加高效，行政机构实施预算 60%，项目拨款时间缩减 110 天，大规模简化参与规则，大大改善了运营状况。"地平线 2020"计划的效果显而易见，提高了欧盟整体的吸引力，项目申请者来自 130 个国家，且超过一半的申请者是新加入的，形成了不同国家、组织、科学学科和部门之间的合作。同时，计划通过竞争机制，创建跨境多学科网络，汇集资源并创造应对全球挑战所需的经济规模，从而开展研究和创新。

中期评估报告充分肯定了"地平线 2020"计划对欧洲研发框架和科技资源的整合作用，对其结构简单、重点突出和手段创新等优点更是赞赏有加。报告认为，与 FP7 相比，"地平线 2020"计划的结构更加简单，重点聚焦在三大战略优先领域，而鼓励中小企业创新的工具（SME Instrument）行之有效。"地平线 2020"计划的一大创新之处就在于它整合了这些重要的研发资源，采用单一架构促进欧盟相关资源的协调发展。

在中期评估利益相关者公开咨询中，收集到了针对未来框架计划完善的观点及建议，包括将部分预算专门用于变化的优先领域，进一步提高计划的灵活性以应对新出现的政策问题；目前的卓越科研、产业领导力和社会挑战三大主题结构清晰，但各主题下的相关措施仍要合理布置，项目间的协调性仍需加强①。

报告同时也强调了评估所受到的限制和挑战，认为现在谈论"地平线 2020"计划的影响还为时过早。由于大部分项目尚未选定和启动，该计划主要的产出、成果及影响还未能产业化，已开始的项目短期内也难以产生效益。截至报告发布之时，在启动的 11 000 多个项目中，只有 10%的项目结项。此外，"地平线 2020"计划中期评估一直面临数据的可用性、可测性和可靠性挑战，同时缺乏一个完整的产生社会影响的指标监测体系。因此，中期评估报告将有助于改进"地平线 2020"的执行情况，确保 2018～2020 年欧盟第三阶段的实

① 欧盟"地平线 2020"计划中期评估及改进建议[EB/OL]. https://www.casisd.cas.cn/zkcg/ydkb/kjzcyzxkb/2017/201708/201708/t20170816_4849356.html[2024-08-16].

施方案更加高效合理（赵俊杰，2018）。

8）中期评估结果管理

欧盟研发框架计划是欧盟最主要的科研与创新资助计划，自 1984 年至今已实施了 8 期。第九期研发框架计划于 2021 年启动。欧盟自 2016 年起就启动了该计划的设计和筹备工作。由于 2019 年欧洲议会与欧盟委员会领导人换届以及 2020 年新冠疫情暴发，“地平线欧洲”计划的推进受到了诸多阻碍。2020 年底，欧盟委员会最终确定“地平线欧洲”计划 955 亿欧元的资助经费，使该计划成为有史以来资助规模最大的国际科技计划。2021 年 6 月 23 日召开的欧洲研究与创新日（European Research and Innovation Days）中，欧盟宣布“地平线欧洲”计划正式启动，较原计划推迟了半年左右。

2017 年对“地平线 2020”进行的中期评估导致该计划的后半段进行了一些重大调整。加强开放科学的新举措已初见成效，国际参与水平得以保持。在“地平线欧洲”框架下，进一步的改进，如促进妇女的参与、更好地融合社会科学和人文科学以及减轻行政负担，都得到了推进和加强。此外，还对监测和评估框架进行了修订，以便更好地跟踪“地平线欧洲”一段时间内的影响。“地平线欧洲”的中期评估将仔细审查这些措施的有效性。

“地平线 2020”计划的中期评估强调了需要进一步改进的几个关键领域，具体包括：①扩大参与范围。该计划的参与范围还有扩大的空间，将吸纳来自多个部门、科学学科和国家的非传统参与者的参与。虽然国家研发和创新系统改革可以影响欧洲层面项目参与的准备情况，但该计划本身可以通过更大的简化、可见性和可及性来改进。②需要进一步简化申请程序和流程。③研究成果的传播、利用和扩散。④支持女性参与研究和创新。尽管做出了努力，但在研究、创业和创新领域实现性别平衡仍然是一个挑战。需要采取更有力的措施来支持欧洲范围内或研发框架计划内的女性研究人员、企业家和创新者。⑤与其他举措发挥更多协同作用。可以加强与其他欧盟、国家和区域举措的协同作用，特别是支持项目成果的吸收和使用。这包括更好地协调以确保研究基础设施的顺利运行。

中期评估还强调需要监测欧盟计划为欧盟优先事项和竞争力作出贡献的能

力。“地平线 2020”约占欧洲公共研发支出总额的 10%，它不足以单独克服欧盟研发体系长期以来面临的挑战，即将欧盟开发的高质量研究成果转化为市场上的新创新。尽管如此，它仍有助于增强欧盟的竞争力。“地平线欧洲”中引入了欧盟优先事项与欧盟研发创新资金规划之间的强化一致性，并制定了多年战略计划，在此之前对研发创新的近期发展以及未来挑战和机遇进行了分析。

基于评估结果，欧盟进一步委托高级别专家工作组进行研究，形成了《LAB-FAB-APP：投资欧盟未来》（简称拉米报告），提出 11 项扩大研发框架计划后续影响力的举措。综合“地平线 2020”计划中期评估报告和拉米报告，欧盟委员会对“地平线欧洲”提出了 8 点提升研发框架计划影响的建议。

9）总结

“地平线 2020”计划中期评估以整体计划为评估对象，打破了以往对单个计划或项目的条线评估思维，从全新的维度评估计划实施的效率、效能、社会影响力和对欧洲的整体价值，具有诸多亮点和特色。“地平线 2020”计划中期评估调整了评估逻辑，关注“地平线 2020”计划的一致性，突出欧盟价值与创新资源整合。对内，有效整合各类研究和创新计划，重点关注优先领域研究；对外，加强协同性，尤其通过与欧洲结构与投资基金认证，与欧洲战略投资基金产生协同效应。除了关注研究计划本身的实施进度和资源使用效率，此次中期评估更看重其经济社会影响力。

第一，中期评估强调科学影响，重点关注对全球顶尖科研人员、研究机构的培养和吸引，泛欧洲研究基础设施的使用，知识生产和科学突破，创建科学合作网络。中期评估显示有 17 位诺贝尔获奖者得到了支持，突出科技成果包括希格斯玻色子和引力波等重大科学发现。

第二，中期评估突出创新与经济影响，重点关注知识产权、创新和竞争力塑造，支持并资助中小企业的研究与创新，拓宽中小企业开展创新项目的风险融资渠道，在企业之间以及企业与高校、科研院所之间建立网络，通过采购和奖励在内的创新工具，投资需求驱动型创新，以创造就业机会和促进经济增长。到 2030 年，根据欧盟“地平线 2020”计划，每投资 1 欧元，将带来 6～8.5 欧元的收益。

第三，中期评估关注社会影响，着重衡量相关领域取得的科学成果和创新经济成果（如可持续发展研究、气候变化研究）能否为迎接社会挑战提供帮助，加强了科学与社会之间的联系，为解决跨领域社会问题，实现人文社会科学与创新的整合，支持政策制定和反馈提供了可行性研究。

6.6.4.3 “地平线 2020”计划事后评估

2024 年 1 月 29 日，欧盟委员会发布了“地平线 2020”计划研发框架计划最终评估结果，本次评估将为下一个研究计划——第十个研发框架计划（FP10）（将于 2028 年启动）的范围和目标提供信息。

1）评估资料和方法

“地平线 2020”计划的最终评估同样根据欧盟委员会“更好监管准则”从五个标准（即有效性、效率、相关性、一致性和欧洲附加值）进行评估。该评估的依据包括 12 项外部研究、14 份委员会监测报告，以及其他欧洲机构（欧洲审计院、欧洲经济和社会委员会、欧洲议会）发布的研究和报告。使用的评估方法包括：①审查文件和分析数据；②文本分析；③与利益相关者、国家当局和执行机构进行了 1000 余次访谈；④对成功的和不成功的申请人进行访谈；⑤反事实分析；⑥于 2022 年 12 月 1 日至 2023 年 2 月 23 日进行的利益相关者调查，收集了 1818 份答复。定性与定量相结合的评估方法为最终评估提供了全面的证据基础。

此次评估的局限性是在准备最终评估时还有相当多的项目仍在进行中：已签署的 35 426 个项目中只有 21 030 个项目（59%）已经完成，余下 14 396 个项目（41%）仍在进程当中。此外，经济学研究普遍承认，由于知识生成及其扩散过程的性质，评估研发和创新活动具有挑战性，研发和创新活动需要时间才能产生结果、影响。因此，“地平线 2020”计划的最终评估只是基于计划的有效性、效率和一致性方面的成功和不足之处开展基于证据的评估。首先，审查“地平线 2020”计划如何有效地实现其科学、社会和经济目标，以及该计划的并行目标，即传播卓越、扩大参与和促进社会科学。然后，本节考虑实现这些目标的成本。最后，它提供了该计划在内部不同工具之间以及外部与其他相关欧盟和国家计划之间以一致方式运作的程度的证据。具体而言，“地平线

2020”计划目标的评估体系和图形评估结果如表 6-9 所示。

表 6-9　“地平线 2020”计划目标的评估体系和图形评估结果

“地平线 2020”计划目标	内容	结果
有效性——“地平线 2020”计划的科学卓越性表现	推广了大量高质量的出版物	+
	促进研究出版物的开放获取	+
	在“不断扩大的国家”传播卓越成果	+/–
	为前沿研究的进步做出了贡献	++
	提高研究人员的职业流动性、培训和职业前景	++
	加强欧洲研究基础设施	+/–
有效性——“地平线 2020”计划的社会影响目标的实现程度	增加研发对社会挑战的贡献	+/–
	促进性别平等	+/–
	在资助项目中推广社会科学和人文学科	+/–
	支持环境和气候变化研究	+
有效性——“地平线 2020”计划的经济目标的实现程度	产生创新成果，包括新技术、产品和服务	+/–
	为欧洲在赋能技术和工业技术方面的领导地位作出贡献	+
	使欧洲技术与创新学院的知识与创新社区(KIC)能够创造经济和创新产出	+/–
	便于获得风险投资	+
	对 GDP 和就业产生宏观经济影响	+
	加强欧洲的竞争地位	+/–
	提高了受益人的经济绩效和竞争力	+
	促进国际合作，促进该计划的影响	+
	促进成果的利用和传播	–
	长期有效性——先前框架计划的长期有效性和长期影响	++
效率——“地平线 2020”计划的实现程度	降低了申请人和参与者的管理成本	+/–
	根据总体行政支出目标执行	+
	提高了项目成本报告中的“错误率”	–
	确保拨款协议签署之前的流程更快	++
	内部连贯性——“地平线 2020”计划各组成部分运行良好的程度	+
	外部一致性——“地平线 2020”计划与其他相关欧盟和国家计划的良好运作程度	+/–
“地平线 2020”计划给欧盟的附加价值	为研发利用额外资源	+
	支持没有欧盟资助就不可能开展的活动	++
	促进研发领域的多学科和欧洲合作	++
	通过创造欧盟范围内的竞争来提高研究和创新的卓越性	++

续表

“地平线 2020”计划目标	内容	结果
“地平线 2020”计划给欧盟的附加价值	为巩固欧洲研究领域做出了贡献	+
	相关性——“地平线 2020”计划在多大程度上满足了最初的需求并且这些需求现在仍然存在	+

注：–表示目标未实现（并且不会实现），但有一些积极的发现；

+/–表示评估取得积极进展，但尚不清楚是否仅取得部分成果或最终实现目标；

+表示评估发现目标已实现或正在实现；

++表示评估发现已超出目标，或即将超出目标

2）评估的局限性——监测和评估安排

“地平线 2020”计划只实现了部分目标或关键绩效指标，这种部分成功可归因于研发投资的固有性质，通常需要很长的时间才能产生可利用的成果。该计划下启动的许多项目仍在进行中，该计划指标的初始设置也存在缺陷。FP7 的长期有效性分析表明，R&I 项目需要更长的周期才能体现其影响。值得注意的是，知识产权绩效只能在项目完成十年后才能得到全面评估。这对于旨在评估社会影响的指标尤为重要——事后评估发现，这些指标在“地平线 2020”的绩效框架中并不突出，而且通常不足以提供有关该计划对社会更广泛影响的有用叙述。事实证明，为“地平线 2020”计划设定的选定目标要么太接近基准值，要么设定错误，未来应该更加谨慎地设定目标。

由于缺乏对社会影响的监测安排，而且“地平线 2020”项目结束以来时间相对较短，因此总体上难以评估对社会的更广泛影响。借鉴“地平线 2020”计划薄弱指标体系的经验，“地平线欧洲”对项目的监测和评估体系进行了彻底改革，建立了覆盖整个项目的影响监测和绩效框架。它围绕九个关键影响路径构建，同样涵盖科学、社会和技术/经济影响，包括基线值和目标以及强化的数据质量系统。

3）“地平线2020”计划评估建议

根据分析，截至目前，欧盟委员会正逐步落实前期研究和评估对“地平线欧洲”计划所提出的相关建议，具体建议如下。

第一，扩大资助规模。“地平线 2020”计划的项目申请成功率为 11.6%，比第七框架计划下降了 7%。前期研究认为低成功率会导致欧盟创新潜力无法被完全激发，且大量评审工作会造成社会资源的浪费。鉴于此，欧盟委员会建议在下

一期研发框架计划中提高经费总额，并呼吁各成员国加大投资力度。此建议已得到落实，据 2020 年 12 月 17 日欧洲议会的动态，“地平线欧洲”的预算为 955 亿欧元，相较“地平线 2020”计划 770.28 亿欧元的总投入增长了约 24%。

第二，简化行政流程。前期研究发现，简化申报和管理流程，有助于吸引更多高质量的项目申报者，并达到加快创新进程、减少行政管理负担的目的。为此，欧盟委员会建议在“地平线欧洲”计划中，建立更加简便的申报审批流程和支出报销系统；推行接受度更广的标准化会计制度；减少申报人员准备和提交申报书的负担；增加一次性拨款方式的占比；增加研究成果的扩散和利用等。对欧盟项目申报系统的监测显示，欧盟“一站式”系统近 2 年已经过多次改版，欧盟分别于 2020 年 7 月和 10 月发布了简化申报程序和新版申报人信息页的通知。截至目前，系统的优化和简化仍在进行中。

第三，支持突破性创新。对欧盟创新能力的分析显示，欧盟在创新方面不如在科研方面表现卓越。因此，欧盟提出把创新作为重点内容，嵌入各项政策的制订中，并提出要重点支持颠覆性和大规模创新研究项目。同时，欧盟提出成立欧洲创新委员会（EIC），加强市场导向的创新，强调形成可落地的科研成果。对“地平线欧洲”计划和子计划的最新研究显示，该计划现已设立了“创新欧洲”支柱和欧洲创新委员会，整个计划架构中近 1/3 的布局与创新活动紧密相关。

第四，扩大计划影响力。“地平线 2020”计划设立之初，并未设计应如何跟踪该计划的影响，也未考虑到将公民纳入计划的设计中，导致后期难以追踪该计划科研和社会方面的影响力。欧盟委员会由此建议，将公民纳入计划的初始设计和后续执行中，使计划更好地服务于解决社会和科技挑战。“地平线欧洲”计划采纳了本建议，通过线上线下相结合的方式广泛征集全球民众的意见，并在计划设立之初就着手制订了完善的监测和评估指标，分别设立短、中、长期目标及相关考核指标，令产出成果便于统计和监测，有助于及时向政策制定者反馈信息并做出相应调整。

第五，增加与其他欧盟资助计划的协同性。欧盟认为“地平线欧洲”计划作为欧盟范围内最具战略意义的研究创新计划，应集中力量资助附加值大的项目，如那些需要大规模跨国、跨领域合作以实现突破性、颠覆性创新的项目，而欧盟各成员国的资助计划则应更有针对性地面对本国需求。“地平线欧洲”计划应与欧盟其他计划和政策（如欧洲原子能研究计划、欧洲一体化政策、欧盟各成员国的资助计划等）相辅相成。为落实这一建议，“地平线欧洲”计划设立了“新一代的欧洲合作伙伴关系”子计划，专门用以支撑与各成员国、私营部门、基金会和其他利益相关方之间的协作，推动欧盟产学研之间建立合作伙伴关系。

第六，提高开放程度。为加强各类数据的利用率和卓越科研成果的推广及普惠，欧盟将进一步公开共享科研信息，开放获取被列为“地平线欧洲”计划的准则之一，以促进项目成果在市场上的接受度并持续激发创新潜能。对“地平线欧洲”计划的监测显示，该计划设立了名为“扩大参与和传播卓越”的单列子计划，其主要工作之一就是支持“开放科学”。

第七，加强国际合作。“地平线 2020”计划评估报告和拉米报告均提出加强国际合作的建议，号召各成员国进一步加强与现有合作伙伴的联合研究工作，并着重强调科技外交的价值。据研究，在“地平线欧洲”计划的设计阶段，欧盟已通过“共同设计”机制向全球科研人员征求意见，用于支撑该计划的设计。欧方官员曾公开表示欧盟希望增加“地平线欧洲”计划的“协议约定国”。对中国的合作方面，欧盟于 2021 年 11 月 5 日发布了《基于欧盟—中国知识网络对中国的建议》，该建议由欧盟理事会总秘书处向各成员国传阅，内容上鼓励优先与中国开展国际合作，并认可中欧间科技创新合作的相关影响力。

第八，合理布局资金。“地平线欧洲”计划的系列前期研究报告提到了合理布局资金的必要性，并指出“地平线 2020”计划的资助种类繁多且指南说明复杂，不易于理解。建议对“地平线欧洲”进行顶层设计时，改革现有的资金使用布局，让尽可能多的申报者在不同的科研领域受益，大力推动创新发展。截至目前，欧盟就“地平线欧洲”计划下设的支柱和子计划及其预算进行了多轮调整，优化资金布局。更多的信息预计会逐步体现于“地平线欧洲”计划未来的多年度工作方案中（南方等，2022）。

6.6.5　欧盟科技规划评估与结果管理对我国的启示

第一，转变评估思路，注重评估实效。扩展现有规划评估内容，由方案评估、项目评估向规划整体评估转变，注重规划制定、规划实施和实施效果的全过程、全方位分析评估。规划评估除了本身政策和项目实施效率评价，要更加关注规划实施对经济社会发展的影响。适时调整反馈，评估时适当考虑重大经济社会问题和环境变化，并对评估内容进行补充；评估结果应形成修订方案反馈到规划当中，为调整规划内容、保障规划实施、促进目标实现等方面提供依据，提升评估效果。

第二，创新评估方法，实现动态跟踪。组织专家组或评估工作小组对规划进行评估方法研究，推动评估方法逐步向定性与定量相结合、指标细化评价方向发展，加强对新技术的学习和吸收。规划评估需要静态评估与动态监测相结合，建立年度规划数据动态跟踪监测机制，记录规划项目执行和政策落实情况；编制年度报告并公开，为社会各界了解规划执行情况、保障规划项目推进提供事实依据，也为自评和第三方评估提供基础数据资料。

第三，评估组织多元化，构建多方参与的评估网络。组织规划评估，需考虑规划评估的委托方、实施方和其他参与团体的安排，可以由单一规划部门开展，也可为多部门合作，评估人员选择需要多样性，可以来自政府部门、专业人士和市民大众等不同群体。在保障评估专业性的同时，规划评估应积极邀请公众与各利益团体参加，通过规划评估检验各利益主体的冲突所在，缓和社会矛盾。全国性规划评估可以考虑建立全国性评估网络，加强国家部委之间，各省市层级之间，以及学术界、业界之间的对话与合作，以规划评估促进相关领域跨区域协同合作①。

6.7　本 章 小 结

本章主要介绍了国际科技规划与结果管理的主要经验，主要以美国、英

① 欧盟“地平线 2020”计划中期评估的研究启示[EB/OL]. https://www.sohu.com/a/234610592_468720[2024-06-08].

国、德国、日本、韩国、欧盟这六个国家与地区为研究对象，通过对其主要科技规划评估组织机构、科技规划评估与结果管理法律制度、科技规划评估与结果管理协调机制、科技规划评估与结果管理案例的分析，从中获取启示来指导我国科技规划评估与结果管理的发展。

第7章　科技规划评估与结果管理的问题与思考

7.1　科技规划评估与结果管理存在问题

7.1.1　科技规划评估与结果管理法制支撑不足

科技规划评估的法律与制度保障是理顺各规划关系的重要桥梁，能够改变科技规划评估执行不力的现象（刘春雨，2012）。法律化、制度化为科技规划评估工作带来有力的辅助支撑作用，当前我国科技规划评估仍然缺乏法律与制度的支撑，致使评估环节比较薄弱，与之配套的监测考核方法也较为空白。

纵观中华人民共和国成立以来科技规划评估的法律化和制度化进程，在科技规划评估法律化层面，具有代表性的法律文件为第八届全国人民代表大会常务委员会第二次会议通过的《中华人民共和国科学技术进步法》，该法律颁布于1993年，也是我国唯一一部以“进步”为名的法律，《中华人民共和国科学技术进步法》在2007年和2021年经历过两次修订，对开展科技评估工作具有重大指导意义；在制度化层面，1993年我国在科技管理环节中引入评估制度，相较其他科技强国起步较晚。1997年，我国成立国家科技评估中心并于2001年研究起草了《科技评估规范》与《科技评估管理暂行办法》，这是在宏观科技体系下，对科技规划评估以及其他科技评估类型的内容、方法等进行的初次规定。2000年，科技部颁布《科技评估管理暂行办法》，我国科技评估也由原先地方层面的经验积累上升为宏观层面的制度实践。2016年，科技部、财务部、国家发展和改革委员会联合印发《科技评估工作规定（试行）》，进一步推动了我国科技评估工作制度化的进程。

综上所述，我国虽然对科技评估工作做出宏观部署，但就科技规划层面而言，以科技规划为主题的专门化评估法律与制度相对缺失。一大原因是科技规划评估法律的立法位阶较低，以《中华人民共和国科学技术进步法》为例，虽然该法律历经两次较大修订，条款也高达 117 条，但就科技评估（另外包括法律涉及的“评价”“评议”“评审”等条款）而言，相关条款共 19 条，仅占总条款的 16%（任蕾等，2023），且在第 8 条中，《中华人民共和国科学技术进步法》对科技评估制度规定的内容过于宽泛，虽然在宏观层面指出科技评估的实践方向，但具体实践步骤的缺失使得完成这一条款内容的条件较为困难。由于科技规划评估相关的法律较少，我国多以暂行办法、试行规定等政策文件填补科技规划评估法律缺位，并以此解决这一问题造成的种种困难，需要说明的是，此类政策文件缺乏法律的强制约束性和硬性规制性，难以满足科技规划评估的多元需求。此外，在科技规划制度的颁布中，不同的政策文件上下衔接程度较差，文件内容上存在错误漏洞，可能产生内容的前后矛盾，以 2003 年《科学技术评价办法》（试行）为例，该文件明确了科技评估的职能定位，并对科技评估的不同对象进行区分，但对科技计划、科技项目等评估对象的范围划分并不明确，且在效益评估中加大了科技规划经济效益的重视，而忽视了科技规划对社会生态的影响，致使评估指标体系构建不够科学，也难以全面反映科技规划的实际效益与影响（这一问题在之后的如 2016 年《科技评估工作规定（试行）》等一系列规定和国家标准中得到改善）（康兰平，2018）。

科技规划评估法律与制度的支撑不足以对科技规划评估结果应用产生影响，现阶段，我国科技规划评估结果的路径应用并无完备的系统机制，加之法律条款与制度文件对评估结果规范的缺失，致使科技规划评估结果往往会被束之高阁，评估结果逐渐沦为科技规划评估的表面流程形式，而难以引发决策者对这一评估结果的深刻思考。

7.1.2 科技规划第三方评估机构独立性与专业能力较弱

政府部门自我评估和上级对下级的评估成为我国科技规划评估的主要方式，一定程度上来说，此类评估方式存在优势：第一，评估委托者成为评估主体能够完全掌控和熟识科技规划编制、实施等情况，因此在科技规划评估活动中对评估工作的把控程度更为精准；第二，科技规划评估所需要的重要信息与材料可得到及时供应，能够减少各部门间的交流成本。但是，政府部门自我评估的第一方评估，和上级对下级评估的第二方评估导致了在科技评估活动中评估主体较为模糊，致使评估主体的独立性较低。现阶段宏观层面的科技规划评估多以第一方评估和第二方评估为主，因此各种评估结果是否客观成为评估工作的一大疑问。

为解决这一问题，2012 年 9 月中共中央、国务院印发的《关于深化科技体制改革加快国家创新体系建设的意见》中提出，“建立健全对科技项目和科研基础设施建设的第三方评估机制”①。2018 年 7 月，中共中央办公厅、国务院办公厅印发《关于深化项目评审、人才评价、机构评估改革的意见》，提出“加强国家科技计划绩效评估……绩效评估通过公开竞争等方式择优委托第三方开展，以独立、专业、负责为基本要求，充分发挥第三方评估机构作用，根据需要引入国际评估”②。在各种政策意见的加持下，我国科技规划评估工作应充分发挥第三方评估机构的作用，然而现阶段第三方评估亦存在独立性问题，一方面，由于科技规划评估与结果管理法制支撑不足，法律制度的缺位，第三方评估机构的独立性缺乏保障。具体而言，我国法律尚未明确第三方评估机构的法律地位，致使其独立资格仅停留在制度文件中，难以得到实际认可。另一方面，第三方评估机构的权责难以界定，造成这一问题的原因是由于评估主体行为边界的不清晰，第三方评估机构的评估活动可能受到评估主体或多或少的影响与渗透。

需要说明的是，我国当前并非无法全面启动第三方评估机构进行科技规划评估，而是在科技规划评估方面，我国第三方评估机构的专业能力有待提升，主要表现于评估水平和评估资质两个方面。从评估水平来看，第三方评估机构的评估专家和工作人员是决定科技规划评估结果质量好坏的关键因素，但我国当前尚未建立科技规划评估人员的等级划分制度，且在第三方评估专家的筛选上无明确规范；从评估资质来看，我国仅在 2024 年的《科技评估机构能力评

① 中共中央、国务院印发《关于深化科技体制改革加快国家创新体系建设的意见》[EB/OL]. https://www.gov.cn/jrzg/2012-09/23/content_2231413.htm[2024-09-23].

② 中共中央办公厅 国务院办公厅印发《关于深化项目评审、人才评价、机构评估改革的意见》[EB/OL]. https://www.gov.cn/zhengce/2018-07/03/content_5303251.htm[2024-10-03].

价规范》中，对科技评估机构的等级划分、要求等作出一定程度上的规范，但对第三方评估机构应满足何种条件、何种能力方可承担科技规划评估工作的相关要求涉及较少，这会进一步影响第三方评估机构的权责划分（谭华霖和吴昂，2018）。

7.1.3 科技规划评估与结果管理方法体系待完善

科技规划评估是跨学科和跨层次的综合性工作，涉及经济学、管理学、社会科学、自然科学等多学科的融合，因此合适的评估理论与方法对科技规划执行优化和评估效果提升至关重要。外国大多数科技强国的科技规划评估方法体系已经较为完备，如英国作为同行评议方法使用最早的国家，将该方法引入科技规划评估中，并使得同行评议方法成为世界各国主流的科技规划评估方法；美国作为科技评估的先驱，在科技规划评估中积累了大量评估方法的使用经验，已形成一套完备的评估方法体系。现阶段，我国科技规划的评估工作多使用外国学者、科学家、质量管理专家等创立的评估方法，但在评估方法的使用过程中存在两个问题。

一是国外科技规划评估方法体系并不完全适用于中国特定环境下的科技规划评估活动。例如，文献计量方法、经济计量方法等方法只可应用于特定环境以及部分评估对象中，而科技规划所处局势变化和评估对象日益复杂，仅靠单一评估方法难以契合科技规划评估的内涵，如美国 ATP 计划评估，就使用了案例研究方法、成本指数方法、经济计量方法等多种方法进行综合性评估，我国科技规划评估使用的方法较为固定，且较为依赖同行评议方法，在部分科技规划评估工作中缺乏变通。2018 年，科技部、教育部、人力资源社会保障部、中国科学院和中国工程院联合发布的《关于开展清理“唯论文、唯帽子、唯职称、唯学历、唯奖项”专项行动的通知》中提出破除“唯论文、唯帽子、唯职称、唯学历、唯奖项”（简称“五唯”）清理，破“五唯”活动不仅激发了科研人才创新活力，也从侧面对科技规划评估作出进一步要求：不可只考虑科技规划的表面成果，更需要透过现象看本质，选择更为合适的评估方法并建立正确的评估指标体系，从而取得更具有科学性的评估结果，这也对科技规划评估方法的选择和使用提出更高要求。

二是我国自行创立的科技规划评估理论和方法较少，部分评估方法的可操作性低。随着科技规划评估活动的评估主体多元化与差异化的逐渐增加，现有科技规划评估方法的局限性也越来越凸显，尤其在评估方法的理论研究上，我国缺乏具有创新性和前瞻性的评估理论以及与之匹配的评估方法，导致评估工作难以适应科技发展的新趋势和新要求。这一现象，既源于我国科技规划评估历史沉淀不足，也反映出我国在科技规划评估理念、方法论及跨学科融合等方面的探索尚不够深入。除了评估理论与方法不足外，部分现有评估方法在实际操作中也面临诸多挑战，如评估设计过于复杂、数据获取困难、成本高昂或技术门槛过高等，导致评估方法在实际应用中难以得到有效执行，或是一些评估方法虽然在理论上具有先进性，但由于缺乏必要的实践经验和技术支持，操作可行性大打折扣。

7.1.4　科技规划评估事前、事中、事后三阶段评估流程不完善

科技规划事前评估、事中评估、事后评估是科技规划评估的完整流程，构成了科技规划评估的闭环体系。我国之前的科技规划评估工作存在“重编制、轻实施、缺评估”的状况，2003 年我国开展了五年规划的中期评估，并形成“中期评估+总结评估+年度监测评估”的评估流程，现阶段，我国科技规划事中评估已构建起较为完善的评估机制并积累了丰富的研究成果，相比之下，事前评估与事后评估的机制构建则显得相对薄弱，亟待加强。

党的十九届五中全会审议通过的《中共中央关于制定国民经济和社会发展第十四个五年规划和二〇三五年远景目标的建议》中提出，“健全重大政策事前评估和事后评价制度，畅通参与政策制定的渠道，提高决策科学化、民主化、法治化水平”[①]。要充分利用科技规划事前评估的成效预测评估和风险预测评估作用，以及科技规划事后评估的科技规划总结作用，前者是对科技规划事中评估获取优质评估结果的前提，后者是对科技规划整体执行情况的最终反映。

目前，我国事前评估多应用于财政资金管理方面，为强化支出责任、提高

① 中共中央关于制定国民经济和社会发展第十四个五年规划和二〇三五年远景目标的建议[EB/OL]. https://www.gov.cn/zhengce/2020-11/03/content_5556991.htm[2024-11-03].

财政资金的使用效益而建立相应的事前绩效管理体系，而这一部分内容仅是科技规划事前评估的一部分，科技规划事前评估其他部分的缺失致使我国科技规划的针对性减弱。各科技强国均重视科技规划的事前评估，如英国在科技规划编制之前，由政府科学创新办公室和科学技术委员会组织科研机构、高校等从英国国家层面与其他国家进行对比和调研，并通过英国科技规划各类要素的事前预测评估来遴选重要发展领域。我国也逐渐重视事前评估的作用，在科技规划实施之前，就规划编制、项目机构设立、资源分配等问题进行咨询论证、规划目标分析等，然而，现阶段我国在科技规划的事前评估领域的评估经验尚且不足，具备显著的成长潜力与提升空间。鉴于事前评估对于确保科技规划编制的科学性、合理性具有至关重要的作用，因此构建一个系统、全面且高效的科技规划事前评估体系刻不容缓。

事后评估是本期科技规划的最终评估，我国进行了大量事后评估实践，如2007 年中国科学院对已经验收的国家“九五”重大科学工程项目从项目目标、效益角度再次进行评估；2018 年国务院知识产权战略实施工作部级联席会议开展《国家知识产权战略纲要》实施 10 年的评估工作等。虽然事后评估是我国科技规划评估的重要一环，政府也构建了较为全面的事后评估框架，但部分科技规划的事后评估工作仅仅停留于表面，只局限于对当前规划周期的浅尝辄止式总结，甚至不乏自我标榜、夸大其词的倾向，严重缺乏对规划执行过程中存在问题与不足的深刻剖析与自我反省，进而影响了下一期科技规划的编制与实施。同时，事后评估不够及时也是我国科技规划事后评估的另一大问题，评估机构往往在下一期科技规划即将启动之际才收到评估委托人对上一期规划进行综合评估的委托任务，这种时间上的紧迫性导致评估人员上一期规划的评估工作难以做到深入细致，评估过程显得仓促而不够充分，进而可能影响评估结果的全面性和准确性。

7.1.5 科技规划评估结果管理重视程度不够

科技规划评估结果管理是近年来世界各国科技规划评估工作的部署焦点，评估结果管理成为科技规划管理和决策的重要依据，如日本《科学技术基本计划》的事后评估结果影响了日本后续科技规划蓝图的绘制；美国利用战略规划、绩效规划的绩效评估结果对各联邦机构的经费预算进行分配；英国利用Alvey 计划的事中评估结果，提前对规划中的问题进行发现并动态调整。

科学公正的科技规划评估结果有助于决策者做出正确的决策，从而发挥评估结果的导向作用，但我国现阶段评估结果管理存在如下几个问题使得评估结果的导向作用难以实现。

一是存在重评估过程轻评估结果的现象。科技规划评估启动之前需要明确评估目的，并通过评估结果来更好地实现这一评估目的，可以说，评估结果是连接科技规划评估活动与最终决策者行为的重要桥梁，目前我国对科技规划评估结果多只重视数量而忽视质量，大量评估结果被搁置使其未得到深入分析和利用，这一现象折射出形式主义在科技管理领域的潜在影响，不仅侵蚀了科技规划评估的科学性，更违背了科技规划决策与评估结果管理二者相辅相成的内在逻辑。具体而言，其背离了评估与编制之间应有的相互统一与促进原则，表现为在规划编制过程中未能充分吸纳科技评估结果，导致规划内容可能偏离实际需求与科学导向；同时，规划编制过程中缺乏有效监控与调整，又进一步加大了科技规划实施工作的阻碍，致使后续评估工作难以获取真实、全面的结果，形成了评估结果管理与科技规划部署之间的恶性循环。

二是评估结果使用不当，和评估结果路径应用相匹配的反馈机制缺位。评估结果容易被错误应用，如过分依赖以往科技规划评估经验，不同环节的评估结果混乱使用等，致使科技规划评估工作的人力、财力、物力大量浪费。评估结果使用不当的根源是对评估工作的认知不足，部分科技规划评估活动被视为一项程序性工作，难以真正挖掘评估结果中的信息，这种认知偏差致使科技规划评估结果难以成为决策行为的有力依据，即评估结果难以找到合适的“发力点”，无法有效融入科技规划评估与结果管理的全过程。同时，与评估结果路径应用相匹配的反馈机制的缺位，使得评估结果的路径应用产生“孤岛效应”，即缺少评估结果反馈机制，导致评估结果与后续行动难以顺利推进，不仅削弱了评估结果的影响力，还可能导致科技规划评估结果管理陷入随意性。反馈机制的缺位主要原因是其建立和执行往往需要跨部门、跨领域的协同合作，但在实际操作中存在沟通协调不畅、责任划分不清等问题，影响了反馈机制的运行。

7.2 政策建议

7.2.1 强化科技规划评估与结果管理法制支撑体系

中国科技规划评估工作虽然已取得较好成就，但在科技规划评估法律化、制度化方面，仍需借鉴国际先进经验，尤其是那些科技强国的成功案例。美国是科技评估起步最早的国家之一，早在 1976 年，美国便通过制定《国家科技政策、组织和重点法》来明确科技评估的法律地位，自此美国逐渐形成了完备的科技评估法规体系，也使得科技评估工作成为常态。美国的科技评估成功经验吸引了日本、韩国、法国等国家的争相模仿，如 1995 年，日本颁布的《科学技术基本法》确立了日本科技评估的法定地位，形成了每五年强制制定《科学技术基本计划》的基本框架，且 1997 年通过的《国家研究开发通用评价方法实施大纲指南》确定了日本科技规划评估的实施流程与相关科技规划评估机构；英国吸取了科技评估经验，在 2004 年颁布了《规划和强制性收购法》，为区域空间战略和地方发展框架构成的新规划体系配套了实施效果跟踪评估，并定期提交监测报告。可以发现，科技评估的法制支撑可以使得评估工作向科技管理常态化发展，评估法律立法先行与评估制度建设后行相辅相成，共同推进科技规划评估与结果管理的法律化、制度化。

结合我国实际情况，现阶段科技规划评估与结果管理改善的重点是解决我国科技规划评估与结果管理的立法迟滞问题，当前我国已经具备相应的立法条件，同时，我国科技规划评估工作的经验积累、理论储备、政治保障方面也可为科技规划评估与结果管理提供制度化的规范指引。具体可行的做法如继续修订《中华人民共和国科学技术进步法》，扩充科技评估尤其是科技规划评估相关的条款，并注重各条款的可操作性，营造法律先行的科技规划评估环境。还应继续出台国家层面的科技规划评估与结果管理的法律法规，要将我国科技规划评估与结果管理向常态化发展，并及时配套辅助措施，包括具有激励性质的财政预算机制、多方专家参与的评估渠道等；继续完善《科技评估工作规定（试行）》这一试行规定，中国科技规划的不断发布，使得我国在科技评估领域需要时刻面对各类机遇与挑战，官方制度性文件也需要不断更新完善，在汲取上述科技强国评估经验的同时，走出一条符合我国科技规划评估与结果管理实践经验的特色制度建设之路，规范评估与结果管理的各个流程与环节，从而达到与国家层面科技规划评估法律的相互配合。

7.2.2 增强科技规划第三方评估机构独立性与专业能力

第三方评估机构的重中之重在于其脱离政府的独立性，如英国科技规划评估工作是通过政府牵头，由第三方专家委员会和科技中介机构来进行的；德国科学顾问委员会是德国联邦政府与州政府主要的评估机构和科学咨询与科研政策机构，具有较强独立性。借鉴上述科技强国的第三方评估机构经验，我国应确保科技规划第三方评估机构评估过程的纯粹性①：第一，第三方评估机构在的评估过程中，要避免受到评估主体和其他评估活动利益相关者的干预，若因此影响第三方评估机构评估人员和专家的判断，要及时采取制衡的手段；第二，在对第三方评估机构的选择中，需要做到各类第三方评估机构的公平竞争，引入竞争机制并避免部分管理部门的“任人唯亲”现象。同时，我国第三方评估机构自身需要做到“三个独立”：精神独立、机构和人员独立，以及独立承担法律责任。

在提升科技规划评估第三方评估机构的专业能力方面，首先要厘清科技规划第三方评估机构的评估资质标准，这是进行科技规划第三方评估机构评估的前提。通常情况下，第三方评估机构需要具备独立的法人资格、完善的组织机构、权威的专家数据库以及丰富的科技活动评估经验等条件，并借由政府力量对第三方评估机构的发展方向进行引导，从国家全局视角与科技战略高度对第三方评估机构的系统进行设计。同时，要改变当前第一方评估、第二方评估、第三方评估三种评估模式共存的局面，并逐渐将科技规划评估工作向依靠第三方评估机构“扛大旗”的局面过渡。其次，在提升科技规划评估第三方评估机构的评估水平方面，为解决其评估结果的“缺斤少两”和“以次充好”问题，需要引入强大的监督体系，如建立第三方评估机构评估过程和评估结果公开制

① 陈新光：推动第三方评估制度化规范化程序化[EB/OL]. http://column.chinadaily.com.cn/a/202001/13/WS5e1c2062a3107bb6b57999dd.html[2024-12-13].

度，在对重要评估过程进行必要的保密工作后，按时将评估进度进行公布，接受公众和评估主体的实时监督。第三方评估机构也需要建立良好的行业自律性和定期的自我监管机制，具体来说，要使得科技规划第三方评估承担其相应的责任，摆脱政府主导模式下的自发性和随意性（程燕林，2017），以此避免第三方科技规划评估的秩序性不强、所得评估结果效益低下问题。最后，科技规划第三方评估机构的评估结果质量好坏关系着其最终能否得到应用，这与科技规划决策者的认知、思维习惯等要素息息相关，因此第三方评估机构的评估结果应更具专业水平，且必须能够使科技规划决策者理解与信服。

7.2.3 优化科技规划评估与结果管理方法体系

在科技规划评估过程中，单一定性或定量方法往往无法满足科技规划评估的需求，因此通常需要综合运用多种评估方法来解决科技规划评估面临的不同情景与不同评估对象的问题，做到这一点要先对各类评估方法的优先与局限性进行深入了解，以此判断该方法的使用对象与场景是否合适，如案例研究方法对案例材料的真实性较难核实，但其较低的使用成本和难以对评估对象产生外部影响的特性，使案例研究方法广泛适用于各种科技规划评估研究中；成本效益分析方法易于利用货币化方式来比较科技规划的成本和效益，也便于找到各项成本的构成和影响利润的关键要素，但部分要素难以通过货币化衡量，因此成本效益分析方法多适用于开发类研究活动和科技产业化的绩效评估中（周小林等，2020）。需要说明的是，在使用定量评估方法时要注重方法的应用和探索，但不能陷入评估方法越复杂越好的误区。简单的、容易实现的问题可使用部分传统定性评估方法解决，此时引入复杂的定量评估方法和综合评估方法只会增加评估工作的复杂度。而面对复杂的科技规划评估任务，则需要结合我国实践经验与背景，设计出个性化的评估方法体系，灵活使用定性方法和定量方法完成评估。

同时，我国需要在科技规划评估理论与方法研究上继续投入资源，不仅是在资金层面，更要在人才培育、国际合作与交流等多个维度上全面发力，并致力于构建一套科学、系统、高效的科技规划评估工具库，不断完善科技规划评估与结果管理方法体系。广大科研人员也应积极地对科技评估理论与方法创新贡献出自身力量，方法层面如在大数据背景下机器学习方法在异质性政策评估中的新模式（陶旭辉和郭峰，2023），这一方法模式在科技规划评估的事后评估中具有明显优势，尤其在科技规划的事后效益评估中，能够借助机器学习更好地筛选和切分异质性变量，从而更准确地了解科技规划的异质性信息。同时，这一方法模式在科技规划的事前预测评估中，借助机器学习善于预测的优势，通过评估科技规划的多重异质性效应，更好地为科技规划制定者提供规划编制思路；理论方面如科技评价 BRIDGE 理论的提出，该理论是在破“思维”背景下，探讨如何立“新标”的问题，其核心思想为四点：一是单一同行评议方法存在局限；二是以 SCI 论文为主要依据的文献计量方法需要改进；三是需要架起定量评价与定性评价之间的“桥梁”；四是讨论如何在定量分析基础上开展定性评价的理论（徐芳和李晓轩，2022）。这种自下而上的创新活力与自上而下的政策引导相辅相成，共同推动着我国科技规划评估与结果管理的方法体系向更加专业化、特色化的方向迈进。

7.2.4　构建完整科技规划评估逻辑机制

狭义的科技规划评估着眼于科技规划的效果，而广义的科技规划评估包含科技规划的事前评估、事中评估，以及事后评估三种类型的评估，事中评估是我国最为常见的科技规划评估类型，事前评估与事后评估在我国科技规划评估与结果管理逻辑机制中存在感较弱，尤其是事前评估，当前其在我国科技规划评估体系中的比例不大，学术界的研究深度与广度有待加强，公众的认知与参与度也亟待提升。补全当前科技规划评估体系，构建“事前评估+事中评估+事后评估+评估结果管理”的完整科技规划评估逻辑机制，是保障科技规划决策高效的必要举措。

近年来，各领域均开始注重事前评估、事中评估和事后评估三者的联动作用，尤其在地方层面上，各类评估实践活动比比皆是，如天津市武清区监察委员会在同级监督过程中，构建事前盯住责任落实、事中防范权力越轨、事后突出整改实效的三阶段监督逻辑机制；陕西省咸阳市在财政预算绩效管理过程中，构建事前绩效评估、事中绩效监控、事后绩效评估的三阶段评估逻辑机制；南通市通州区在机构编制评估过程中，构建事前突出系统科学、事中突出全面规范、事后突出问题导向的三阶段评估机制。科技规划作为政府中长期科学技术研究开发的战略决策，仅依靠事中评估的力量远远不足，必须继续完善科技规划的事前评估和事后评估制度，在事前评估制度建设过程中，可以履行公众参与、专家论证等决策程序，对事前的规划风险和规划效果谨慎研判，从而使管理者在规划编制之初便能够掌控科技规划发展方向，减少规划随意性并保证中央层面的规划部署工作；在事后评估制度建设过程中，首先应对规划目标与实际取得成效进行对比，不可掺杂“粉饰主义”思想，将“实事求是”贯彻到事后评估中，总结规划成功经验与失败教训，并将工作重点转向事后评估结果的应用中，对之后科技规划给予重要制度依据和参考。最后，要维持住我国事中评估在科技规划评估中的优势地位，通过对科技规划的执行监测评估与问题监测评估，及时发现并纠正偏离规划目标的行为，保障科技规划按照既定轨道稳步推进，并进一步提升科技规划事中评估的精准度与有效性，多利用现代信息技术手段，使事中评估在科技规划评估逻辑机制中发挥其对科技规划的“体检”作用。

7.2.5 深化科技规划评估结果导向作用与管理机制

在加强评估结果导向作用方面，不能把评估结果视为例行评估这一必要流程后取得的无关紧要的结果，而要将其看作驱动科技创新与战略规划持续精进的关键引擎，需要从科技规划评估工作源头出发，提升评估的判断力与敏锐度，这要求评估专家能够深入剖析科技规划背后的运行逻辑与发展趋势，避免表面化、形式化的评估，使评估结果能够充分反映科技规划编制、实施、评估三阶段工作的亮点与不足，并考虑建立评估结果的复核与校验机制。此外，要精准构建评估指标体系，科技规划评估指标体系是评估结果的基础，评估结果是依据评估指标体系进行综合评估后的结论与建议总和，并直接反映评估指标体系的表现情况，因此精准构建科技规划评估指标决定了评估结果的实用性和路径应用方向。

在加强科技规划评估结果管理方面，可对科技评估结果制定详细的评估结果使用指南，指南包括对评估结果的解读、分析和应用等内容。评估委托者也应及时将科技规划评估结果下达到评估对象的责任主体，责任主体根据评估结果对相关管理工作进行整改与完善。同时，要注重科技规划评估结果的效果反馈机制建设，本书对科技规划评估结果的效果反馈机制尝试了初步构建，包括协调管束机制、主体沟通机制，以及闭环管理机制，三大机制密不可分。就当前效果反馈机制而言，我国在开放沟通渠道的建设上仍要继续加强，如加强对公众的在线调查、建设匿名反馈信箱、举办定期座谈会议等，多渠道收集评估结果的反馈信息，管理层也要积极倾听反馈意见，并配套合适的奖励机制，对重要反馈意见给予表彰，以此不断优化科技规划的评估与结果管理。

7.3 本 章 小 结

本章梳理了现阶段我国科技规划评估与结果管理存在的问题，包括科技规划评估与结果管理法制支撑不足、科技规划第三方评估机构独立性与专业能力较低、科技规划评估与结果管理方法体系待完善、科技规划评估事前、事中、事后评估三阶段评估流程不完善、科技规划评估结果管理重视程度不够五个方面。依据现有问题，从强化科技规划评估与结果管理法制支撑体系、增强科技规划第三方评估机构独立性与专业能力、优化科技规划评估与结果管理方法体系、构建完整科技规划评估逻辑机制、深化科技规划评估结果导向作用与管理机制五个方面提出政策建议。

参考文献

白春礼. 2013. 世界主要国立科研机构概况[M]. 北京: 科学出版社.

白光祖, 曹晓阳. 2021. 关于强化国家战略科技力量体系化布局的思考[J]. 中国科学院院刊, 36(5): 523-532.

曹诗嘉, 孙占辉, 程明,等. 2021. 美日科技评估体系比较[J]. 世界科技研究与发展, 43(2): 204-215.

陈炳硕. 2017. 韩国科技计划评估模式分析[J]. 全球科技经济瞭望, 32(10): 39-44.

陈炳硕. 2019. 韩国科技立法情况简介[J]. 全球科技经济瞭望, 34(7): 15-18, 52.

陈光. 2021. 科技规划的目标管理与评估机制研究[M]. 北京: 北京理工大学出版社.

陈光. 2022. 科技规划事前评估指标体系构建与方法探索[J]. 科学学研究, 40(7): 1192-1200.

陈光, 陶鹏, 张小秋. 2015. 日本《科学技术基本计划》评估分析及其对我国的启示[J]. 中国科技资源导刊, 47(1): 49-56.

陈贵兰. 2007. 我国科技评估进入黄金发展期——访科技部科技评估中心副主任、研究员陈兆莹[J]. 中国新技术新产品, (8): 11-16.

陈佳, 孔令瑶. 2019. 德国高技术战略的制定实施过程及启示[J]. 全球科技经济瞭望, 34(3): 40-45, 53.

陈家昌. 2007. 技术路线图在科技管理中的应用及其前景[J]. 中国科技论坛, (8): 79-83.

陈峻锐, 苏竣, 林淼. 2002. 美国先进技术计划（ATP）管理模式分析[J]. 中国软科学, (6): 83-87.

陈乐生. 2008. 德国科学评估经验及其对中国科技评估实践的启示[J]. 科研管理, (4): 185-189.

陈南. 2021. 德国构建科研大监管体系情况研究[J]. 全球科技经济瞭望, 36(5): 36-41, 66.

陈启杰, 吴治富. 2009. 欧盟重大科技项目的监控机制及其启示[J]. 市场周刊(理论研究), (5): 78-79, 67.

陈庆云. 1999. 公共政策十大理论问题再思考[J]. 中国行政管理, (12): 34-36.

陈颖, 张晓林. 2011. 专利技术功效矩阵构建研究进展[J]. 现代图书情报技术, (11): 1-8.

陈颖, 张晓林. 2012. 专利技术功效矩阵构建词汇模型研究[J]. 情报科学, 30(11): 1704-1708, 1719.

陈正洪. 2009. 1986 年中长期科技规划与转型期经济发展[J]. 当代中国史研究, 16(6): 70-78, 126-127.

程燕林. 2017. 如何保证第三方评估的独立性[J]. 中国科技论坛, (7): 14-18.

储节旺, 钱倩. 2014. 基于词频分析的近 10 年知识管理的研究热点及研究方法[J]. 情报科学, 32(10): 156-160.

邓珞华. 1988. 词频分析——一种新的情报分析研究方法[J]. 大学图书馆通讯, (2): 18-25.

丁帆, 杨歌, 甄树宁, 等. 2018. 设立校级科研机构的必要性探讨[J]. 中国高校科技, (6): 17-19.

丁俊武, 韩玉启, 郑称德. 2004. 创新问题解决理论——TRIZ 研究综述[J]. 科学学与科学技术管理, (11): 53-60.

董齐光. 2024. 美国国家科学基金会科研经费监督管理及其启示[J]. 财政监督, (2): 77-82.

杜元伟, 段万春, 黄庆华, 等. 2015. 基于头脑风暴原则的主观证据融合决策方法[J]. 中国管理科学, 23(3): 130-140.

段永彪, 董新宇. 2024. 促进科技成果转化的核心要素与激励机制: 基于“三项改革”的多案例研究[J]. 科研管理, 45(5): 143-152.

段哲哲, 艾健, 秦强. 2022. 系统理论中系统动力学方法论的困境、问题与未来——基于经典定性与定量方法的批判视角[J]. 系统科学学报, 30(2): 30-34.

樊春良. 2019. 新中国 70 年科技规划的创立与发展——不同时期科技规划的比较[J]. 科技导报, 37(18): 31-42.
樊春良. 2020. 没有止境边疆的科学——《科学:没有止境的边疆》75 年的历程和影响[J]. 科技中国, (7): 56-64.
范斐, 张建清, 杨刚强, 等. 2016. 环境约束下区域科技资源配置效率的空间溢出效应研究[J]. 中国软科学, (4): 71-80.
冯宗宪, 王青, 侯晓辉. 2011. 政府投入、市场化程度与中国工业企业的技术创新效率[J]. 数量经济技术经济研究, 28(4): 3-17, 33.
高红阳. 2006. 外在技术预见与国家科技发展战略研究[D]. 长春: 吉林大学.
高尚荣. 2016. 基于萃思(TRIZ)理论的社会科学研究管理机制创新[J]. 广西社会科学, (6): 153-157.
高喜珍, 陈通. 2010. 成本效益分析法与公共项目决策[J]. 财会月刊, (8): 3-4.
葛春雷, 裴瑞敏. 2015. 德国科技计划管理机制与组织模式研究[J]. 科研管理, 36(6): 128-136.
葛慧莉. 2010. TRIZ 理论在科技创新中的应用[J]. 科技创新导报, (2): 167-169.
耿松涛. 2012. 科技战略发展定位研究[J]. 中国科技论坛, (6): 50-55.
官建成, 陈凯华. 2009. 我国高技术产业技术创新效率的测度[J]. 数量经济技术经济研究, 26(10): 19-33.
国家科技评估中心, 中国科技评估与成果管理研究会. 2020. 科技评估方法与实务[M]. 北京: 北京理工大学出版社.
韩秋明, 王革, 袁立科. 2018. 韩国第五次国家技术预测工作的创新及启示[J]. 科技管理研究, 38(18): 16-20.
韩秋明, 袁立科, 王革. 2017. 韩国第五次技术预测实践及对我国的启示[J]. 全球科技经济瞭望, 32(8): 35-44.
贺德方. 2011. 对科技成果及科技成果转化若干基本概念的辨析与思考[J]. 中国软科学, (11): 1-7.
贺德方, 潘云涛. 2023. 科技评价的内涵、分类与方法辨析及完善策略[J]. 情报学报, 42(1): 1-9.
贺建军, 陈雅兰. 2005. 基于制度经济学的我国科技评估制度透视[J]. 科研管理, (S1): 147-152.
胡兴旺. 2007. 财政科技支出绩效管理研究[J]. 财政研究, (7): 62-65.
黄锦成, 杨颂阳, 陈启源. 2005. 政府科技计划项目的监督机制研究[J]. 科学学与科学技术管理, (7): 46-48.
黄群, 张义芳, 孙浩林. 2018. 德国科学委员会科研机构绩效评价研究[J]. 全球科技经济瞭望, 33(3): 35-41.
黄炜, 张子尧, 刘安然. 2022. 从双重差分法到事件研究法[J]. 产业经济评论, (2): 17-36.
江志斌, 周利平. 2017. 精益管理、六西格玛、约束理论等工业工程方法的系统化集成应用[J]. 工业工程与管理, 22(2): 1-7.
蒋芳, 侯华丽, 董萌, 等. 2020. 浅析科技优先领域选择实践中的困境与误区[J]. 科技管理研究, 40(6): 42-48.
蒋智慧, 桂阳, 曹高辉. 2023. 科技咨询机构服务能力评价指标体系构建研究[J]. 知识管理论坛, 8(3): 183-192.
金瑛, 方晓东. 2018. 韩国科学技术预测调查及其对我国的启示[J]. 世界科技研究与发展, 40(2): 182-190.
康捷, 袁永, 邱丹逸. 2018. 日本科技创新政策评价制度建设经验及启示[J]. 特区经济, (6): 47-50.
康兰平. 2018. 我国科技评估的法律实现机制研究——以国外科技评估立法实践为分析视角[J]. 自然辩证法通讯, 40(7): 98-105.
科技部科技评估中心, 中国科技评估与成果管理研究会. 2023. 中国科技评估发展报告 2022[M]. 北京: 中国农业科学技术出版社.
蓝志勇, 胡税根. 2008. 中国政府绩效评估:理论与实践[J]. 政治学研究, (3): 106-115.
李瑾. 2021. 日本科技创新决策机制和政策体系及启示[J]. 中国机构改革与管理, (4): 44-46.
李琪, 王兴杰, 武京军. 2019. 新时期我国公共政策评估的原则、标准和要点[J]. 干旱区资源与环境, 33(10): 1-8.
李倩. 2016. 中国战略规划实践中目标体系构建问题研究[J]. 湘潭大学学报(哲学社会科学版), 40(2): 32-36.
李强, 郑海军, 李晓轩. 2017. 科技政策研究之评价方法[M]. 北京: 科学出版社.
李善同, 龚璞. 2019. 规划评估:实践与前瞻[J]. 中国行政管理, (8): 14-16.
李新春, 胡晓红. 2012. 科学管理原理:理论反思与现实批判[J]. 管理学报, 9(5): 658-670.
李雪凤, 仝允桓, 谈毅. 2004. 技术路线图——一种新型技术管理工具[J]. 科学学研究, (S1): 89-94.
李研. 2021. “框架化”——观察欧盟科技政策的一个重要视角[J]. 科学学研究, 39(9): 1604-1612.

李玉琳, 高志刚, 韩延玲. 2006. 模糊综合评价中权值确定和合成算子选择[J]. 计算机工程与应用, (23): 38-42, 197.

李志英. 2015. 十年建设时期中国科学技术发展原因探析[J]. 当代中国史研究, 22(6): 118.

蔺洁, 王婷. 2022. 中国科技规划的演化规律——基于政策间断-平衡框架的分析视角[J]. 科研管理, 43(6): 1-8.

刘春雨. 2012. 促进我国规划工作法制化的思考[J]. 宏观经济管理, (9): 31-33, 42.

刘娜, 关玲永. 2008. 全面质量管理的理论分析[J]. 北京建筑工程学院学报, (2): 71-73.

刘娅. 2023. 英国科技评价和科研诚信建设概述及启示[J]. 全球科技经济瞭望, 38(4): 28-33.

刘振天. 2013. 高等教育评估结果的使用及其规范探究[J]. 中国高等教育, (21): 22-25.

刘志强, 温颖, 王慧晴. 2020. 科技规划评估的国际比较[J]. 中国经贸导刊(中), (9): 160-162.

娄冠华. 2007. 政策周期与政策终结[J]. 云南社会主义学院学报, (4): 28-30.

卢正文, 张宇杰. 2023. 科技打压背景下冗余资源与研发创新关系研究[J]. 科研管理, 44(11): 41-51.

吕晓琳. 2014. 浅析政府对科技项目组织管理方法探讨[J]. 科技视界, (15): 253, 311.

梅述恩, 聂鸣, 黄永明. 2007. 美国先进技术计划(ATP)的研究开发机制及启示[J]. 科学管理研究, (1): 117-120.

南方, 沈云怡, 韩炳阳,等. 2022. “地平线欧洲”计划设计与管理的启示[J]. 科技导报, 40(17): 7-14.

宁国良, 刘辉. 2010. 成本–效益分析:公共政策执行力研究的新视角[J]. 中国行政管理, (6): 61-64.

欧阳进良, 杨云, 韩军, 等. 2009. 英国双重科研资助体系下的科技评估及其经验借鉴[J]. 科学学研究, 27(7): 1027-1034.

欧阳英. 2021. 毛泽东的唯物史观: 事实尺度与价值尺度的统一[J]. 湖南科技大学学报(社会科学版), 24(4): 1-7.

潘月娟, 黄晶. 2024. 学前教育评估人员专业素养指标体系的构建——基于德尔菲法的调查分析[J]. 学前教育研究, (2): 31-41.

乔健. 2014. 美国对重大科技创新政策的评估实践[J]. 全球科技经济瞭望, 29(12): 57-62.

邱均平, 文庭孝. 2010. 评价学: 理论・方法・实践[M]. 北京: 科学出版社.

邱均平, 段宇锋, 陈敬全, 等. 2003. 我国文献计量学发展的回顾与展望[J]. 科学学研究, (2): 143-148.

曲瑛德, 赵勇. 2020. 欧盟“地平线 2020 计划”的监测与评价: 理论、方法及启示[J]. 中国高教研究, (1): 12-19.

任蕾, 李娟, 陈洁, 等. 2023. 对新修订版《科技进步法》中科技评估内容的分析与思考[J]. 中国高新科技, (11): 153-155.

任真. 2013. 韩国科技规划制定方法与启示[J]. 图书情报工作, 57(23): 95-99.

尚虎平, 刘俊腾. 2023. 公共政策全过程科学评估: 逻辑体系、技术谱系与应用策略[J]. 学术研究, (3): 47-57, 177-178, 2.

邵婧婷, 江鸿. 2023. 重大科技项目的组织实施机制与最优项目治理[J]. 学习与探索, (12): 129-136.

申金升. 2001. 科技规划方法论研究[M]. 北京: 中国铁道出版社.

时盛英. 2003. 科技评估的发展及存在的问题与对策[J]. 情报探索, (4): 25-26.

史斗. 1991. 专家咨询是科技情报调研的重要方法[J]. 图书情报工作, (5): 20-24.

水志国. 2003. 头脑风暴法简介[J]. 学位与研究生教育, (1): 44.

宋洋. 2018. 创新资源与高新技术企业研发投入——基于资源基础理论的实证分析[J]. 中国科技论坛, (4): 101-111.

宋瑶瑶, 杨国梁. 2021. 中国制造业产能利用率测度方法与应用[M]. 北京: 科学出版社.

苏为华. 2002. 多指标综合评价理论与方法问题研究[D]. 厦门: 厦门大学.

隋少彦. 2021. 财政支出项目预算事前绩效评估工作分析[J]. 财经界, (19): 36-37.

孙海法, 刘运国, 方琳. 2004. 案例研究的方法论[J]. 科研管理, (2): 107-112.

孙浩林. 2018. 德国“高技术战略 2025”勾画未来科技创新发展之路[J]. 科技中国, (11): 75-77.
孙浩林. 2020. 德国《高技术战略 2025》实施进展[J]. 科技中国, (1): 102-104.
孙文静. 2022. 基于五种新型科研组织模式的科技监督新范式初探[J]. 科学管理研究, 40(2): 57-64.
谈毅, 仝允桓. 2004. 面向公共决策技术评价范式演变及其在我国的发展[J]. 科学技术与辩证法, (4): 86-91.
谭华霖, 吴昂. 2018. 我国科技成果第三方评价的困境及制度完善[J]. 暨南学报(哲学社会科学版), 40(9): 32-40.
谭开明, 魏世红, 汪明媛. 2020. 科技规划制定中技术预测方法经验借鉴——以韩国第四次国家技术预测为例[J]. 产业与科技论坛, 19(18): 94-95.
汤海孺, 陈伟, 陈添明. 2015. 控制性详细规划实施评估报告编制方法初探[J]. 城市规划, 39(S1): 86-90.
汤汇道. 2009. 社会网络分析法述评[J]. 学术界, (3): 205-208.
唐云锋, 李侠. 2004. 论我国科技政策评估体系中存在的问题[J]. 中国科技论坛, (4): 106-110.
陶鹏, 陈光, 王瑞军. 2017. 日本科学技术基本计划的目标管理机制分析——以《第三期科学技术基本计划》为例[J]. 全球科技经济瞭望, 32(3): 32-39.
陶蕊, 翟启江. 2018. 美国先进技术计划评估实践的特点与启示[J]. 世界科技研究与发展, 40(6): 549-558.
陶旭辉, 郭峰. 2023. 异质性政策效应评估与机器学习方法: 研究进展与未来方向[J]. 管理世界, 39(11): 216-237.
汪旭, 朱艳菊. 2021. 新时代中国科技创新政策评估指标体系构建探讨[J]. 科技风, (32): 171-173.
王光辉, 刘开迪, 王雨飞. 2023. 基于大数据的公共政策评估研究: 机遇挑战、分析框架及对策建议[J]. 中国行政管理, 39(5): 107-115.
王嘉, 曹代勇. 2008. 我国科技成果评价的发展现状与对策[J]. 科技与管理, (5): 92-95.
王玲. 2017. 日本《科学技术基本计划》制定过程浅析[J]. 全球科技经济瞭望, 32(4): 26-34, 68.
王婷, 蔺洁, 刘小玲. 2021. 历次科技规划核心理念、发展阶段和政策重点的演化分析——基于文本挖掘方法[J]. 科学管理研究, 39(2): 42-51.
王雪, 刘慧晖. 2021. 科技优先领域遴选的决策认知偏误初探[J]. 科学学与科学技术管理, 42(3): 76-86.
王英凯. 2001. 基于德尔菲法和层次分析法原理的科研项目评价模型学报[J]. 山西财经大学, (S2): 148-149.
隗玲, 李姝影, 方曙. 2020. 技术路线图: 方法及其应用综述[J]. 数据分析与知识发现, 4(9): 1-14.
魏海燕. 2007. 科技计划的评估方法及其应用研究[J]. 科研管理, (S1): 26-29.
温珂, 霍竹. 2023. 科研机构管理: 组织视角下的政府与科学[M]. 北京: 科学出版社.
文雯, 李雪, 王晶. 2015. 第四代评估理论视角下的研究生项目评估[J]. 高等工程教育研究, (3): 108-113.
吴永臻. 2002. 信息资源有效配置中帕累托最优理论的适用性问题[J]. 中国图书馆学报, (5): 28-30.
肖士恩. 2010. 基于创新型社会的地方科技创新政策评估理论研究[J]. 科技进步与对策, 27(1): 103-105.
谢会萍. 2022. 英国科研评价政策、实践和典型案例研究[J]. 全球科技经济瞭望, 37(1): 18-25.
谢强强, 邹晓娟. 2017. 座谈法在社会调查中的应用探析——以江西省农村食品安全治理座谈为例[J]. 调研世界, (6): 52-56.
熊嘉龄. 2017. 新中国科技发展规划研究[D]. 南昌: 江西农业大学.
徐芳, 李晓轩. 2022. 在“破”与“立”之间: 科技评价的 BRIDGE 理论[J]. 中国科学院院刊, 37(8): 1099-1107.
徐建国. 2002. 我国区域科技资源配置能力分析[J]. 中国软科学, (9): 99-101.
许晶. 2005. 从“向科学进军”到“科教兴国”[J]. 科学管理研究, (5): 71-73, 89.
许一. 2006. 目标管理理论述评[J]. 外国经济与管理, (9): 1-7, 15.
玄兆辉. 2017. 国家“十二五”科技规划指标监测[J]. 科技管理研究, 37(3): 42-45.
杨国梁. 2020a. 科技规划的理论方法与实践[M]. 北京: 科学出版社.
杨国梁. 2020b. 数据包络分析中的生产规模研究[M]. 北京: 知识产权出版社.
杨国梁, 刘文斌. 2021. 基于 DEA 的方向规模收益测度研究[M]. 北京: 科学出版社.

杨国梁, 任宪同. 2023. 基于DEA的阻塞效应识别与测度研究[M]. 北京: 科学出版社.
杨国梁, 等. 2024a. 科技规划实施与过程管理的方法与实践[M]. 北京: 科学出版社.
杨国梁, 等. 2024b. 科技优先发展领域遴选的方法与实践[M]. 北京: 科学出版社.
杨国梁, 刘文斌, 郑海军. 2013. 数据包络分析方法(DEA)综述[J]. 系统工程学报, 28(6): 840-860.
杨洪涛, 左舒文. 2014. 国外科技评估发展新趋势及对上海的启示[J]. 科技管理研究, 34(22): 14-17, 27.
杨阳, 徐琼芳, 刘雅婷. 2018. 科技政策法规实施效果评估指标体系研究[J]. 科研管理, 39(S1): 147-152.
叶继红. 2001. 科学家的社会责任——以"曼哈顿计划"为例[J]. 科学学研究, (4): 7-13.
叶京, 冷伏海. 2021. 韩国技术水平评估方法分析及启示[J]. 科技管理研究, 41(6): 55-62.
叶中华, 赖先进. 2010. 美国先进技术计划（ATP）评估中的工具创新研究[J]. 科学学与科学技术管理, 31(3): 77-80, 118.
伊士国, 郑海琨. 2023. 论党内法规执行效果评估结果的运用[J]. 学习与实践, (12): 55-63.
翟启江. 2014. 美国先进技术计划绩效评估实践及对中国 863 计划绩效评估的启示[J]. 科技进步与对策, 31(15): 118-122.
翟文康, 邱一鸣. 2022. 政策如何塑造政治?——政策反馈理论述评[J]. 中国行政管理, (3): 39-49.
翟亚宁, 李昂. 2020. 科技计划评估理论研究回顾与展望[J]. 世界科技研究与发展, 42(6): 667-676.
翟雨林, 张玉强. 2021. 我国科技决策咨询组织体系的完善研究——基于德国、俄罗斯和日本三国的经验[J]. 江苏科技信息, 38(28): 22-26.
张保明. 1995. 促进美国经济增长的重要计划——美国先进技术计划（ATP）[J]. 国外科技动态, (11): 6-8, 5.
张存刚, 李明, 陆德梅. 2004. 社会网络分析——一种重要的社会学研究方法[J]. 甘肃社会科学, (2): 109-111.
张丽, 顾梦琛, 刘雅琦, 等. 2024. 中国科技创新战略发展历程回顾[J]. 今日科苑, (1): 55-69.
张利华, 徐晓新. 2003. 县域科技规划的理论基础研究[J]. 科研管理, (2): 67-72.
张利华, 徐晓新. 2005. 科技发展规划的理论与方法初探[J]. 自然辩证法研究, (8): 69-73.
张明, 陈伟宏, 蓝海林. 2019. 中国企业"凭什么"完全并购境外高新技术企业——基于 94 个案例的模糊集定性比较分析(fsQCA)[J].中国工业经济, (4): 117-135.
张润泽. 2010. 形式、事实和价值:公共政策评估标准的三个维度[J]. 湖南社会科学, (3): 31-34.
张文博, 王锐. 2021. 美国审计总署的科技评估和分析工作研究[J]. 科技智囊, (3): 70-80.
张雅洁, 任真. 2024. 英国国家科研与创新署的战略规划及启示[J]. 科技管理研究, 44(4): 20-26.
张振刚, 余传鹏, 林春培. 2013. 技术路线图研究回顾与展望[J]. 科技进步与对策, 30(5): 154-160.
章熙春. 2020. 我国科技评价体系的困境与优化[J]. 学术研究, (10): 38-46, 177.
章永来, 周耀鉴. 2019. 聚类算法综述[J]. 计算机应用, 39(7): 1869-1882.
赵晖, 崔琰, 高凡珠,等. 2017. 科技评估发展现状与对策[J]. 中医药管理杂志, 25(5): 1-3.
赵静. 2022. 执行协商的政策效果: 基于政策裁量与反馈模型的解释[J]. 管理世界, 38(4): 95-108, 141, 109.
赵俊杰. 2018. 欧盟"地平线 2020"中期评估及前景展望[M]//黄平, 周弘, 程卫东, 等. 欧洲发展报告: 法、德大选与欧洲一体化的走向（2017-2018）.北京:社会科学文献出版社.
甄子健. 2015. 日本科技创新政策评价的方法与实例[J]. 全球科技经济瞭望, 30(2): 41-55.
郑宁. 2008. 欧盟委员会影响评估机制述评[J]. 贵州大学学报(社会科学版), (1): 112-120.
郑石明, 薛雨浓. 2023. 政策反馈理论: 政策如何重塑政治过程与政策发展?[J]. 经济社会体制比较, (1): 181-191.
郑祥慈, 房迈莼, 苏国华. 2015. 科技评价中如何发挥第三方评价的作用[J]. 科研管理, 36(S1): 340-345.
仲为国, 彭纪生, 孙文祥. 2009. 政策测量、政策协同与技术绩效: 基于中国创新政策的实证研究(1978-2006)[J]. 科学学与科学技术管理, 30(3): 54-60, 95.
周宏虹, 伍诗瑜. 2019. 我国科技信息资源共享平台建设现状[J]. 科技管理研究, 39(5): 174-178.
周黎安, 陈烨. 2005. 中国农村税费改革的政策效果: 基于双重差分模型的估计[J]. 经济研究, (8): 44-53.
周小林, 杨云, 曲敖廷,等. 2020. 科技评估方法及其适用性研究[J]. 中国科技资源导刊, 52(3): 96-102.

朱亮, 孟宪学. 2013. 文献计量法与内容分析法比较研究[J]. 图书馆工作与研究, (6): 64-66.
朱庆华, 李亮. 2008. 社会网络分析法及其在情报学中的应用 [J]. 情报理论与实践, (2): 179-183, 174.
朱雪飞, 曾乐民, 卢进. 2006. 韩国科技评估现状分析及借鉴[J]. 科技管理研究, (2): 45-47, 51.
朱云, 王腊芳. 2016. 科技计划管理改革实施程序设计与优化[J]. 求索, (4): 134-138.
Abdul K. 1998. Evaluation and planning: inseparable concepts[J]. The Town Planning Review , 69(4): 359-374.
Beyer J M. 1997. Research utilization:bridging a cultural gap between communities[J]. Journal of Management Inquiry, 6(1): 17-22.
Brunnermeier M K, Sockin M, Xiong W. 2017. China's gradualistic economic approach and financial markets[J]. American Economic Review, 107(5): 608-613.
Charnes A, Cooper W W, Rhodes E. 1978. Measuring the efficiency of decision making units[J]. European Journal of Operational Research, 2(6): 429-444.
Emrouznejad A, Yang G L. 2018. A survey and analysis of the first 40 years of scholarly literature in DEA: 1978－2016[J]. Socio-Economic Planning Sciences, 61: 4-8.
Farrell M J. 1957. The measurement of productive efficiency[J]. Journal of the Royal Statistical Society, 120(3): 253-290.
Heckman J J, Robb R. 1985. Alternative methods for evaluating the impact of interventions: an overview[J]. Journal of Econometrics, 30(1): 239-267.
Hodge G L, Goforth Ross K, Joines J A, et al. 2011. Adapting lean manufacturing principles to the textile industry[J]. Production Planning & Control, 22(3): 237-247.
Khan Z, Ludlow D, Caceres S. 2013. Evaluating a collaborative IT based research and development project[J]. Evaluation and Program Planning, 40: 27-41.
Kostoff R N, Schaller R R. 2001. Science and technology roadmaps[J]. IEEE Transactions on Engineering Management, 48(2): 132-143.
Mathaisel D F X. 2005. A lean architecture for transforming the aerospace maintenance, repair and overhaul (MRO) enterprise[J]. International Journal of Productivity Performance Management, 54(8): 623-644.
Nair S, Howlett M. 2017. Policy myopia as a source of policy failure: adaptation and policy learning under deep uncertainty[J]. Policy Politics, 45(1):103-118.
Pant L. 2010. Assessing innovations in international research and development practice[J]. United Nations University, Maastricht Economic and Social Research and Training Centre on Innovation and Technology, UNU-MERIT Working Paper Series.
Pappas I O, Woodside A G. 2021. Fuzzy-set Qualitative Comparative Analysis (fsQCA): guidelines for research practice in information systems and marketing[J]. International Journal of Information Management, 58: 102310.
Phaal R, Farrukh C J P, Probert D R. 2004. Technology roadmapping—a planning framework for evolution and revolution[J]. Technological Forecasting and Social Change , 71(1-2): 5-26.
Samuelson P A. 1954. The pure theory of public expenditure[J]. The Review of Economics and Statistics, 36(4): 387-389.
Skocpol T. 1992. Protecting Soldiers and Mothers[M]. Cambridge: Belknap Press of Harvard University Press.
Teersky R. 1988. Governing the economy: the politics of state intervention in Britain and France, by Peter Hall[J]. Political Science Quarterly, 103(4): 749-751.
Tortorella G L, Marodin G A, Fogliatto F S, et al. 2015. Learning organisation and human resources management practices: an exploratory research in medium-sized enterprises undergoing a lean implementation[J]. International Journal of Production Research, 53(14): 3989-4000.
Willyard C H, McClees C W. 1987. Motorola's technology roadmap process[J]. Research Management, 30: 13-19.